Das Buch vom INNEN AUSBAU

HORST FISCHER-UHLIG / KURT JENI

Das Buch vom INNEN AUSBAU

Wohnräume zum Wohlfühlen: Ideen, Details, Beispiele.

EB

EBERHARD BLOTTNER VERLAG · TAUNUSSTEIN

CIP-Titelaufnahme der Deutschen Bibliothek:

Fischer-Uhlig, Horst:
Das Buch vom Innenausbau:
Wohnräume zum Wohlfühlen: Ideen, Details, Beispiele /
Horst Fischer-Uhlig / Kurt Jeni.-

Taunusstein: Blottner, 1996
ISBN 3-89367-063-7

NE: Fischer-Uhlig, Horst; Jeni, Kurt; Innenausbau

Das Buch ist in Zusammenarbeit mit dem Fachschriften-Verlag, Fellbach, entstanden. Für wertvolle Unterstützung bedanken wir uns bei Dipl.-Ing. Alexandra Heinrich, Düsseldorf

Bildrechte: Archiv Fachschriften-Verlag GmbH & Co. KG (Reichel, Thomas), Fellbach
Umschlaggestaltung: Werner Schur, Metzingen
Druck: Druckhaus Darmstadt GmbH, 64295 Darmstadt

ISBN 3-89367-063-7

Printed in Germany

DER INHALT

Innenausbau – der entscheidende Schritt zur Wohnqualität

Wohnbehagen, Gemütlichkeit, angenehmes Raumklima, ästhetische Gestaltung – bei allem, was rundum gelungene Wohnungen auszeichnet, ist es stets der Innenausbau, der erwünschter Möblierung den passenden Rahmen gibt und die Harmonie der Räume ermöglicht. Sei's bei Neubau oder durch Modernisierung.

Leider zeigt heute die Erfahrung, daß in der Praxis, in Planung und Ausführung, diese Bedeutung des Innenausbaus bei den einzelnen Maßnahmen nicht immer sorgfältig im Auge behalten wird. Häufig werden die Ausbauschritte, ob sie Baustoffwahl, Wahl der Gestaltung, Wahl des Formenniveaus betreffen, nicht als Teil eines Ganzen gesehen. Obschon klar sein müßte, daß sich eine lange Jahre befriedigende Lösung nur erzielen läßt, wenn die Wohnung gestalterisch als Einheit behandelt wird.

Häufig, vor allem, wenn kein Fachmann mit gutem Rat zur Seite steht, hat der Zufall großen Einfluß, das Angebot an Produkten, die spontan gefallen, die kleinen Schritte ohne großes, die gesamte Wohnung umfassendes Ziel. Leider haben noch immer viele Menschen nicht entdeckt, wieviel Lebensfreude eine Wohnung spenden kann, die bestimmte Ansprüche an bewußte Gestaltung klaren Ausdruck des eigenen Lebensgefühls und der eigenen Persönlichkeit erfüllt. Denn eine Wohnung ist nicht eine mehr oder minder große Zahl von Räumen, über denen ein Dach vor Regen, wärmegedämmte Wände vor Kälte schützen. Sie ist der Lebensraum, in dem wir uns viele Stunden unseres Lebens aufhalten. Eigene Wünsche realisieren: Wo denn, wenn nicht vor allem in der eigenen Wohnung! Sich in Tätigkeit und Muße entfalten: Wo denn, wenn nicht in den eigenen vier Wänden.

Diese Tatsachen sollte sich jeder vor Augen halten, der an Innenausbau denkt. Sie sollten Maßstab sein für alle Überlegungen, für alle Entscheidungen. Wer dies bejaht, wird leicht den Weg zum Gelingen beschreiten: Er führt von den eigenen Wünschen und Vorstellungen über sorgfältige Planung der Maßnahmen und Details zu fachgerechter Ausführung und zu gelungenem Ergebnis. Daß Sie sich am Ende dieses Weges in Ihren vier Wänden wohlfühlen: Dazu will dieses Buch beitragen.

Zweierlei ist wichtig, soll ein geplanter Innenausbau in einem älteren Haus sicher gelingen: Was man realisieren will, muß im Detail geklärt und zu Ende gedacht sein, und man muß verläßlich wissen, mit welcher Bausubstanz man es im einzelnen zu tun hat.

Wissen, was ist, damit man planen kann

Wer hier wohnt, erlebt jeden Tag die Vor- und Nachteile des offenen Wohnens (siehe auch Titelbild). Planung: Koch

Jeder Ausbau bringt mehr oder minder große zusätzliche Lasten ins Haus, verändert bautechnische oder bauphysikalische Situationen, macht konstruktive Aufbauten wie zum Beispiel das Dach mit seinen Sparren, mit Wärmedämmung und Folien, durch Innenbeplankung unzugänglich oder zumindest schwer zugänglich. Schon diese Aufzählung zeigt deutlich, daß vor Beginn eines Innenausbaus die Frage zu beantworten ist, in welchem Zustand sich das Haus und seine Bauteile befinden. Denn nur so ist die Sicherheit zu gewinnen, die für eine lange Nutzung Voraussetzung ist. Eine fachgerechte Erfassung des Zustands der Bausubstanz läßt auch mögliche Schäden erkennen, darunter auch Schäden, die Gefahr bringen, Schäden, die nach beendetem Innenausbau oftmals nur schwer und kostspielig zu beseitigen sind. Zwingend läßt sich aus den Erfahrungen auf Baustellen eine Faustregel ableiten: Ein Haus muß erst völlig schadensfrei sein, bevor man mit dem Innenausbau im ganzen oder in Teilen beginnt.

Als erstes wird die Außenhülle zu prüfen sein, die der Witterung ausgesetzt ist. Dachpfannen können beschädigt, Feuchtigkeit kann in die Dachkonstruktion eingedrungen sein. Sind Sparren und anderes Holzwerk des Daches frei von Schädlingsbefall? Insektenbefall läßt sich an Fluglöchern erkennen oder an dem stumpfen Klang, beim Anschlagen mit einem Hammer. Auch herabrieselndes Holzmehl ist Beweis für Befall. Besteht Verdacht, sollte man einen Fachmann hinzuziehen: Nur er kann das Ausmaß der Schädigungen, der Verminderung der Tragfähigkeit einschätzen und geeignete Maßnahmen vorschlagen. Das gilt auch für Pilzbefall.

Mit dem Dach stellt sich auch die Frage der Wärmedämmung, dringend, wenn das Dachgeschoß ausgebaut werden soll. Wenn nicht, ist eventuell eine Dämmung der obersten Geschoßdecke zu erwägen. Sie läßt sich recht einfach bewerkstelligen.

Ohne Dämmung kein gesundes Raumklima

Bei den Außenwänden ist zu prüfen, ob der Putz noch seine Schutzfunktion erfüllt oder schadhafter Putz Feuchtigkeit ins Mauerwerk eindringen läßt. Auch, ob die Wärmedämmung der Außenwände ausreiche. Wobei es nicht nur um Energiesparen geht, sondern auch um das gesunde Raumklima, zu dessen Voraussetzungen gute Wärmedämmung zählt. Außendämmung ist bauphysikalisch am günstigsten: als Wärmedämm-Verbundsystem oder als wärmegedämmte vorgehängte Fassade.

Auch Innendämmung ist möglich; bei erhaltenswerten Fassaden oder Fachwerkwänden ist sie oft der einzige Weg. Allerdings muß auch hier ein Fachmann prüfen, ob nicht Durchfeuchtungsgefahr besteht. Die Mauerwerksfeuchtigkeit verdient überhaupt ein

Innenausbau bringt in der Regel zusätzliche Lasten für die Bausubstanz mit sich: deshalb Bausubstanz vorher prüfen.

besonderes Augenmerk. Sie kann sehr unterschiedliche Ursachen haben. Die hauptsächlichsten: Kondensat, also Niederschlag von Wasser aus der Raumluft, zum Beispiel in den Raumecken, undichte Dachrinnen, Feuchtigkeit aus dem Erdreich, im erdberührenden Teil des Mauerwerks. In den meisten Fällen wird hier nur eine Fachfirma Abhilfe auf Dauer schaffen können. Vor jeder Maßnahme ist die Ursache der Durchfeuchtung genau festzustellen, denn falsche Maßnahmen können das Übel verschlimmern.

Trockenes Mauerwerk ist Voraussetzung

Auch ist der Zustand des Mauerwerks ein entscheidender Punkt, zum Beispiel sein Salzgehalt, der die Neigung der Baustoffe, Wasser aufzunehmen, noch verstärkt. Vor Maßnahmen des Innenausbaus bei noch vorhandener Mauerfeuchtigkeit ist zu warnen: So kann ein dichter Innenputz, aufgebracht beim Kellerausbau, ein Höhersteigen der Feuchtigkeit im Mauerwerk bewirken und eventuell das Erdgeschoß beeinträchtigen. Erdfeuchte dringt ins Mauerwerk häufig ein, weil die senkrechte Abdichtung des Mauerwerks gegen das Erdreich entweder fehlt oder schadhaft ist, viele alte Häuser auch keine waagerechte Abdichtung besitzen, so daß eingedrungene Feuchte durch die Kapillaren, die Hohlräume des Baustoffs, ungehindert aufsteigen kann. Hier wird die Schadensbehebung auch in der Regel anzusetzen haben: durch nachträgliche senkrechte oder waagrechte Abdichtung und durch nachträglichen Einbau einer Dränung, eines Rohrsystems also, mit dem Erdfeuchtigkeit vor Erreichen des Mauerwerks abgeleitet wird. Bauen, so schrieb einmal der berühmte Architekt Egon Eiermann, ist ein Kampf mit dem Wasser. Für den Innenausbau ist trockenes Mauerwerk Voraussetzung.

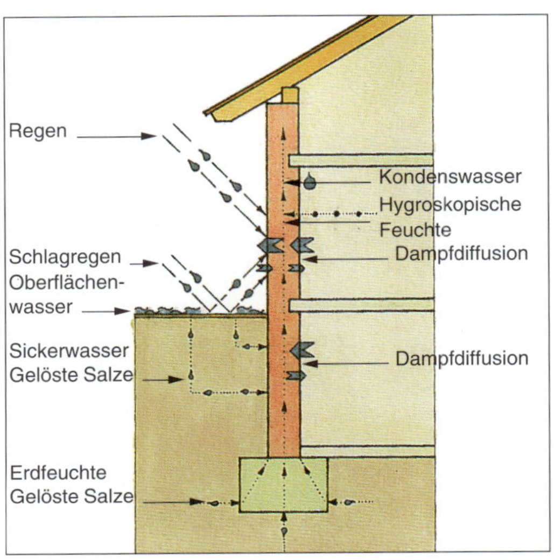

Die Feuchtigkeit in Wänden und Decken bestehender Häuser kann viele Ursachen haben. In jedem Fall müssen diese Ursachen beseitigt sein, muß das Haus trocken sein, bevor Sie mit dem Innenausbau beginnen.

Alte Holzbalkendecken sorgfältig überprüfen

Bei den Fenstern ist zu fragen: Ob die Konstruktion noch brauchbar sei, Wandanschluß und Fugen dicht und die Wärmedämmung ausreichend.

Schwachpunkte im Innern bestehender Häuser sind häufig die Holzbalkendecken. Da schadhafte Balken die Tragfähigkeit der Decke beeinträchtigen können, ist Gefahr im Verzuge. Vor allem Balkenköpfe, also jene Teile, mit denen der Balken ins Mauerwerk reicht und dort aufliegt, sind häufig verfault. Ursachen von Fäulnisschäden können im Traufbereich unter anderem schadhafte Dachrinnen, verstopfte Fallrohre, schadhafte Deckung des Daches oder fehlende Unterspannbahnen sein. Unter Naßräumen kann fehlende Abdichtung der Wand- und Bodenkonstruktion zu Schäden führen. Gefährdet sind vor allem die Spritzwasserzonen um die Sanitärgegenstände. Undichtigkeiten in den Fall- und Steigleitungen der Installationen können ebenso Ursache sein wie Tauwasserausfall bei fehlender Wärmedämmung der Rohre. Und auch Risse im Putz, falsch ausgelegte Wärmedämmung, fehlende Dampfsperren.

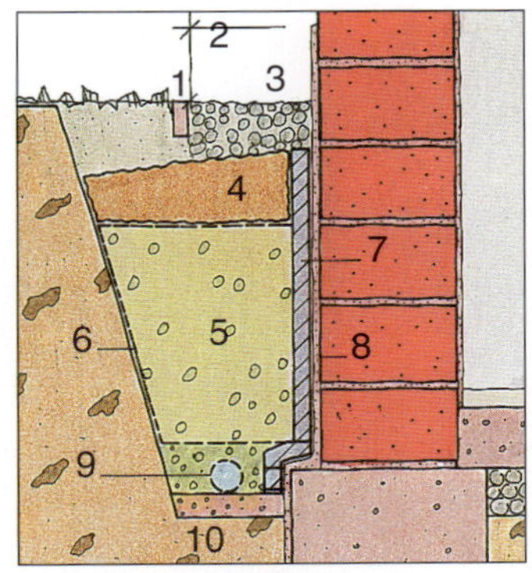

Senkrechte Abdichtung und funktionsfähige Dränung schützen das Haus vor Feuchtigkeit aus dem Erdreich. 1 Rasenstein, 2 mindestens 30 cm, 3 Rollkies, 4 Lehmpackung, 5 Kiesauffüllung, 6 Trennvlies, 7 Porwand, z.B. Dränplatten, 8 Sperrputz, 9 Dränrohr in Filterkies, 10 Unterbeton.

Äußere Anzeichen für die Zerstörung von Holzbalken sind eine stärkere Durchbiegung, Putzrisse in der Decke und feuchte bzw. angegriffene Fußleisten. Bei Dachbalken auch eingesunkene Dachflächen. Zur Schlagregenseite ausgerichtete Balkenköpfe sind generell als fäulnisgefährdet einzustufen. Auch vorspringende Mauerwerke, Fensterbänke, Gesimse usw. sollten auf eindringendes Wasser untersucht werden

Besteht Verdacht auf Schädigung der Holzbalken, dann empfiehlt sich zunächst eine Untersuchung ohne Zerstörung der Konstruktion, durch die bautechnische Endo-

Alte Häuser haben oft einen ausgeprägten individuellen Charakter. Darauf sollte auch ein modern angelegter Innenausbau Rücksicht nehmen.

Vorhandene Details: in die Planung einbeziehen und erhalten.

skopie. Dazu muß nur ein etwa pfenningstückgroßes Loch in den Fußboden gebohrt werden. Nachteilig ist, daß diese mehr oder minder stichprobenartige Bestandsaufnahme kein umfassendes Bild über den Zustand des gesamten Balkenfeldes gewährt. Dazu ist es nötig, die Konstruktion freizulegen. So zu verfahren ist auch unverzichtbar, wenn die Endoskopie schwere Schäden aufgezeigt hat. Bei leichten Schäden genügt es meist, einen Bereich von 1,5 Metern um die Schadenszone freizulegen.

Man sollte aber bei dieser Arbeit darauf achten, daß die Materialien zwischen den Balken unberührt erhalten bleiben. Auch sollten sie nicht betreten werden. Denn nur dann erkennt man zum Beispiel auf dem Dämm-Material sicher Bohrmehlspuren, die den Insektenbefall genauer bestimmen lassen.

Nach dem Ausräumen werden die Balken mit einer harten Wurzelbürste abgebürstet: faule und von Pilzen befallene Stellen sowie Fraßlöcher werden dann sichtbar. Doch wird man noch einen Schritt weitergehen müssen: Durch Bohrkernentnahmen an mehreren Stellen in der Mitte der Balkenhöhe sollte man klären, ob der Balken die Kernfäule hat. Abstemmen der zerstörten Schichten macht das Fraßbild der Insekten dann deutlich. Man sieht, wie weit der Schaden fortgeschritten ist. Als Schädlinge kommen in Frage pflanzliche oder tierische Schädlinge. Die Bekämpfung der Schädlinge sollte in die Hände einer erfahrenen Fachfirma gelegt werden. Ist der Restquerschnitt des Balkens statisch noch ausreichend, lassen sich die Balken sanieren, zum Beispiel durch das Anlaschen von Beibalken, den Einbau von Stahlschuhen, durch Kunstharzprothesen. Doch es kann auch nötig werden, Balken oder ganze Balkenfelder auszutauschen. Wichtig ist, für einen wirkungsvollen Schutz vor erneuter Zerstörung zu sorgen: durch baulichen Holzschutz, der konstruktiv das Entstehen von Feuchtigkeit verhindert, und durch vorbeugenden chemischen Holzschutz der tragenden Teile. Auf Halbheiten sollte man sich hier auf keinen Fall einlassen, da Nachbesserungen kostspielig werden können.

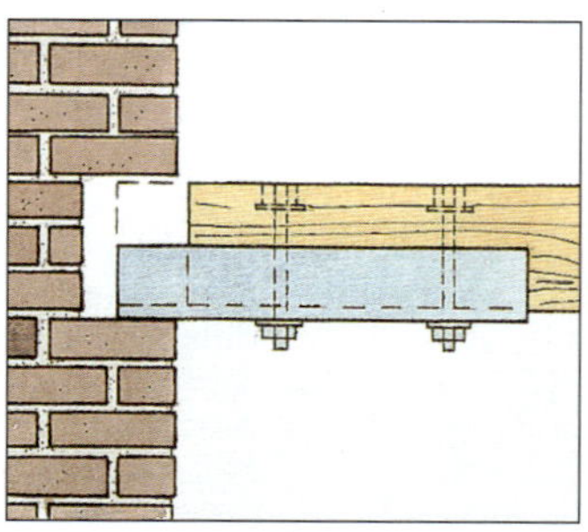

Wenn der Balkenkopf abgefault ist: z.B. Einbau von Stahlschuhen. Sperrfolie zwischen Stahlschuh und Mauerwerk, Ausstopfen des Hohlraums mit Mineralfaser, sind nötig, um Schäden zu verhindern.

Innenausbau heißt: zusätzliche Deckenlasten

Auch wenn Decken, vor allem Holzbalkendecken, nicht schadhaft sind, stellt sich vor dem Innenausbau eine entscheidende Frage: Ob die Dicke der Deckenbalken und ihre Zahl ausreicht, die zusätzlichen Lasten zu tragen, die mit dem Einbau ins Haus kommen. Vor allem Holzbalkendecken in den Dachgeschossen, die ursprünglich für einen Ausbau nicht vorgesehen waren, werden generell zu verstärken sein. Doch auch Holzbalkendecken in den Vollgeschossen reichen oft nicht aus, moderne Einbauten zu tragen: im Bereich der Bäder zum Beispiel oder eines offenen Kamins wird Verstärkung unumgänglich sein: Durch Einziehen von Balken oder Stahlträgern oder durch teilweises Einziehen einer Betondecke. Betondecken werden oft auch unter Naßräumen eingezogen, um die Holzbalkendecke vor Feuchtigkeit zu schützen.

Selbstverständlich ist, daß die letzte Entscheidung über die Tragfähigkeit einer Decke verläßlich nur ein Fachmann treffen kann: Ein Statiker, ein Architekt oder mitunter auch der Zimmermann. Doch Vorsicht: Auch Architekten und Handwerker haben mitunter nur mangelhafte Kenntnisse der Statik, leider. Meist wegen unzureichender Ausbildung. Mitunter ist auch Leichtfertigkeit im Spiel. Nur so ist zu erklären, daß man durchaus gemauerte offene Kamine auf normalen Holzbalkendecken finden kann. Der Statiker

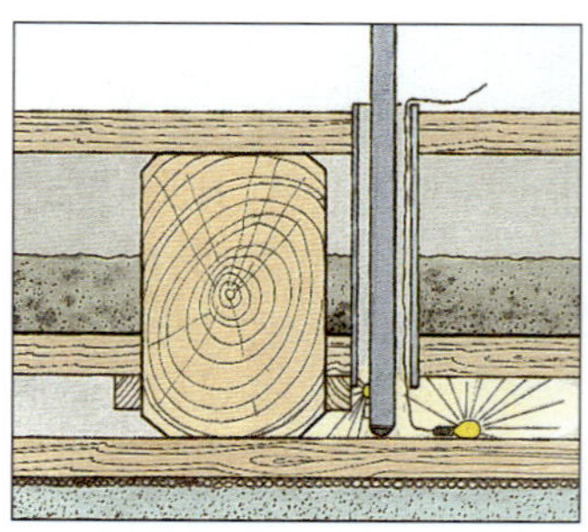

Eine Möglichkeit, Schäden in Holzbalkendecken festzustellen, bietet das Endoskopie-Verfahren. Durch ein kleines Bohrloch wird dabei eine Art Sehrohr eingeführt. Eine Taschenlampenbirne sorgt für Licht.

TIP

Wer führt Arbeiten aus?

Am sichersten ist es, wenn Sie bei allen größeren Baumaßnahmen einen althauserfahrenen Architekten beauftragen. Er hat Verbindung zu Handwerkern, deren Leistungsfähigkeit er kennt. Er weiß Antworten auf Ihre Fragen. Architektenwahl ist Vertrauenssache. Scheuen Sie sich deshalb nicht, den Architekten, den Sie in die nähere Wahl ziehen, um Referenzen zu bitten und machen Sie sich die Mühe, diese Referenzadressen auch aufzusuchen. So lernen Sie Ihren künftigen Architekten am sichersten kennen. Bestandsaufnahme, Schadenserkennung, Schadensbeseitigung sind, von wenigen Ausnahmen abgesehen, keine Arbeiten für Heimwerker.

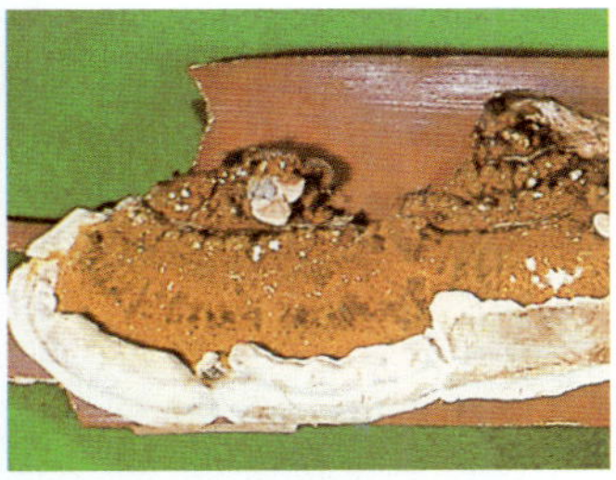

Pilze, wie der Echte Hausschwamm, zerstören Holz, indem sie die Zellulose (Braunfäule) oder das Lignin (Weißfäule) abbauen. Sie können auch Mauerwerk schädigen.

kennt hier einen Unterschied, der oft vernachlässigt wird: den Unterschied zwischen standfest und standsicher. Kurzgesagt: eine standfeste Decke ist eine Decke, die nicht einstürzt. Standsicher ist sie erst, wenn sie auch unter nichtalltäglichen, aber nach der Erfahrung nicht ganz auszuschließenden Belastungen trägt. Es ist nützlich, diesen Unterschied zu beachten.

Auf Standsicherheit, sie gehört zu den ältesten Bauvorschriften überhaupt, besteht auch die öffentliche Bauaufsicht, wenn ein Haus umgebaut bzw. umgenutzt wird. Wegen der höheren Lasten, die der Innenausbau mit sich bringt, kann eine Umnutzung ohne bauliche Änderungen unzulässig sein. Das Argument, das bei Althäusern leicht zur Hand ist, nämlich der Bau hätte seine Standsicherheit schließlich in langen Jahren oder Jahrzehnten augenfällig bewiesen, überzeugt keine Bauaufsicht.

Über 35 Prozent aller Häuser in Deutschland haben Insektenbefall. Das gefährlichste Schadinsekt, dessen Vorkommen der Bauaufsichtsbehörde gemeldet werden muß, ist der Hausbock. Er findet sich in Nadelhözern. Oben Larve im Fraßgang, rechts Vollinsekt beim Eierlegen. Quelle: Desowag

Man tut deshalb gut daran, bei Umbauten oder Umnutzungen rechtzeitig die zuständige Bauaufsichtsbehörde zu fragen, was im einzelnen möglich ist. Handelt es sich um ein denkmalgeschütztes Haus, haben auch die Denkmalpfleger ein Wort mitzureden. Doch kann dies durchaus hilfreich sein. Auch im Sinne des Bauherrn.

Haben Sie keine Scheu vor Kompromissen

Eine Faustregel, von der Praxis selbst vorgegeben, lautet: Machen sie aus einem alten Haus keinen Neubau! Das kommt in der Regel teuer. Je mehr Substanz, Aufteilung und Eigenart des Hauses Sie beim Innenausbau erhalten, desto besser für das Haus, desto günstiger für Ihren Geldbeutel. Gewiß, das Maß der Kompromisse bestimmen Sie selbst, aber jeder Kompromiß kann sparen helfen. Kompromisse, die sich lohnen, können zum Beispiel die Raumaufteilung betreffen oder die spezielle Nutzung der Räume, weil Installationen, Treppenaufgänge, Schornsteine usw. vorgegeben sind.

Sie kennen die Substanz des Hauses, das Sie ausbauen wollen, erkannte Schäden sind beseitigt: Nun wird Ihre Planung des Ausbaus Hand und Fuß haben. Doch zunächst machen Sie sich einmal Ihre Wünsche klar. Die nebenstehende Checkliste will dazu anleiten.

WÜNSCHE AN DEN INNENAUSBAU

Was wird ausgebaut?
❑ Kellergeschoß
❑ Erdgeschoß
❑ Obergeschoß
❑ Dachgeschoß ❑ vollständig ❑ teilweise

Welche Räume?
❑ Diele
❑ Flur
❑ Wohnraum
❑ Eßraum
❑ Schlafzimmer
❑ Kinderzimmer
❑ Spielzimmer
❑ Arbeitszimmer
❑ Bad
❑ Hausarbeitsraum
❑ Küche
❑ Fitneßraum/Hobbyraum
❑ Gastzimmer
❑ Treppenhaus

Welches Ausstattungsniveau?
❑ hochwertig ❑ mittleres Niveau ❑ einfach

Bevorzugte Materialien?
❑ Holz ❑ Keramik ❑ Anstrich ❑ Putz ❑ Tapeten

Welche Raumwirkung?
❑ hell ❑ gedeckt ❑ kühl ❑ warm ❑ farbig ❑ bunt ❑ weiß
❑ bevorzugter Farbton?

Schwerpunkt des Nutzens?
❑ Behagliches Leben ❑ Leben mit Kindern ❑ Leben mit Gästen ❑ Leben in Muße ❑ Entspanntes Leben ❑ Leben mit Hobbys - welche?

Interieur?
❑ rustikal modern ❑ jugendlich konventionell ❑ repräsentativ ❑ elegant ❑ großzügig

Bei Planung berücksichtigen:
❑ vorhandene Möbel ❑ vorhandene Teppiche ❑ vorhandene Geräte, ❑ Gegenstände, z.B. Klavier, Bücher, Arbeitsmaterialien

Legen Sie für jeden der Räume, die Sie ausbauen wollen, ein extra Blatt an und notieren Sie dort in dieser Reihenfolge: gewünschte Größe, Bodenbelag, Wandbelag, Ausstattung im Detail, z.B. Badewanne, Duschtasse mit Duschabtrennung etc., Tätigkeiten, die Sie bevorzugt im jeweiligen Raum ausüben wollen und wofür vielleicht Zurüstung zu treffen ist.

Wenn Sie sich die kleine, doch unterhaltsame Mühe machen, diese Blätter öfter durchzugehen, - und für die Planung sollten Sie sich Zeit lassen! - dann kommen Sie an den Punkt, an dem Ihre Vorstellungen völlig klar, völlig entschieden sind. Wohlgemerkt: Hier geht es zunächst um möglichst lückenlose Erfassung aller Wünsche, vor allem auch solcher Wünsche, auf deren Erfüllung Sie bisher haben verzichten müssen. Das Abwägen, was möglich ist, das Setzen von Prioritäten kommt noch früh genug.

Manches Haus, manche Wohnung ist so ungeschickt aufgeteilt, daß die Räume heutigen Wohnvorstellungen nicht mehr genügen. Deshalb möchte Ihnen dieser Beitrag praktische Hilfen und Anregungen bieten, wie Sie die ersten Planungsschritte für eine neue Aufteilung selbst durchführen können.

Neuer Grundriß für mehr Wohnkomfort

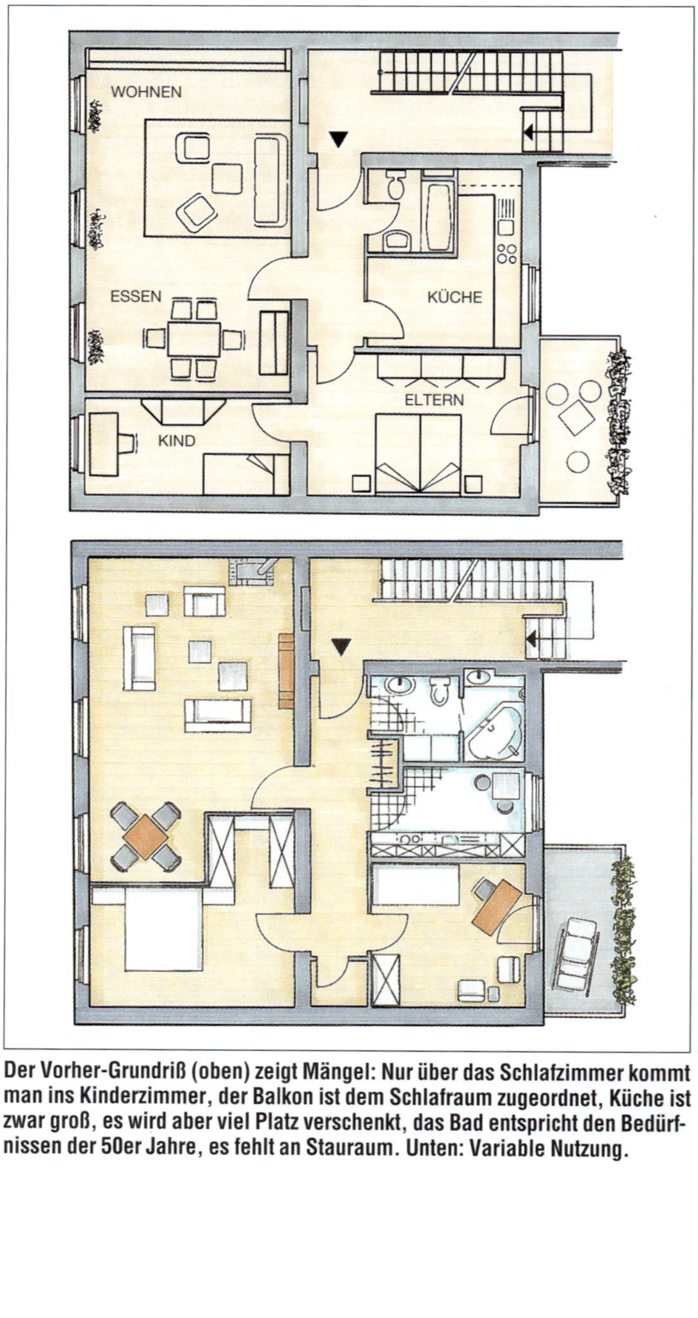

Der Vorher-Grundriß (oben) zeigt Mängel: Nur über das Schlafzimmer kommt man ins Kinderzimmer, der Balkon ist dem Schlafraum zugeordnet, Küche ist zwar groß, es wird aber viel Platz verschenkt, das Bad entspricht den Bedürfnissen der 50er Jahre, es fehlt an Stauraum. Unten: Variable Nutzung.

Entwurf: Wohnkonzeption und Innenraumdesign Alexandra Heinrich, Düsseldorf

Um sich ein besseres Bild von den räumlichen Gegebenheiten machen zu können, erstellen Sie zuerst einen Grundriß Ihrer Wohnung. Sie zeichnen die Umrisse der Zimmer auf und markieren, wo sich in etwa Türen und Fenster befinden. Jede Wand bekommt eine Bezeichnung: A, B, C und D. Dann messen Sie die Räume in allen Einzelheiten rundum aus und notieren die Maße in Ihrer Skizze: Türbreite, Türbekleidung, Wandstück bis zur Raumecke, Mauervorsprünge, Fenster- und Heizkörpernischen und so weiter.

Nach dem Vermessen: die Reinzeichnung

Nach dem Vermessen erstellen Sie eine Reinzeichnung, am besten auf Karopapier. Zeichnen Sie im Maßstab 1:50, das heißt, zwei Zentimeter entsprechen in der Wirklichkeit einem Meter. Bleiben Sie bei diesem Maßstab, auch wenn Sie nicht die ganze Etage auf das Blatt bekommen. Eventuell gehen Sie raumweise vor. So kommen Sie meist mit dem A4 oder A3-Papierformat zurecht. Für die Maßstäbe 1:50 und 1:100 gibt es Möblierungsschablonen, die Sie zwar nicht unbedingt benötigen, die aber recht praktisch sind. Noch ein kleiner Hinweis zum Maßstab: Selbstgewählte Maßstäbe erschweren die Kommunikation mit Fachleuten!

Sobald die Umrisse gezeichnet sind, müssen Sie die Zeichnung auch noch vermaßen. Aber Maße am besten nicht direkt in die Zeichnung eintragen. Ziehen Sie lieber Hilfslinien außerhalb der Außenkanten – wie es in der Darstellung auf der folgenden Seite gezeigt ist – und zwar nach unten und rechts lesbar.

Wenn Sie wollen, können Sie nun selbst „Möbel rücken". Verwenden Sie entweder im Handel erhältliche Schablonen oder schneiden Sie aus Karton maßstabgetreue Figuren für Sessel und Stühle, Tische, Regale und Schränke aus – dann erkennen Sie sehr schnell den Platzbedarf.

Mit den notwendigen Informationen versorgt, können Sie aus dem Grundriß einer Wohnung oder eines Hauses leicht herauslesen, welche grundsätzlichen Qualitätsmerkmale vorhanden sind und wo sich Mängel verbergen, die Sie beseitigen wollen. Erst wenn an einem Grundrißplan die Unzulänglichkeiten für Ihre persönlichen Wohnvorstellungen sichtbar werden, können Sie Überlegungen anstellen, wie hier Anpassungen an Ihre Bedürfnisse möglich sind.

Wandansichten erleichtern die Planung

Um eine räumliche Vorstellung zu bekommen, empfiehlt es sich, nun von jeder Wand eine Wandansicht zu zeichnen und zwar ebenfalls im Maßstab 1:50. Darin lassen sich beispielsweise Steckdosen in ihren Höhen- und Breitenpositionen exakt notieren. Neben dem Grundriß sind Wandansichten wertvolle Unterlagen im Gespräch mit Innenarchitekt oder Einrichtungsberater.

Aus dem Plan erkennen Sie in etwa die Wohnungsgröße. Sie ist Bezugsgröße für den Vergleich einzelner Raumgruppen. Es ist auch wichtig zu sehen, ob die Anzahl der Räume ausreicht, damit sich jeder Bewohner zurückziehen kann und trotzdem gemeinschaftliche Kommunikation möglich ist. Grundlage: eine genaue Wohnflächenberechnung, inklusive der Freiflächen, also Balkone oder Terrassen, die bis zu 50 Prozent dazuzählen.

Für Dachwohnungen gilt folgende Regel: Grundflächen, die im Bereich von Raumhöhen zwischen 1 und 2 Meter liegen, werden mit 50 Prozent berechnet. Grundflächen, die im Bereich der Raumhöhe unter 1 Meter liegen, dürfen nicht berechnet werden.

Voraussetzungen für die Möblierung

Günstige Möblierungsvoraussetzungen sind abhängig von den zur Verfügung stehenden Stellflächen. Zusammenhängende Stellflächen lassen sich besser nutzen als unterteilte. Für die nötigen Raumgrößen einige Beispiele:

❑ Wohnräume für einen Vier-Personen-Haushalt sollten zumindest 18 Quadratmeter ohne Eßplatz oder 20 Quadratmeter mit Eßplatz haben. Eine Mindestraumbreite von 360 Zentimetern ist wegen der Sitzmöbel wichtig. Für Durchgänge, auch zwischen den Möbeln, benötigen Sie 70 Zentimeter.

❑ Ein Eßzimmer sollte mindestens 9 Quadratmeter groß sein. So sind zusätzliche Nutzungsmöglichkeiten eher gegeben. Zum Beispiel für einen sporadischen Arbeitsplatz. Eßtische werden meist in der Normbreite von 80 Zentimetern angeboten. Mindestraumbreite: 240 Zentimeter.

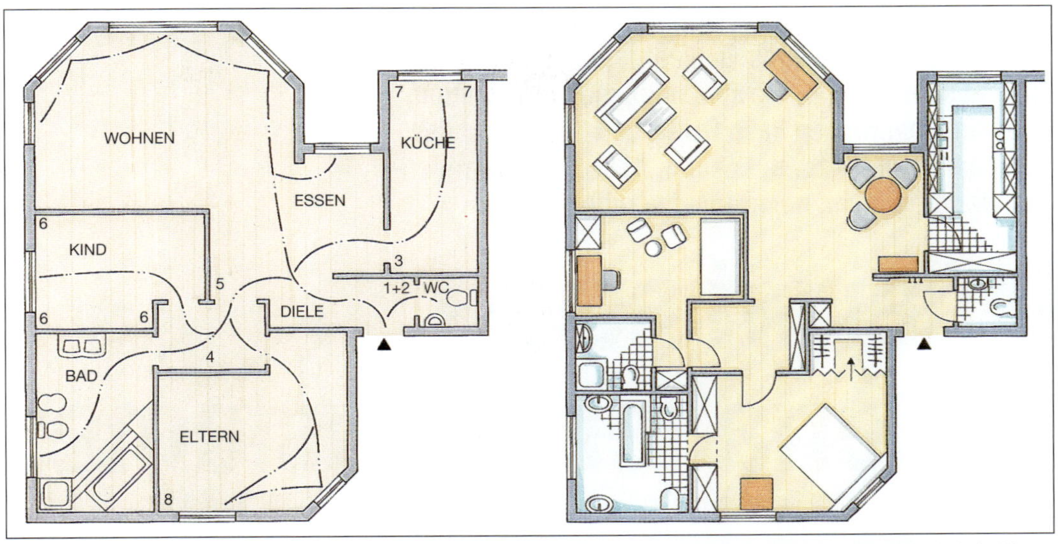

Links: 1 Tür zur Küche fehlt, 2 Wand zu kurz für Möbel, 3 Tiefe fehlt, 4 kein Platz für Möbel, 5 Tiefe fehlt, 6 kein Platz für Schrank oder Bett, 7 nur Unterschränke möglich, 8 Schränke? Rechts: eine exemplarische Grundrißlösung.

SO BERECHNEN SIE DIE WOHNFLÄCHE*

1. Gemeinschaftsbereich

Wohnraum	..............m²	
Eßbereich	..............m²	

2. Individualbereich

Raum 1	..............m²	
Raum 2	..............m²	
Raum 3	..............m² =.........m² (_______%)	

3. Haustechnische Räume

Küche	..............m²	
Bad	..............m²	
WC-Raum	..............m²	
Hausarbeitsraum	..............m² =.........m² (_______%)	

4. Verkehrsfläche

Flure	..............m²	
Dielen	..............m²	
Treppen innerhalb der Wohnung	..............m² =.........m² (_______%)	
Bruttofläche	..............m²	100%
(f. Putz 3% Abzug)	-..............m²	
Nettofläche	..............m²	
Freiflächen	+..............m²	
Wohnfläche	..............m²	

Vergleich:

empfohlene Werte: Bereiche	%	tatsächliche Werte: Bereiche	%
1+2 =	72%	1+2 =	........%
3 =	18%	3 =	........%
4 =	10%	4 =	........%
	100%		100%

*Grundlage bietet die DIN 283.

❑ Für die Räume des sogenannten Individualbereichs: 12 bis 14 Quadratmeter für Zweibettzimmer und 8 bis 10 Quadratmeter für ein Einbettzimmer. Achten Sie darauf, daß hinter der Tür die volle Schranktiefe von 60 Zentimeter vorgesehen ist. Leider zeigen viele Grundrisse hier enorme Mängel!

❑ Rechnen Sie mit einer Mindestgröße für Küchen ohne Eßplatz (bei Haushalten bis 4 Personen) von 8 Quadratmetern. Eine Küche mit Eßplatz muß schon mindestens 12 Quadratmeter aufweisen.

❑ Eine Trennung von Bad und WC erhöht den Wohnwert. Mindestgrößen für ein Bad ohne WC 4 Quadratmeter, für ein Bad mit WC 5 Quadratmeter und für ein separates WC 1,5 Quadratmeter.

Ein Fazit zur Raumaufteilung: Grundrisse mit mehreren annähernd gleich großen Zimmern lassen sich veränderten Lebensumständen besser anpassen als sehr unterschiedliche Raumgrößen, die die Nutzung stark vorgeben. Darüber hinaus ist eine möglichst zentrale Erschließung der Räume für ein harmonisches miteinander Wohnen am günstigsten.

Viele ältere Häuser haben Grundrißaufteilungen, die zeitgemäßen Wohnwünschen entgegenstehen: Die Räume sind zu klein, sie sind ungünstig geschnitten, oder sie entsprechen nach Größe und Lage nicht der vorgesehenen Nutzung. Lösung: Abbruch nichttragender Wände, Einbau neuer Innenwände.

Innenwände – Materialien & Systeme

Bei aller Bereitschaft zum Kompromiß sind bei der Modernisierung älterer Häuser meist Grundrißkorrekturen nötig. Das Bild zeigt den Aufbau einer einlagig beplankten Metallständerwand mit Elektroinstallationen. Quelle: Rigips

Wer sich entscheidet, den Grundriß seines Hauses durch den Einbau neuer Innenwände zu korrigieren, dem stellt sich zunächst die Materialfrage. Ältere Häuser haben oft Holzbalkendecken: Also sollten die Wände möglichst leicht sein. Ältere Häuser sind meist während der Arbeiten bewohnt: Also sollten die Arbeiten schnell und mit möglichst wenig Lärm und Schmutz vonstatten gehen. Die Raumwünsche, die man heute hat, können sich morgen verändern. Zum Beispiel, wenn die Kinder aus dem Hause fortziehen. Also sollten die Wände möglichst leicht zu verändern sein. Feuchtigkeit ist der Feind der Holzbalkendecken: Also sollte der Einbau neuer Wände möglichst wenig, besser gar keine Feuchtigkeit einbringen. Zwei Baustoffe vor allem sind es, die diese Forderungen erfüllen und sich für Innenwände bewährt haben: Gipsbaustoffe und Porenbeton. Damit lassen sich Wohnbauwände, Wohnungstrennwände und auch Installationswände herstellen.

Schneller Trockenausbau mit Gipsbaustoffen

Gipsbaustoffe für Leichtbauwände sind in Form von Gipskartonplatten, Gipsfaserplatten und Massivbauplatten beziehungsweise Wohnbauplatten auf dem Markt. Sie alle bieten an zusätzlichen Vorteilen: daß die Räume sofort trocken und bezugsfertig sind, daß die mit Gipsbauplatten bekleideten Wand- und Deckenflächen feuchtigkeitsregulierend wirken, daß sie ebene, rißfreie Oberflächen für Tapeten, für Anstriche und auch für Fliesen bieten und schließlich, daß sich Gipsbauplatten feuerhemmend sowie schall- und wärmedämmend einbauen lassen. Gipskartonplatten, bei denen ein Gipskern mit einem Karton ummantelt ist, werden vorwiegend in der Dicke von 12,5 Millimeter verwendet, doch gibt es auch Platten mit 9,5 Millimeter Dicke.

Plattenformate gibt es ganz nach Wunsch

Die Formate sind unterschiedlich. Sogenannte Einmannplatten lassen sich bequem ohne Hilfsmittel bis ins Dachgeschoß transportieren. Je nach Einsatzbereich sind Gipskartonplatten auch als Feuerschutzplatten ausgerüstet, für den Einsatz in Bädern und Küchen gegen Feuchtigkeit imprägniert lieferbar oder auch als Putzträgerplatten. Und: Als Verbundplatten sind Gipskartonplatten mit Styropor- oder Mineralwolle-Kaschierung auf dem Markt. Gipsfaserplatten, aus einem

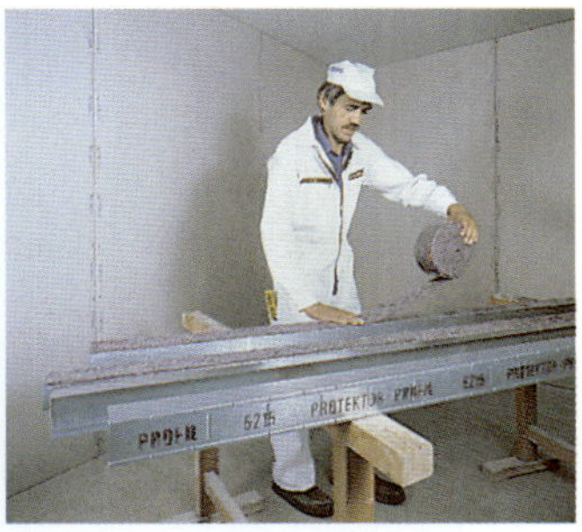

Die Profile für die späteren Innenwände werden mit Filz belegt.

Im Abstand von 1 Meter werden Befestigungselemente eingebracht.

Das Ständerprofil muß mindestens 1,5 cm ins Deckenprofil eingreifen.

Nach dem Verlegen der Installationen wird der Hohlraum gedämmt.

Beplankung der zweiten Seite, danach werden die Fugen verspachtelt.

Fotos: Rigips

Gemisch von Gips und Zellulosefasern hergestellt, werden in Dicken von 10, 12,5 und 15 Millimeter angeboten. Massivbauplatten oder, wie sie auch genannt werden, Wohnbauplatten, gibt es in Dicken von 20 und 25 Millimeter. In der Regel werden sie im Format 60 oder 62,5 Zentimeter breit geliefert, bei Höhen von 2 Meter, 2,6 Meter oder raumhoch.

Die Materialien lassen sich leicht verarbeiten

Man sollte die Platten waagrecht aufeinanderliegend auf ebenem Boden lagern. Am besten auf gleichdicken, im Abstand von zirka 25 Zentimeter liegenden Holzleisten. Vor Feuchtigkeit sind die Platten zu schützen. Das Zuschneiden ist einfach. Die oberste Platte des Stapels wird entlang einer Metallschiene mit dem Klingenmesser angeritzt. Dann zieht man die Platte soweit vor, bis die Schnittlinie über der Stapelkante liegt. Anschließend kann der überstehende Plattenteil leicht abgeknickt werden. Danach wendet man die Platte um und schneidet auf der Rückseite ebenfalls den Karton durch. Die rauhe Bruchkante wird mit Hobel oder Schleifpapier geglättet. Auch mit dem Fuchsschwanz lassen sich die Platten sägen.

Unterkonstruktion aus wenigen Systemteilen

Die Gipsbauplatten, ob Gipskartonplatten, Gipsfaserplatten oder Massivbauplatten beziehungsweise Wohnbauplatten, werden auf einer Unterkonstruktion aus Stahlblechprofilen befestigt. Diese Metallständerwände bestehen aus UW-Profilen für den Anschluß an Boden und Decke und aus CW-Ständer-Profilen, die in einem bestimmten Achsabstand in die UW-Anschlußprofile eingestellt werden. Diese beiden Profile werden durch weitere Systemteile ergänzt: durch Türzargen, Türblätter und Türelemente, ferner durch Universaltragständer, Traversen, Waschtisch-Tragständer und Rohrbefestigungsschienen, wenn die Metallständerwand als Installationswand genutzt werden soll. Befestigt werden die Gipsbauplatten an den Metallprofilen jeweils mit Schnellbauschrauben. Danach verspachtelt man die Plattenfugen, Anschlüsse und Schraubenköpfe nach Anweisung der Hersteller, mit oder ohne Bewehrungsstreifen.

Moderne Lösung bei der Sanierung: im Sanitär- und Küchenbereich: der Einsatz einer Vorwand-Installation, die mit Bauplatten verkleidet wird. Knauf

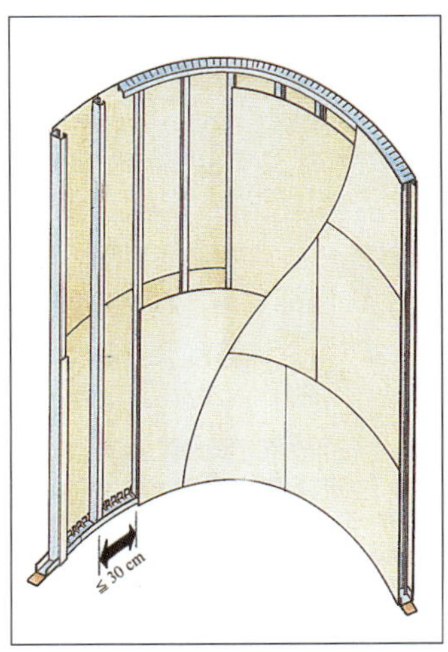

Mit speziellen Gipsbauplatten oder mit eingesägten Gipsbauplatten lassen sich auch geschwungene Wände herstellen. Eine Möglichkeit, Gegebenheiten des Hauses zu nutzen und/oder reizvolle Raumgestaltungen zu schaffen. Rigips

Mit Leichtbauwänden der vorher beschriebenen Konstruktion lassen sich gute Wärmedämmwerte erreichen. Sie werden gewährleistet durch die Mineralwoll-Dämmatten, in der Regel 40 Millimeter dick, die als Hohlraumdämpfung zwischen den Gipsbauplatten-Beplankungen angebracht werden.

Unterschätzen Sie den Schallschutz nicht

Besondere Beachtung verdienen alle Maßnahmen, die dem Schallschutz der Innenwände dienen. Zwar stellt der Gesetzgeber für Wände innerhalb einer Wohnung keine Anforderungen, sondern nur für Wohnungstrennwände. Doch sind sehr viele Menschen, wie die Erfahrung zeigt, lärmempfindlich. Deshalb ist es ratsam, von sich aus höhere Anforderungen an den Schallschutz der neuen Innenwände zu stellen. Das geschieht, indem man den Schallschutz der Wandfläche verstärkt und dafür sorgt, daß die Anschlüsse der Leichtbauwände an Boden, Wand und

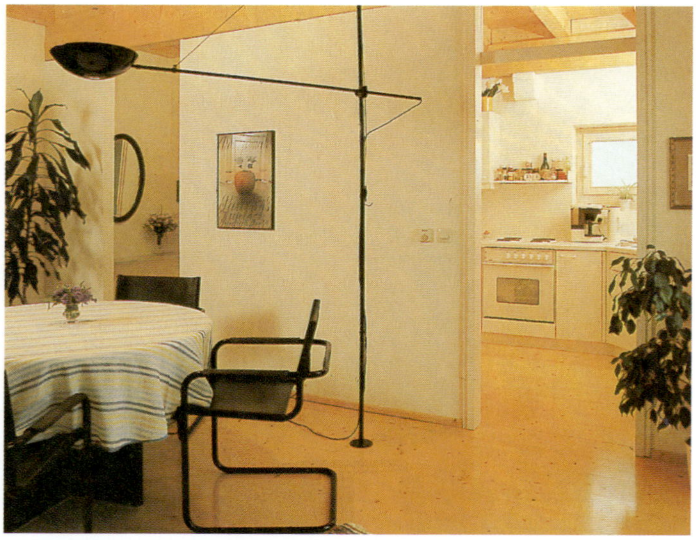

Trennwände aus Gipsbauplatten, 100 Millimeter breit, sorgen hier für die gewünschte Atmosphäre. Bei Bedarf mit guten Schalldämmwerten. Knauf

Decke keine Schallbrücken abgeben, also die Schallwellen, die sich durch die Bauteile als Körperschall fortpflanzen, unterbrochen werden.

Schalldämmwerte lassen sich durch konstruktive Maßnahmen verbessern: durch Vergrößerung des Wandhohlraumes zum Beispiel, also des Abstands der Beplankungsschalen, und/oder durch größere Dicke der Hohlraumdämpfung, also der Mineralwollmatten, und/oder durch ein- beziehungsweise zweilagige Beplankungen.

Mit geringem Aufwand weniger Lärm

Einige Beispiele sollen die Verbesserungen verdeutlichen. Schalldämmwerte werden in Dezibel ausgedrückt. Je größer deren Zahl, desto günstiger also die Schalldämmung einer Innenwand. Eine Metall-Einfachständerwand, einlagig beplankt, mit einem Gewicht von zirka 26 kg/m², bringt bei einer 40 Millimeter dicken Schicht aus Mineralwolle einen Schalldämmwert von 45 dB. Mit 80 Millimeter dicker Mineralwolle bereits 51 dB. Mit zweilagiger Beplankung auf beiden Seiten, die das Gewicht auf zirka 50 kg/m² erhöhen würde, erreichen wir bereits 50 dB (40 Millimeter) und 56 dB (80 Millimeter Mineralwolle). Natürlich steigen auch die Wanddicken, nämlich von 75 Millimeter auf 125 Millimeter beim ersten Beispiel, von 100 auf 150 Millimeter beim zweiten. Nun kann man statt einer Einfachständerwand auch eine Doppelständerwand, zweilagig beplankt, einsetzen. Gewicht pro Quadratmeter zirka 53 kg, Wandstärke 155 beziehungsweise 255 Millimeter. Bei 40 Millimeter dicker Mineralwolle erreichen wir dann 61 dB, bei 80 Millimeter dicker Mineralwolle 65 dB. Grundsätzlich: Der Mittelwert, auch für empfindliche Menschen, liegt bei zirka 50 dB. Doch müssen die Anschlüsse stimmen. Wir wiesen schon auf die Wichtigkeit hin.

TIP

Selbermacher

Am sichersten ist es, wenn Sie in Absprache mit einem erfahrenen Architekten Ihre Eigenleistung einbringen. Die modernen Wandsysteme zum Beispiel sind mit Geschick und Sorgfalt durchaus von einem Selbermacher einzubringen, allerdings kann es eine schöne Stange Geld kosten, wenn man seine Fähigkeiten überschätzt und entsprechende Nachbesserungen nötig werden.

So wird der Schall aufgehalten

Um die Schall-Längsleitung jeweils zu unterbrechen, gibt es verschiedene konstruktive Möglichkeiten, von Trennfugen, Unterbrechungen bis zu Mineralwollestreifen und ähnlichem. Die Zeichnungen auf der rechten Seite machen es deutlich. Vor dem Aufbringen von Anstrichen, dem Verkleben von Tapeten oder Fliesen oder dem Gestalten der Wand durch Dekorputze müssen die Oberflächen der Gipsbauplatten mit speziellen Mitteln, wie die Hersteller sie anbieten, grundiert werden. Dadurch wird das unterschiedliche Saugverhalten ausgeglichen.

Für den Anstrich eignen sich alle handelsüblichen Farben, zum Beispiel Dispersionsfarben. Nicht geeignet sind Anstriche auf Mineralbasis (Kalk-, Wasserglas- und Silikatfarben).

Dispersions-Silikatfarben sollten nur dann verwendet werden, wenn der Hersteller die Eignung zusichert und genaue Verarbeitungshinweise gibt.

Soll tapeziert werden, dann verhindert die normale Grundierung, daß der Plattenkarton bei der Erneuerung der Tapeten beschädigt wird. Zusätzlich empfiehlt sich das Auftragen von Tapetenwechselgrund. Dann kann die Tapete bei Erneuerungsarbeiten ohne Befeuchtung im trockenen Zustand von den Gipsbauplatten entfernt werden.

Als Kleber können alle handelsüblichen Produkte ver-

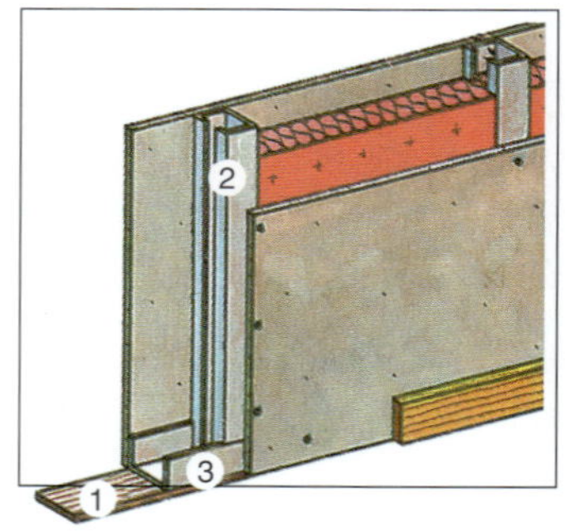

Metall-Einfachständerwand, einfach beplankt, Dicke 100 mm. 1 Filz (Dichtung), 2 C-Profil, 3 U-Profil.

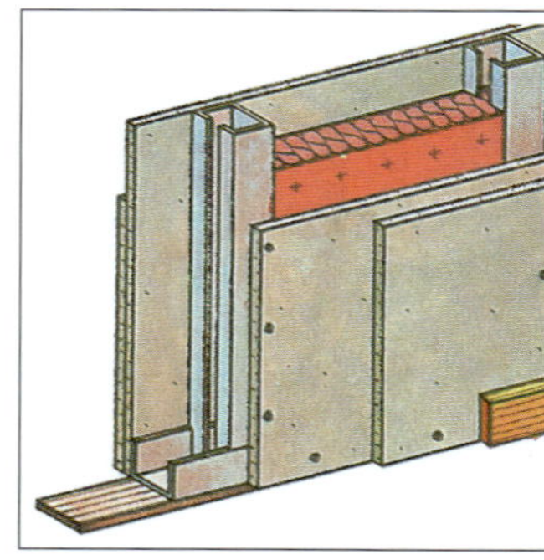

Metall-Einfachständerwand, doppelt mit Gipskartonplatten beplankt, Dicke 125 Millimeter.

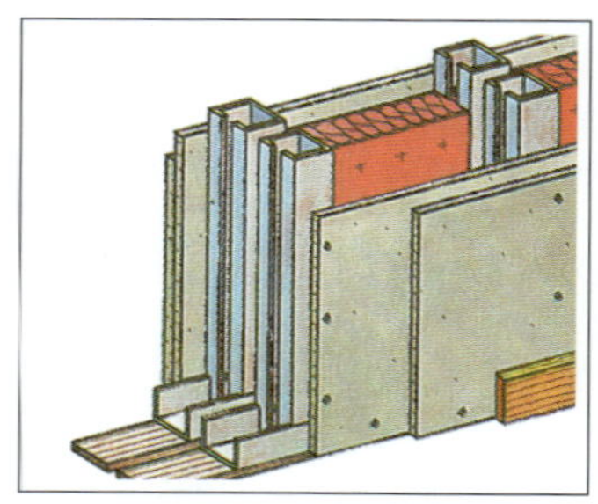

Für eine breite Wand lassen sich die Profile einfach nebeneinandersetzen. Ergebnis: Metall-Doppelständerwand, doppelt beplankt, Dicke 165 Millimeter.

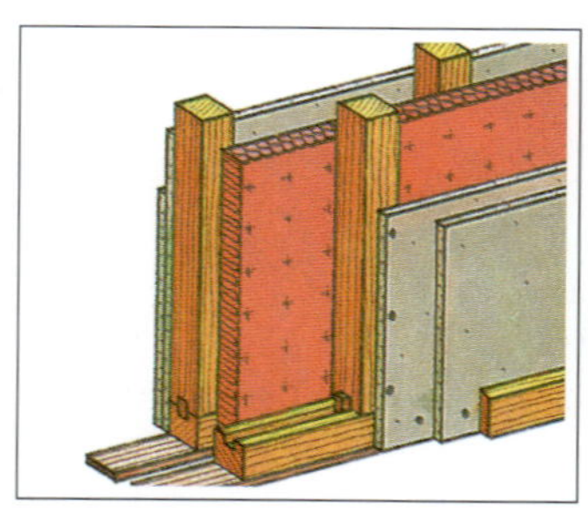

Eine beachtliche Gesamtdicke von 220 Millimeter weist die Wandkonstruktion aus Holz auf. Die Abbildung zeigt eine Holz-Doppelständerwand, doppelt beplankt.

wendet werden. Sollen Gipsbauplatten verfliest werden, zum Beispiel an Wänden zu Küchen und Bädern, wird man Bauplatten einsetzen, die gegen Feuchtigkeit imprägniert sind. Oder Massivbauplatten beziehungsweise Wohnbauplatten.

Keine Seltenheit: Fliesen auf Gipsbauplatten

Als Fliesen eignen sich keramische Fliesen oder Steinzeugfliesen. Geklebt wird mit sogenannten feuchtigkeitssperrenden Dichtklebern im Dünnbettverfahren, nachdem Durchlässe, Anschlüsse und Ecken mit dauerelastischem Fugenkitt wasserdicht verschlossen sind. Die Fliesenfugen sollten mit Fugenmaterial auf Zementbasis verfüllt werden.

Um an der Wand-Beplankung Bilder, Regale, Hängeschränke und ähnliches zu befestigen, gibt es ein ganzes Sortiment spezieller Hohlraumdübel, Spreizdübel, Bilderhaken, Trägerschienen, Montageplatten und ähnliches. Die Hersteller machen hierzu detaillierte Vorschläge, die man sorgfältig beachten sollte.

Porenbeton – vielfältig einsetzbar

In der Modernisierung spielt Porenbeton seit langem eine große Rolle. Im Badezimmer dient er für Wannenabmauerungen und Vorwand-Installationsabmauerungen, aus Porenbeton bestehen Podeste, Raumteiler und Duschkabinen. Sogar Einbauküchen wurden aus Porenbeton gestaltet. Seine Eigenschaften empfehlen Porenbeton auch für Innenwände.

Kennzeichen des Porenbetons (früher: Gasbeton) sind seine zahllosen kleinen und größeren Poren. Sie machen,

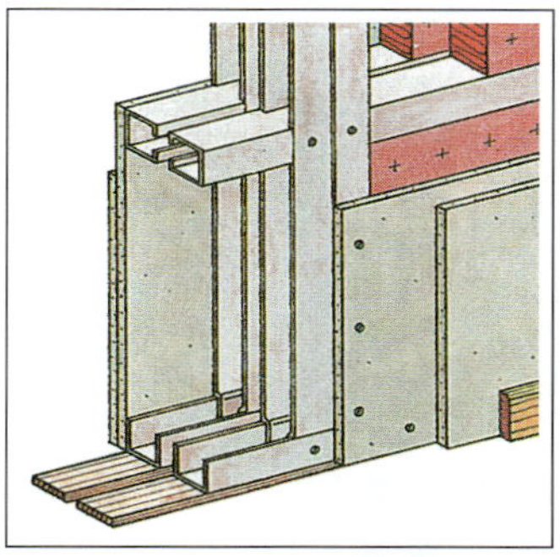

Aufbau einer Metall-Doppelriegelwand, doppelt beplankt, Gesamtdicke 170 Millimeter.

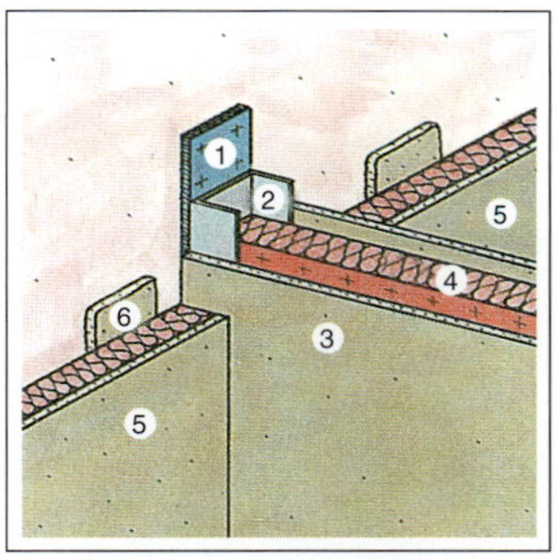

Schallschutz: 1 Filz, 2 Metallständer, 3 Gipskartonplatten, 4 Dämmung, 5 Verbundplatten, 6 Gips.

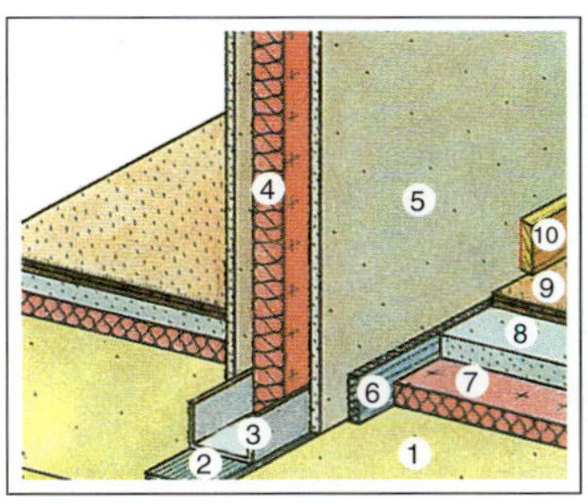

Unterbrochene Schalleitung: 1 Decke, 2 Dichtung, 3 Ständer, 4 Dämmung, 5 Gipsplatten, 6 Randstreifen, 7 Dämmung, 8 schwimmender Estrich, 9 Belag, 10 Fußleiste.

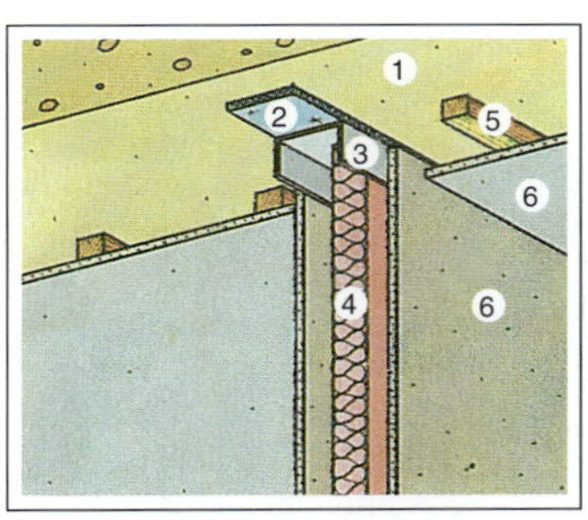

So wird die Schallängsleitung der Unterdecke unterbrochen. Aufbau: 1 Decke, 2 Dichtung, 3 Metallständerwerk, 4 Dämmung, 5 Holzunterkonstruktion, 6 Gipskartonplatten.

vom Volumen her, 70 bis 80 Prozent des Steins aus und sind bestimmend für zwei seiner wichtigsten Eigenschaften: Für das gegenüber dem Normalbeton um zirka 80 Prozent niedrigere Gewicht und für die niedrige Wärmeleitfähigkeit.

Da der Stein auch eine hohe Festigkeit aufweist und frostbeständig ist, haben wir mit Porenbeton ein Material vor uns, das Wandbaustoff und Wärmedämmstoff zugleich ist.

Mit wenig Schmutz zu stabilen Wänden

Porenbeton wird nahezu trocken mit gebrauchsfertigem Trockenkleber oder mit Fertigmörtel verarbeitet. Sollen Paßstücke hergestellt werden: Die Steine lassen sich geräuscharm mit dem Fuchsschwanz millimetergenau zersägen. Die Schmutz- und Lärmbelästigung wird also auch hier niedrig gehalten. Auch der Transport im Haus wirft keine Probleme auf: Steine aus Porenbeton lassen sich bequem durch das engste Treppenhaus transportieren.

Bei Massivdecken kann die Wand an jeder beliebigen Stelle gesetzt werden. Je nach Schallschutzanforderung in eine zu schaffende Aussparung im Estrich, direkt auf dem vorhandenen Bodenbelag oder, wenn erhöhter Schallschutz gefordert ist, auf einem Filzstreifen. Die erste Lage der Porenbetonsteine muß in einem Bett aus Zementmörtel versetzt werden. Die weiteren Porenbetonsteine werden dann im Verbund Schicht für Schicht versetzt: mit Trockenbettmörtel oder Trockenkleber. Nach jeder dritten Lage werden die Steine durch ein Schlitzband-Eisen mit den bestehenden Wänden verbunden.

Die Verbindung zur Decke wird durch ein Kunststoff-Profil oder einen Fertiganker hergestellt. Die Anschlüsse sind elastisch, zum Beispiel mit einem Polyurethan-Schaum zu verfugen.

Bei Holzbalkendecken hat man die Wahl unter verschiedenen konstruktiven Möglichkeiten. Die einfachste Lösung: Die neue Wand in Längsrichtung auf einen Holzbalken zu versetzen. Verläuft die Wand rechtwinklig zu den Deckenbalken, dann wird mit einer Verteilerschwelle, also mit einem stabilen Kantholz, ein tragfähiger Untergrund geschaffen.

Falls die neue Wand zwischen zwei Deckenbalken verläuft, muß ebenfalls aus statischen Gründen ein tragender Untergrund geschaffen wer-

Als Baustoff für Innenwände hat sich in den letzten Jahrzehnten auch Porenbeton bewährt. Hebel

den: durch einen neu eingezogenen Holzbalken. Porenbetonwände lassen sich leicht bearbeiten, Leitungsschlitze und Vertiefungen für Steckdosen einfach herstellen. Die Oberfläche zu gestalten bleibt freie Wahl: Tapeten, Holzpaneele, Fliesen, Naturstein, Anstrich oder Innenputz.

Mit Gipsbauplatten und mit Porenbeton sind zwei Baustoffe auf dem Markt, die auf einfache Weise ermöglichen, aus hinderlichen und unbequemen Altbaugrundrissen Grundrisse nach Wunsch und Bedürfnis zu schaffen.

Gebäude funktionieren nur als Gesamtorganismus. Diese Regel, gewonnen aus der Erfahrung, kann allen Modernisierungsplanungen Richtung geben und vor Unterlassungen bewahren. Auch bei Einzelmaßnahmen wie einer grundlegenden Fußbodenverbesserung ist nach dieser Regel zu handeln.

Fußböden sanieren und neu aufbauen

Mit dieser Ausgleichsschüttung aus Blähton, Körnung 2-4 mm, wird die Schalldämmung verbessert.

So wird das Eindringen der Schüttung in Nut und Feder oder Stufenfalz der Estrichelemente verhindert. Fibo

Wie geht man am besten vor, wenn man bei Fußbodensanierungen die Erfahrung nutzen möchte, daß ein Bau ein Gesamtorganismus ist?
Zunächst ist die Statik zu prüfen. Vor allem bei Holzbalkendecken, wie sie in älteren Häusern sehr häufig zu finden sind. Grundsätzlich ist dabei zweierlei zu klären. Zum einen, ob die Konstruktion schadensfrei ist. Zum andern, ob die Konstruktion, auch wenn sie schadensfrei sein sollte, die zusätzlichen Lasten eines Innenausbaus tragen kann. Statisch entscheidend sind die Deckenbalken und hier vor allem die Balkenköpfe, mit denen die Balken im Mauerwerk aufliegen. Ihre Tragfähigkeit ist häufig durch Fäulnis mehr oder minder beeinträchtigt.

Fäulnis und Schadinsektenbefall können die Tragfähigkeit der Decke aber auch an anderen Stellen beeinträchtigen. Eine Voruntersuchung der Holzbalkendecke, ohne Entfernung zum Beispiel der Dielen und Freilegung der Balken, ermöglicht heute die sogenannte bautechnische Endoskopie. Dabei wird ein kleines Loch bis in die Balkenzwischenräume gebohrt und eine Art Sehrohr eingeführt. Der Aufwand bleibt also relativ gering. Sind dann Schädigungen zu entdecken, müssen freilich die Balken freigelegt werden.

Ebenfalls zu prüfen ist der Einschub, also die Füllmaterialien zwischen den Deckenbalken. Auf Brettern, die zwischen den Balken auf Leisten liegen, findet man meist Lehmverstrich, Strohlehm, Bauschutt, Schlacke und auch Sand. Ist der Einschub noch brauchbar, kann er durchaus belassen werden. Vielleicht, nachdem er zur besseren Kontrolle der Holzbalken entfernt und wieder eingebracht wurde.

Oft wird auch aus Gründen der Schalldämmung der verbliebene Hohlraum über dem Einschub mit Mineralwolle ausgestopft. Solche Arbeiten freilich sind Sache des Fachmanns wie auch die Bekämpfung der Schadinsekten bei Befall und das eventuelle Auswechseln oder Ergänzen beschädigter Balken.

Schadhafte Holzbalken lassen sich sanieren

Schadhafte Balkenköpfe werden in der Regel durch Einbau von Stahlschuhen, Anlaschen von Beibalken, Beischrauben von Stahlträgern ect. ersetzt. Reicht aber die Deckenkonstruktion insgesamt nicht aus, die Last zu tragen, dann ist sie zu verstärken: durch neu eingezogene Balken, durch Unterzüge, auch aus Stahlträgern, oder teilweisem Einziehen einer Betondecke. Grundsätzlich: Innenausbau ist nur dann erfolgreich und dauerhaft, wenn die Deckenkonstruktion intakt und tragfähig ist.

In der Modernisierung werden auf Rohdecken aus Beton Zement-Estriche, Gußasphalt-Estriche, Fließ-Estriche und Trocken-Estriche eingesetzt, auf Holzbalkendecken hauptsächlich Trocken-Estriche und

TIP

Selbermachen

Ein guter Selbermacher kann sicher einige Arbeiten, die beim neuen Fußbodenaufbau anfallen, übernehmen. Manche schaffen es sogar gänzlich ohne fremde Hilfe. Trotzdem gehören diese Sanierungsmaßnahmen immer in die Hände von erfahrenen Fachleuten. Beim Gespräch mit dem Handwerker sollte sich der Hausbesitzer die Vorgehensweise genau erklären lassen und die Angaben mit dem später vorliegenden Angebot vergleichen.

Fließ-Estriche. Beginnen wir mit dem Trocken-Estrich. Er empfiehlt sich vor allem für alte Häuser mit Holzbalkendecken aus mehreren Gründen: Die Einbauarbeiten sind rasch abzuschließen, der Raum ist danach sofort wieder begehbar. Keine Aushärtungszeit, wie zum Beispiel beim Zement-Estrich, unterbricht den Fortgang der Arbeiten. Da viele alte Häuser während der Arbeiten bewohnt bleiben, ist die geringe Schmutz-, Arbeits- und damit Lärmbelästigung von Vorteil. Ein trocken verlegter Boden ist in der Regel leichter als zum Beispiel ein Zement-Estrich. Auch kommt keine zusätzliche Feuchtigkeit ins Haus, die der Holzkonstruktion schaden könnte. Trocken-Estriche lassen sich auch einfacher an die Konstruktionshöhen anpassen, die in alten Häusern oftmals sehr niedrig sind. Schwimmende Verlegung, also eine Verlegung, bei der der Estrich von der Konstruktion darunter und den Umgebungswänden durch Dämm-Materialien getrennt ist, dämmt den Trittschall.

Feuchtigkeit aus dem Aufbau heraushalten

Ob es nötig ist, eine Feuchtigkeitssperre zu verlegen, hängt von der vorhandenen Tragekonstruktion ab. Auf Betonboden ist eine solche Abdichtung, meist aus 0,2 Millimeter dicker Polyäthylenfolie, zu empfehlen. Sie hindert Feuchtigkeit, wie sie als Kernfeuchte im Beton enthalten sein kann, am Durchgang in die oberen Bauteilschichten, zum Beispiel die Trockenschüttung. Diese Sperrfolien sind wannenförmig auszulegen, also zirka 10 Zentimeter an den raumumschließenden Wänden hochzuziehen. Die Stöße werden mit 20 Zentimeter Überlappung verklebt.

Der neue Fußbodenbelag bildet den Abschluß der Sanierungsmaßnahme. Korkfertigparkett hat sich zu einem beliebten Material für Selbermacher entwickelt. Carl Ed. Meyer

Anders bei Holzbalkendecken. Dort sind grundsätzlich keine Polyäthylen-Folien zu verwenden. Sie würden den möglichen Durchgang von Wasserdampf aus den Räumen darunter behindern, so daß es zu Feuchtigkeitsansammlungen in der Konstruktion an Deckenbalken oder den alten Dielen kommen könnte. Der Rieselschutz, den man häufig auf den Dielen verlegt, unter der Trockenschüttung, wirkt nicht als Feuchtigkeitssperre. Denn das dafür verwendete Natron- oder Bitumenpapier läßt möglichen Wasserdampf ungehindert hindurch.

Dampfsperre kann viele Probleme lösen

Die hier dargestellten Zusammenhänge zeigen, warum es zu Problemen kommen kann, wenn der Fußbodenoberbelag selber dampfdicht ist, eine Wasserdampfwanderung von unten nach oben aber nicht ausgeschlossen werden kann. In einem solchem Fall, so raten die Hersteller, sollte man an der Unterdecke in Verbindung mit der Deckenbekleidung eine Dampfsperre einbauen, die den Wasserdampf von vornherein am Eindringen hindert.

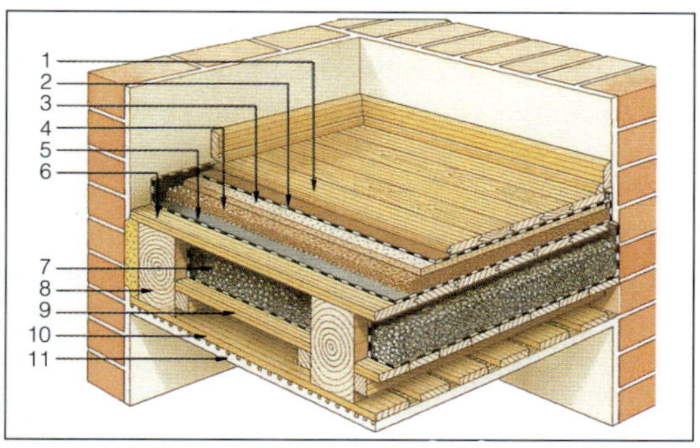

Sanierung einer alten Holzbalkendecke, erstes Beispiel: 1 Dielen, auf Spanplatte verschraubt, 2 Zwischenlage, zum Beispiel Pappe oder Filzbahnen, 3 Spanplatte, 4 Ausgleichschüttung, 5 Rieselschutz, 6 alter Dielenboden, 7 alte Einschubfüllung, 8 Balken, 9 Blindboden, 10 Latten mit Putzträger, 11 Putz.

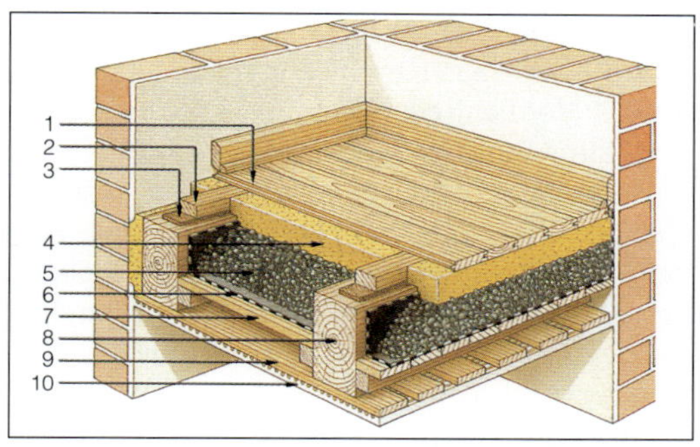

Sanierung einer alten Holzbalkendecke, zweites Beispiel: 1 Dielen, 2 Lagerholz, 3 Trittschalldämmstreifen, 4 Hohlraumdämpfung (zum Beispiel mit Mineralwolle), 5 alte Einschubfüllung (Schotter, Schlacke oder Lehmschlag), 6 Papplage, 7 Blindboden, 8 Balken, 9 Latten mit Putzträger, 10 Putz.

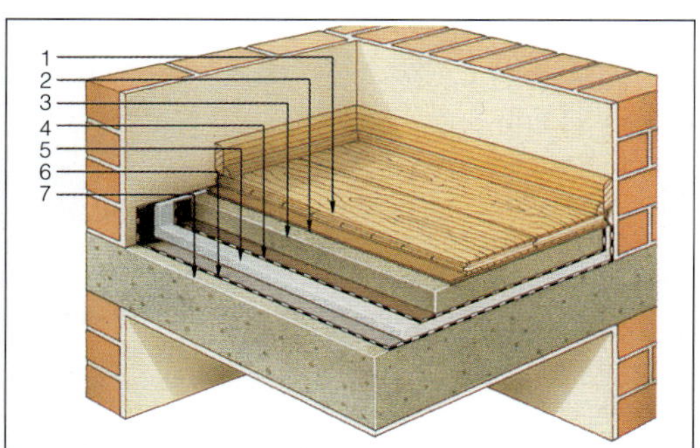

Neuer Dielenboden auf Estrich, schwimmend verlegt: 1 Dielen, hier Landhausdielen (ähnlich wie Fertigparkett mehrschichtig abgesperrt, ca. 14 mm dick), 2 Zwischenlage (bituminöse Wellpappen, Filzbahnen), 3 Estrich, 4 Estrichpapier, 5 Trittschalldämmung (Hartschaum oder Mineralwolle), 6 Folie, 7 Stahlbetondecke.

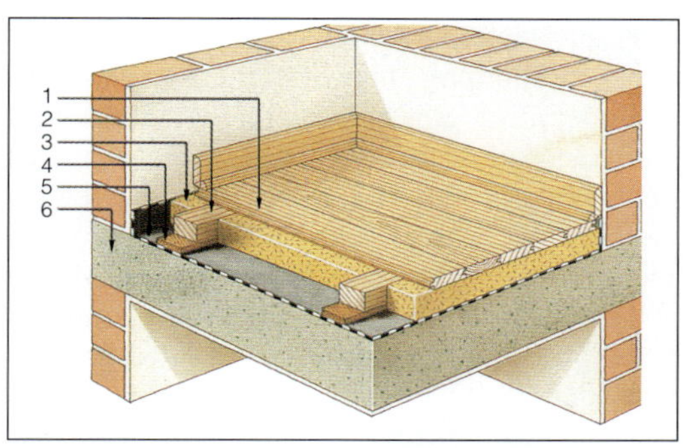

Neuer Dielenboden auf einer Stahlbetonplatte, Aufbau: 1 Dielen, hier Hobeldielen (Fichte/Tanne, Lärche, Kiefer oder Douglasie), 2 Lagerholz, 3 Hohlraumdämpfung, zum Beispiel Mineralwolle, 4 Trittschalldämmstreifen, 5 Folie, 6 Stahlbetondecke. Quelle für alle vier Abbildungen: Arbeitsgemeinschaft Holz e.V.

Betondecken, Holzbalkendecken beziehungsweise ihr Dielenbelag weisen meist Unebenheiten auf. Da die Oberfläche aber vollkommen eben sein muß, ist Ausgleich nötig. Bei Unebenheiten bis 5 Millimeter haben sich Zwischenlagen aus Wellpappe oder Mineralwolle bewährt. Unebenheiten bis 20 Millimeter lassen sich am besten mit den üblichen Bodenspachtelmassen oder Fugenfüllern ausgleichen. Bei Unebenheiten über 20 Millimeter oder unterschiedlichem, zum Beispiel schrägem Bodenniveau ist Trockenschüttung die geeignete Maßnahme. Dielen müssen allerdings in allen Fällen vor dem Ausgleich befestigt werden, falls sie locker sind.

Fertigestrichelemente, hier aus zwei Gipsfaserplatten und einer 60 mm dicken Hartschaumschicht. Der Auflagefalz sorgt dafür, daß die Elemente auch hohe Punktbelastungen im Bereich der Stoßfungen aushalten. Quelle: Felswerke

Estrichdämmplatten aus Mineralwolle gibt es zum Einbau in Trockenestriche, Fließestriche und Mörtelestriche. Mit Randstreifen ergeben sich schwimmende, schalldämmende Konstruktionen. Quelle: Grünzweig + Hartmann

Trockenestrichaufbau auf unebenen Holzdielen: mit Rieselschutz, Ausgleichsschüttung, Druckausgleichsplatte und Estrichplatten aus Gips und Hartholz. Quelle: Gyproc

Die Trockenschüttung besteht aus einem granulierten, also körnigen Material, meist aus expandiertem vulkanischem Gestein. Die einzelnen Körner können entweder mit Bitumen oder mit Naturharz ummantelt sein. Dadurch verdichtet sich das Schüttmaterial unter leichtem Flächendruck von selbst zu einer gleichmäßigen, stabilen Dämmschicht. Bei Schütthöhen über ungefähr 60 Millimeter ist mechanische Verdichtung erforderlich, zum Beispiel mit einem Flächenrüttler oder Handstampfer. Dazu ist es nötig, beim vorausgehenden Abziehen der Schüttung, für das es spezielle Lehren und Auflegeschienen gibt, 10 Prozent mehr an Höhe vorzusehen. Um soviel nämlich verdichtet sich die Schüttung nachher.

Die letzten Schritte zum neuen Fußboden

Für den weiteren Aufbau, ob Trockenschüttung nun nötig war oder nicht, gibt es mehrere Systeme. Auf den ausgeglichenen Böden aus Holzdielen oder Rohbeton lassen sich Elemente mit Polystyrol-Hartschaumkaschierung oder Mineralwolle-Kaschierung verlegen oder auch Elemente ohne zusätzlichen Wärme- beziehungsweise Schallschutz.

Es gibt Trockenestrich-Systeme, bei denen zunächst Grundelemente versetzt verlegt werden und quer darüber

Nur wenn der Fußbodenaufbau stimmt, lassen sich solch unterschiedliche Bodenbeläge wie Laminate oder Holzdielen und keramische Fliesen direkt aneinander grenzend verlegen. Terhürne

dann Deckelemente. Verbunden werden beide Elemente miteinander durch einen speziell entwickelten Trockenestrichkleber. Doch gibt es auch Systeme, bei denen die Gipskarton-Unterbodenplatten bereits werkseitig verklebt wurden. Die Verbindung zwischen den mehrlagigen Elementen wird durch Nut und Feder gewährleistet. Auch dieses System wird mit Dämmschichten geliefert.

Bei den Trockenestrich-Elementen aus Gipsbaustoffen, wie sie heute am häufigsten eingesetzt werden, ist vor Aufbringen des Oberbelags eine Grundierung mit einem der Spezialmittel empfehlenswert, wie die Hersteller sie anbieten.

Stuhlrollenfestigkeit kann durch geeignete Fließ-Spachtelmassen erreicht werden. Hierbei ist, wie bei bauchemischen Mitteln auch sonst, auf die Hinweise und Verlegeanleitungen der jeweiligen Hersteller zu achten. Keramische Beläge, Steinzeugfliesen zum Beispiel, die im Dünnbettverfahren verlegt werden, erfordern eine Spezialgrundierung des Unterbodens, wie die Dünnbettmörtelhersteller sie liefern. In Feuchträumen sind die Trockenestriche durch spezielle Mittel gegen das Eindringen von Feuchtigkeit und somit vor Schäden zu schützen. Für das Verkleben selbst gibt es Dichtklebesysteme.

Textilbeläge, PVC-Beläge oder ähnliches können verklebt, Textilien auch gespannt werden. Bei dünnen Gehbelägen wie PVC-Bahnen ist eine vollflächige Abspachtelung mit einem Fußboden-Spachtel für Gipskartonplatten erforderlich. Auch wenn Fertigpar-

TIP

Estrich nach Wahl

Für eine Fußbodensanierung wird meist ein schwimmender Estrich verlegt. Das heißt, der Estrich ist von den darunterliegenden Bauteilschichten und den Umfassungswänden durch die Schalldämmplatten und -streifen getrennt. Während bei den Naßestrichen der Preis pro Quadratmeter verlegter Fläche bei ungefähr 60 Mark liegt, kosten Trockenelemente um die 70 Mark. Bei beiden Ausführungen ist der Preis für die Dämmung eingerechnet.

1 Fließ-Estrich, als Trockenmörtel auf die Baustelle gebracht, wird dort maschinell gemischt und an den Verarbeitungsort gepumpt. 2 Um ein gleichmäßiges, ausreichend hohes Oberflächenniveau zu erreichen, werden auf der Fläche Niveaulehren verteilt und mit einem Nivelliergerät auf die richtige Höhe eingestellt. 3 Nach der Vorbereitung des Bodens wird über Schlauch die Estrichscheibe gegossen. 4 Anschließend wird der Estrich mit einem Estrichbesen durchgeschlagen: Der Estrichmörtel wird so entlüftet, gleichförmig, kleine Unebenheiten werden beseitigt. Quelle 1-4: Knauf

kett verlegt werden soll, ist Grundierung nötig. Hersteller von Parkettklebern geben hier Empfehlungen.

Der Fließ-Estrich

In der Modernisierung hat sich auch der Fließ-Estrich bewährt, der als Trockenmörtel zur Baustelle gebracht und dort maschinell gemischt wird. Durch Schläuche wird er zur Verarbeitungsstelle gepumpt. Fließ-Estrich, wie er heute meist eingesetzt wird, ist kein herkömmlicher Anhydrit-Estrich, sondern besteht aus Gips als Bindemittel und Naturanhydrit und basischen Silikaten als Zuschlagstoff. Dem Einsatz auf Holzbalkendecken kommt das gegenüber herkömmlichen Estrichen geringere spezifische Gewicht entgegen, sowie die Festigkeit, die auch dünne Estrichscheiben ermöglicht. Fließ-Estrich nivelliert sich nahezu selbständig und bildet immer eine in der Waage liegende ebene Fläche. Er kann auch schwimmend verlegt werden und mit Dämmschichten zum Beispiel aus Styropor oder einer mineralischen Dämmstoffkörnung.

Fließ-Estriche können auch als Heiz-Estriche ausgebildet sein, Rohrleitungen lassen sich in der Konstruktion verlegen. Die Verarbeitung ist Sache der Fachfirmen.

Der Zement-Estrich, wie er in der Modernisierung auf Betondecken öfter eingesetzt wird, hat neben dem vergleichsweise hohen Gewicht und der Feuchtigkeit noch den Nachteil längerer Austrocknungszeit. Neuerdings gibt es Zement-Estriche, die schneller als früher abbinden.

Sowohl auf Betondecken wie auch auf Holzbalkendecken können Gußasphalt-Estriche eingebracht werden, die sich ebenfalls für sämtliche Oberbeläge vom Parkett, Textilbelag bis zur Fliese eignen. Auch Gußasphalt bringt keinerlei Feuchtigkeit ins Haus. Da er dicht ist, bietet er bei Räumen über dem Erdreich Vorteile: Denn Feuchtigkeit kann so weder von unten nach oben noch von oben nach unten hindurchdringen. Auch als Teil-Estrich für Naßräume zum Beispiel findet man ihn. Er besteht aus Bitumen, Zuschlag und eventuell Zusätzen.

Aufbau mit Lagerhölzern

Eine Sonderform des Fußbodenaufbaus sind die Trokkenunterböden mit Lagerhölzern, wie sie für einen Oberbelag aus Fertigparkettdielen mit selbsttragenden Eigenschaften geeignet sind oder für einen Blindboden aus gehobelten Brettern oder Spanplatten, die dann mit einem beliebigen Oberbelag versehen werden können. Auch diese Konstruktion kann schwimmend verlegt werden.

Für welchen Fußbodenaufbau man sich entscheidet, wird zuletzt von den jeweiligen Gegebenheiten abhängen. Tragfähigkeit, Unebenheiten, Aufbauhöhe, erwünschter Oberbelag werden dabei eine Rolle spielen. Doch bieten die heutigen Fußbodenkonstruktionen soviele Möglichkeiten, daß Kompromisse nicht mehr nötig sind.

Bei den Bodenbelägen ist das Angebot verwirrend groß. Leider sind Fehleinkäufe hier oftmals auch besonders kostspielig. Die Materialwahl hat großen Einfluß auf den Charakter, den Stil der Räume, der Wohnung. Aber auch der geeignete Einsatz ist neben dem später erforderlichen Pflegeaufwand zu berücksichtigen.

Fußbodenbeläge für jeden Geschmack

Am häufigsten werden Teppichböden verlegt. Dabei bestimmt die Art der Beanspruchung die Auswahl des Teppichbodens.

Obwohl der derzeitige Trend zu den Naturmaterialien anhält, haben Chemiefasern häufig wünschenswerte Eigenschaften, die die Naturmaterialien ohne Zusatzbehandlung vermissen lassen. So sind sie mottensicher, lichtbeständig, oftmals feuchtigkeitsunempfindlich und pflegeleicht.

Je nach Fasersorte stehen verschiedene Merkmale im Vordergrund:

❑ Nylon: gute Elastizität, relativ verschleißfest;
❑ Perlon: gute Elastizität, relativ verschleißfest;
❑ Acrylfasern (wollähnlich): besonders elastisch;
❑ Polypropylenfasern (dicke, leichte Teppichbeläge): schmutzabweisend und kaum elektrostatische Aufladung.

Ebenfalls hilfreich für den Einkauf sind die Herstellerangaben über die sogenannte Verschleißklasse. Dabei ist die Klasse A lediglich für Räume mit leichter Verschleißbeanspruchung, also beispielsweise für Schlafräume geeignet. Dagegen ist Klasse S für Räume mit mäßig starker Verschleißbeanspruchung wie zum Beispiel den Wohnbereich geeignet. Eine schnelle Information erhält der Käufer durch die angebrachten Symbole, sie geben die unterschiedliche Eignung der jeweiligen Ware an.

Der ästhetische Wert eines textilen Bodenbelags hängt von seiner Oberflächengestaltung und seinem Aufbau ab. Die Herstellungsart ist für die Qualität und den Preis ausschlaggebend. Teppichböden können bis zu 20 Jahre halten und zwischen 20 und knapp unter 200 Mark pro Quadratmeter kosten.

Böden aus Natur- und Kunststein

Natursteinplatten wie Marmor, Solnhofener-Platten, Schiefer und Quarzit werden wegen ihrer lebhaften Oberflächenstruktur sehr viel in Wohnräumen, aber auch in Fluren, Treppenhäusern und Badezimmern verwendet.

Andere Natursteine, wie Sandstein zum Beispiel, findet man dagegen nur bei Eingangsbereichen des Hauses, denn diese haben weder die aufregende Struktur der vorher genannten Materialien, noch

Links: Der Teppichboden aus Schurwolle paßt auch farblich zu dieser modernen Wohnraumgestaltung. Wools of New Zealand. Rechts: Solnhofener Naturstein, Oberfläche bruchrauh, als Bahnenbelag und Riemchen verwendet. Adlkofer

Kunststoffbeläge, mehrschichtig aufgebaut, eignen sich für den stark strapazierten Eingangsbereich besonders gut. Nur die oberste Schicht, die sogenannte Nutzschicht, besteht aus Polyvinylchlorid (PVC). Febolit

Oben: Landhausdielen gibt es in Längen bis zu sechs Metern. Osmo
Links: Trägermaterial des Laminatbodens: Span- oder Faserplatten. Oberste Schicht aus Zellstoffilm, darunter das Dekor. Pergo

lassen sie sich, ihrer rauhen Oberfläche wegen, so bearbeiten, daß sie allen hygienischen Ansprüchen entsprechen.

Solnhofener-Platten und Marmor werden nach dem Verlegen abgeschliffen, erhalten eine Versiegelung. Das erhöht die Haltbarkeit der Oberfläche. Aber auch ohne Oberflächenversiegelung hält ein solcher Bodenbelag lange Zeit.

Kunststeinbeläge aus Betonwerkstein oder Terrazzo sind ebenso langlebig wie Naturstein, wirken aber meistens nicht so repräsentativ wie etwa Marmor. Deshalb sind sie wesentlich günstiger zu haben.

Keramische Bodenfliesen, die vor allem für Küchen- und Badezimmerböden verwendet werden, sind heute längst nicht mehr auf diese Bereiche beschränkt. Das liegt vor allem daran, daß immer mehr Fliesen aus den Ländern des Mittelmeerraumes auf unseren Markt kommen.

Damit man auf einem solchen Belag keine kalten Füße bekommt, muß er gegen aufsteigende Kälte mittels einer Dämmschicht abgeschirmt sein. Vorteil der hohen Wärmeleitfähigkeit ist die gute Eignung als Belag über einer Fußbodenheizung. Die Lebensdauer liegt im Schnitt bei ungefähr 30 Jahren. Preise: Günstige Natursteine kosten um die 100 Mark pro Quadratmeter.

Holz: Dielen & Parkett

Für Bodenbeläge aus Holz gibt es eine große Palette heimischer und ausländischer Hölzer, die sich vor allem in der Oberflächenhärte und in der Tönung unterscheiden. Alle Holzarten sind unbehandelt mehr oder weniger anfällig gegen Feuchtigkeit, lassen sich aber, dank der Bereitschaft trockenen Holzes, Flüssigkeit aufzusaugen, gut mit Imprägnierungen und Schutzgründen versehen.

Nadelhölzer wie Fichte und Kiefer werden vorwiegend als Dielen verlegt. Der verlegte Dielenboden läßt sich streichen, lackieren, beizen, aber auch schleifen und versiegeln.

Die härteren Hölzer wie Buche, Eiche, Esche oder Ahorn finden sich vorwiegend als Parkett wieder. Die meisten Parkettsorten bestehen heute aus Furnierplatten, bei denen nur die Oberschicht aus dem jeweiligen Edelholz ist. Darunter befindet sich mehrschichtig gesperrt verleimtes Nadelholz oder Spanplatten.

Es empfiehlt sich, Parkettoberflächen nach dem Verlegen abzuschleifen und zu versiegeln. Dadurch wird die Oberfläche stabiler und unempfindlich gegen Nässe und Schmutz.

Holzpflaster aus Kiefer, Lärche, Buche und Eiche bestehen aus Holzklötzen, scharfkantig geschnitten und so verlegt, daß die Laufflächen von der Hirnfläche (die Seite, an der die Maserung quer verläuft) gebildet werden. Diese besonders robuste Bodengestaltung kam bisher meist in der Industrie oder bei Schulen zur Anwendung. Heute sieht man Holzpflaster in Wintergärten von Einfamilienhäusern oder im Wohnbereich rustikal orientierter Häuser. Wie alte Dielenböden beweisen, können solche Beläge auch über 100 Jahre halten, für gute Qualität sind Preise von knapp unter 200 Mark die Regel.

Bodenbeläge aus Kork

Die luftgefüllten Zellen des Kork sorgen für hohen Gehkomfort, Fußwärme und Trittschalldämmung. Sie bewirken aber auch, daß Druckstellen, die in anderen Bodenbelägen dauerhafte Spuren hinterlassen können, in Korkfußböden normalerweise nach einiger Zeit wieder verschwinden. Korkbodenbeläge gibt es in vielen verschiedenen Oberflächenausführungen. Die einzelnen Elemente in Plattenform werden naturbelassen, gewachst oder versiegelt angeboten. Naturbelassener Kork wird nach der Verklebung mit Bienenwachs gewachst oder mit Polyurethanlack versiegelt. Das gewachste Korkparkett wird je nach Abnutzung ungefähr zwei- bis dreimal im Jahr mit reinem Bienenwachs nachbehandelt, für den vorversiegelten Korkboden ist keine weitere Bearbeitung erforderlich. Unbeschichtete Korkbeläge halten 25 Jahre, der Materialpreis liegt zwischen 50 und 150 Mark pro Quadratmeter.

Korkbeläge mit verschleißfester Nutzschicht haben eine Holz- oder Korkfurnieroberfläche, in Naturtönen oder in Trendfarben erhältlich. Carl Ed. Meyer

Oben: Für die Küche ist der Gummifußboden ideal. Carl Freudenberg
Rechts: Linoleum, in Form und Farbe geschickt inszeniert. DLW

Gummi und Linoleum

Ob Gummi-, Linoleum- oder imprägnierte Pappbeläge (wie Stragula zum Beispiel) – alle gleichen sich in wichtigen Punkten: Sie sind wasserbeständig, haben eine schmutzabweisende Oberfläche und sind nur auf extrem glatten Böden ohne Unebenheiten zu verlegen, da diese sich sonst durch das Material hindurch bemerkbar machen würden. Bis auf Gummi-, Kork- und Linoleumbeläge haben alle diese Belagarten nur minimale Wärmedämmeigenschaften, bei fußkalten Räumen sollte man sie deshalb auf einer wärmedämmenden Unterlage (Filzpappe) verlegen. Die Verschleißfestigkeit dieser Materialien ist relativ gut, nur die lackierten Oberflächen der imprägnierten Pappen und mancher Linoleumsorten werden nach häufigem Gebrauch etwas unansehnlich. Alle diese Beläge werden als Bahnenware geliefert, Kunstharz- und Gummibeläge auch als Platten. Sie werden meist vollflächig verklebt (wichtig: Klebstoffart nach Materialeigenschaft verschieden!), lassen sich aber auch lose verlegen. Die Mindesthaltbarkeit liegt bei 30 Jahren, die Preise schwanken zwischen 40 und 100 Mark.

TIP

Fußboden-Broschüre

Zum Thema Fußboden hat die Arbeitsgemeinschaft Wohnberatung zusammen mit den Verbraucherverbänden eine Broschüre mit dem Titel „Fußböden" herausgegeben. Auf rund 80 Seiten werden alle Aspekte ausführlich und leicht verständlich behandelt. Eine aktuelle, neutrale Publikation.

Reliefbeläge aus PVC

Reliefböden bestehen aus drei oder vier Schichten: einer Glasvlieslage, darüber PVC-Schaum mit mehr oder minder ausgeprägter Struktur, auf die Muster aufgebracht sind, das Ganze abgedeckt durch eine PVC-Auflage. Diese oberste PVC-Schicht ist die eigentliche Nutzschicht. Sie schützt Muster und Schaum. Soll der Belag besonders weich und elastisch sein, ist die Glasvliesschicht nochmal mit PVC-Schaum unterlegt. Die Reliefböden heißen im Fachjargon Cushioned Vinyls; das Wort Cushion – zu deutsch Kissen – weist auf das typische des Belags, die elastische Polsterung hin. Achten Sie darauf: Bei guten Markenprodukten ist angegeben, für welchen Beanspruchungsgrad oder Verwendungsbereich der Belag empfohlen wird. Die PVC-Nutzschicht darf auf keinen Fall zu dünn sein. Bei einer Schichtstärke von weniger als 0,15 Millimeter ist Vorsicht angebracht.

Beliebt sind die PVC-Reliefböden, weil sie (in der Regel) angenehm weich und elastisch sowie fußwarm sind, weil man sie mit unendlich vielen Mustern bekommt, weil sie schon in verhältnismäßig günstigen Preislagen erhältlich und leicht zu verlegen sind.

Bei der Verlegung sind jedoch die Hinweise des Herstellers über die geeigneten Klebebänder beziehungsweise Klebstoffe zu beachten, damit der im PVC-Belag vorhandene Weichmacher, der den Belag biegsam macht, nicht den Klebstoff angreift, der Belag sich löst und/oder verfärbt.

PVC-Reliefböden sind unempfindlich gegen Wasser, gegen alle haushaltsüblichen Säuren und Chemikalien, Fette, Alkohol und ähnliche Produkte. Die Beläge sind schwer entflammbar (wichtig in der Küche). Zigarettenglut allerdings verunziert den Boden mit schwarzen Schmorstellen. Großes Plus dieser Beläge: eine Haltbarkeit von bis zu 40 Jahren bei einem Preis von nicht einmal 15 Mark pro Quadratmeter. Seit kurzem bietet ein Hersteller chlorfreie Beläge an, die laut dessen Angaben den bisherigen PVC-Belägen qualitativ in nichts nachstehen. Im Gegenteil: Der auf Polyolefinen basierende Belag „Free“ ist gegenüber vergleichbaren Produkten um 30 Prozent gewichtsreduziert, das heißt, er läßt sich leichter transportieren und verlegen.

Neu: Laminate

Eine Alternative zu den traditionellen Bodenbelägen ist der sogenannte Laminatboden geworden. Eigentlich eine Holzwerkstoffplatte mit allen denkbaren Dekoroptiken. Besonders häufig werden Holzoberflächen imitiert. Nicht geeignet ist der Boden für Bäder, Waschküchen oder Saunen. Dank der geringen Materialstärke eignet sich das Produkt besonders bei der Modernisierung von Altbauten. Verlegung: schwimmend, lediglich Nut und Feder werden verleimt. Über die Haltbarkeit läßt sich noch nicht viel sagen, da es in Deutschland diesen Bodenbelag erst seit Anfang der 90er Jahre gibt. Preislich liegen die Laminate bei ungefähr 50 Mark pro Quadratmeter.

Kurzer Überblick: Wand- und Deckenbeläge

❑ Strukturputze: Es gibt sie in vielen Körnungen. Das heißt, die Wand wirkt mit grober Körnung rustikal, mit feiner sehr zurückhaltend. Mit einer solchen Lösung haben Sie lange Ruhe. Ab und zu ein neuer Anstrich genügt.

Der Fußboden, Parkett aus Raucheiche, steht farblich in schönem Kontrast zu Wand und Decke. Das Weiß an den Ziegelwänden und den Balken wurde als einfacher Anstrich ausgeführt, läßt sich somit schnell verändern. Tarkett

❑ Anstriche/Lacke: Der einfache Wandanstrich ist schon aus der Mode gekommen. Dabei ist er das preiswerteste und unkomplizierteste Mittel, um Wände zu verschönern. Besonders hübsch wirkt er in Räumen mit rustikaler Einrichtung, bäuerlichen Möbeln oder Fliesen. Möchte man eine andere Farbe im Raum, ist der Anstrich relativ schnell geändert. Lacke sind die elegante Version hierzu. Sie werden glatt oder in Spachteltechnik aufgebracht.

❑ Sonstige Beschichtungen: Flüssige Rauhfaser ist preiswert, leicht aufzutragen, überspielt leichte Wand- und Deckenunebenheiten, erspart einen zusätzlichen Anstrich und liegt in der Wirkung zwischen dem einfachen Anstrich und einem Feinstrukturputz.

Flüssige Beschichtungen mit farbigen Papier- oder Textilpartikeln sowie Glimmerbeimischung werden mit Rollen aufgetragen und ergeben reizvolle Effekte. Je nach Auftragdicke ergibt sich eine erhöhte Schall- beziehungsweise Wärmedämmung.

❑ Bespannungen: Holzstabgewebe an der Wand sorgen für einen exotischen Look. Durch die Naturfarbe entsteht eine warme, behagliche Atmosphäre. Die Fugen werden durch lackierte Holzleisten verdeckt. Auf diese Weise verstärkt sich der fernöstliche Hauch dieses Materials.

❑ Ein Leinengewand paßt zu jeder Wand. Zum Bespannen der Wände wird Leinen in verschieden Farben und in einer Breite von 265 Zentimetern geliefert. Die Bahnen können also auch quer umlaufend gespannt werden, so daß kaum senkrechte Nähte entstehen. Mit Abdecklitzen lassen sich die Nahtstellen kaschieren.

❑ Filzbespannte Wände bieten einen besonders warmen, ruhigen Hintergrund für die Einrichtung. Sie lenken nicht durch Muster ab, sind in ungefähr 50 Unifarben zu haben.

Für Heimwerker interessant: Mit Spezialleisten läßt sich der Filz verhältnismäßig einfach auch im Do-it-yourself-Verfahren an die Wand bringen.

❑ Eine Korkplatten-Verkleidung ist nicht nur schön, sondern auch praktisch: Sie wirkt schalldämmend, isoliert auch gegen Hitze und Kälte, ist druckfest und sogar abwaschbar. Die 30x30 Zentimeter großen Platten (es gibt sie in verschiedenen Farben und Maserungen) werden an die Wand geklebt. Preisgünstiger, aber auch viel dünner sind Korktapeten.

FUSSBODENBELÄGE AUF EINEN BLICK

Produktgruppe	Materialpreis/m²	Lebensdauer
Stein:		
Naturwerkstein	90 DM	über 50 Jahre
Steinzeugfliesen: - glasiert/unglasiert	20 -120 DM	25 bis 40 Jahre
Holz:		
Dielen	20-50 DM	über 40 Jahre
Fertigparkett	30-90 DM	10 bis 20 Jahre
PVC:		
Reliefböden/ Cushioned Vinyls	15-50 DM	20-40 Jahre
Holz/Kunststoff:		
Laminate	ab 50 DM	Erst wenige Jahre auf dem Markt. Lange Lebensdauer prognostiziert.
Kork:		
Korkplatten: - unbeschichtet	20-100 DM	25-40 Jahre
Linoleum:	30-60 DM	25-40 Jahre
Gummi:	50-120 DM	25-40 Jahre
Textilbeläge:		
Velours-Teppich: - Wolle/Schurwolle	40-160 DM	8-15 Jahre

Schmitz/Krings u. a.: Baukosten; AgV

Holz ist nicht nur ein uralter Baustoff, es wird auch zeitgemäßen Umwelt-Forderungen gerecht: Es ist ein nachwachsender Rohstoff, in naturbelassenem Zustand biologisch abbaubar und energetisch günstig zum Baustoff zu verarbeiten. Für den Innenausbau ist Holz wirkungsvolles Gestaltungselement und Problemlöser zugleich.

Baustoff Holz – innen rundum einsetzbar

Foto: AG Holz

Welche Ziele des Innenausbaus, welche Wirkungen lassen sich mit Holz erreichen, welche bautechnischen oder bauphysikalischen Probleme damit lösen?

Eingesetzt als Wand- und Deckenbekleidung oder Fußbodenoberbelag, bestimmt das Holz die Wirkung eines Raumes. Je nach Holzart, Farbe und Verlegeart kann ein so gestalteter Raum behaglich wirken, entschieden rustikal oder auch elegant. Die Verlegeart, der Richtungsverlauf zum Beispiel von Profilhölzern an Wand und Decke oder von Fußbodendielen vermag die Raumproportionen zu verändern oder zu verbessern. Auch farbige Gliederung ist hier als Gestaltungselement gut einzusetzen. Wand- und Deckenbekleidung können aber auch Wandunebenheiten, Ungenauigkeiten ausgleichen, es können Sanitär- und Elektroinstallationen dahinter geführt werden, sie können den Schallschutz verbessern und der Wärmedämmung dienen. Podeste aus Holz gliedern Räume, trennen Bereiche ab, wie zum Beispiel Eß- oder Arbeitsbereich. Holz wirkt zudem gestaltend als Material für Treppen oder Fenster.

Zu einer beliebten Domäne des Baustoffes Holz ist der Dachausbau geworden, und selbst in Feuchträumen, also Bädern und Küchen, bewährt es sich, wenn es konstruktiv richtig eingesetzt wird.

Holz an Wand und Decke

Als Bekleidungsmaterial werden hierfür Profilhölzer oder Paneele verwendet. Der Unterschied: Profilhölzer oder Profilbretter sind aus Massivholz unterschiedlichster Holzarten hergestellt, in verschiedenen Ausführungen. Paneele dagegen werden mehrschichtig aus

Sperrholz, Span- oder Faserplatten gefertigt, mit hochwertigen Furnieren. Ihre Oberfläche ist fertig behandelt, während Profilholz unbehandelt oder transparent beziehungsweise farbig behandelt geliefert wird. Zusätzlich werden Glattkantbretter angeboten, entweder dreiseitig gehobelt oder sägerauh oder parallel besäumt. Profilhölzer wie Paneele lassen sich senkrecht, waagrecht, diagonal oder im Muster mit wechselnder Richtung und Farbgebung verlegen. Raumhöhe, Raumbreite, Raumtiefe werden dadurch beeinflußt, Raumbereiche durch den Richtungsverlauf betont. Um gewölbte Wände oder andere Rundformen zu verkleiden, gibt es schmale Leisten, in verschiedenen Ausführungen, die senkrecht oder waagrecht befestigt werden. Und auch vorgefertigte Elemente aus Rahmen mit eingelegten Füllungen sind zu haben, ebenso wie geschoßhohe Elemente oder kassettenartige Plattenflächen zur Vertäfelung.

Um die Bekleidungselemente sicher und eben an den Wänden befestigen zu können, schraubt oder nagelt man vorher eine Unterkonstruktion aus Latten an die Wand. Gut geeignet sind gehobelte Latten aus Fichte oder Kiefer.

Unterkonstruktionen

Wandunebenheiten lassen sich ausgleichen, wenn man die Latten mit Sperrholzabschnitten unterlegt. Mit dieser Unterkonstruktion lassen sich zum Beispiel Vorsprünge und Leitungen leicht überbrücken. Die Latten der Unterkonstruktion werden bei waagrecht verlegten Profilhölzern senkrecht angebracht, bei senkrechten Hölzern waagrecht. Zur Befestigung dienen überlicherweise Dübel, von denen es mehrere Arten gibt, je nach Untergrund und Konstruktion, bis hin zu Justierdübeln, mit denen Wand- und Deckenschalen von bis zu 30 Millimeter justiert, also ausgerichtet werden können.

Sämtliche Holzbekleidungen in Feuchträumen wie Bädern müssen hinterlüftet sein. Das setzt voraus, daß Luft ungehindert von unten nach oben hinter der Bekleidung hindurchstreichen kann. Dazu ist nötig, in die quer laufenden Latten der Unterkonstruktion Lüftungsschlitze zu stemmen, oder die Unterkonstruktion aus versetzten Latten zu bilden, oder die quer laufenden Tragelatten der Bekleidung auf senkrecht laufenden Latten, sogenannten Konterlatten, zu befestigen. An Fußboden und Decke sind dann jeweils Lüftungsöffnungen einzuplanen, für Zuluft unten und Abluft oben. Hinterlüftung konstruktiv zu gewährleisten ist auch nötig, wenn die Holzbekleidung der Wärmedämmung dient, zwischen Wand und Holz also Dämm-Materialien eingebracht werden. Oft ist dann auch noch eine Dampfsperre, zum Beispiel 0,2 Millimeter Polyethylen-Folie, auf der Wärmedämmung nötig. Vorsicht: Zur Sicherheit einen Fachmann hinzuziehen. Denn Innendämmung kann, falsch ausgeführt, zu Feuchtigkeitsproblemen führen. Die Bekleidungselemente kann man auf der Unterkonstruktion unsichtbar oder sichtbar befestigen. Unsichtbar mit Spezialklam-

Keine andere Maßnahme steigert den Wohnwert so deutlich wie eine Holzbekleidung. Installationen und Wärmeschutz lassen sich leicht unterbringen.

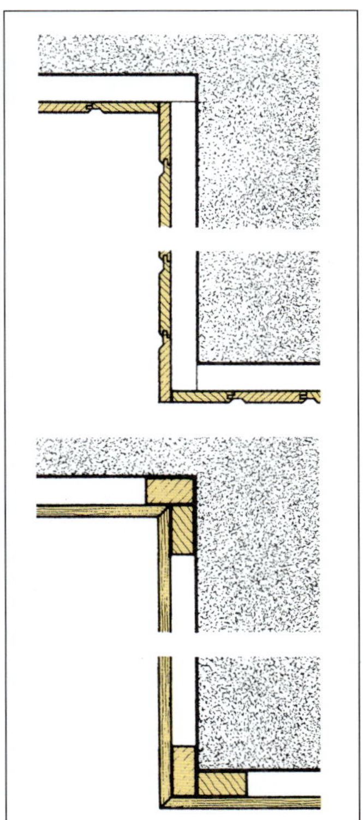

Oben: Eckausbildung bei senkrecht befestigten Profilhölzern. Unten: So können die Anschlüsse bei waagrechtem Verlauf ausgeführt werden.

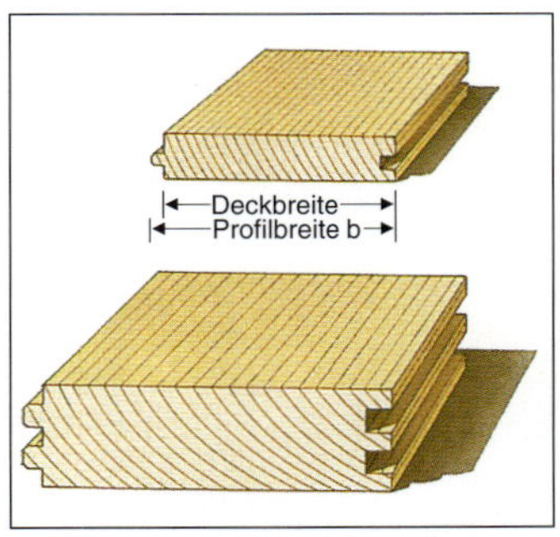

Bei profilierten Hölzern sind Deckmaß und Profilmaß zu unterscheiden. Hobeldielen, siehe unteres Detail, gibt es bis 70 mm Dicke.

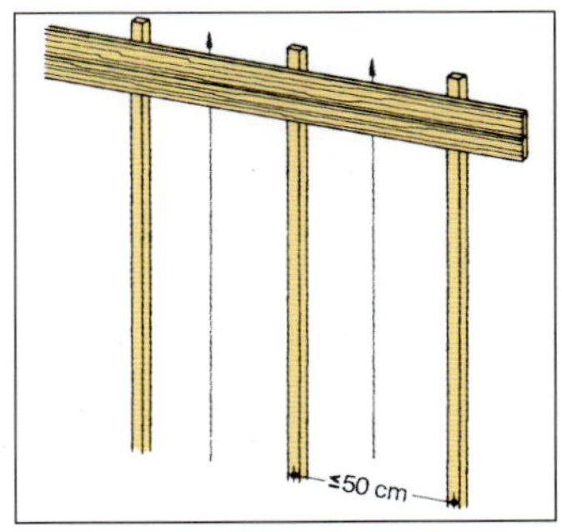

Profilhölzer und Paneele werden auf einer Unterkonstruktion aufgebracht. Hier: einfache Ausführung bei waagrechter Bekleidung.

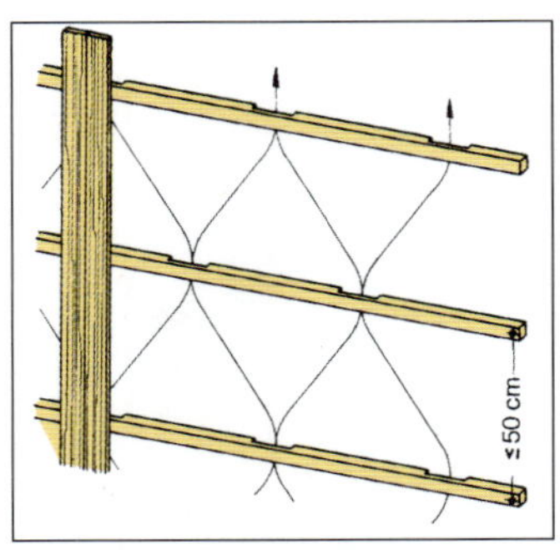

Bei senkrecht angebrachten Profilhölzern verläuft die Unterkonstruktion waagrecht. Für die Hinterlüftung sorgen ausgestemmte Schlitze.

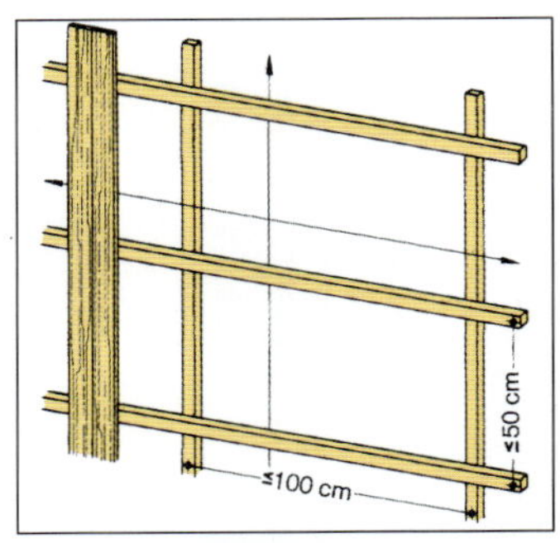

Eine hinterlüftete Konstruktion ist auch durch eine sogenannte Konterlattung zu erzielen. Alle Abbildungen: Arbeitsgemeinschaft Holz

mern oder aber Spezialkrallen, sichtbar dagegen mit Linsenkopfschrauben.

Besondere Sorgfalt verdient die Abhängung der Deckenbekleidungen. Die Bekleidung wird entweder direkt an der Unterkonstruktion befestigt, die ihrerseits mit dem tragenden Bauteil verdübelt ist. Oder sie wird abgehängt, zum Beispiel um den Raum niedriger zu machen.

Links oben: verschiedene Profile in hochwertigen Holzarten. Links unten: Mit farbigen Modulen und Lisenen lassen sich Wohnideen kreativ verwirklichen. Unten: Massive und furnierte Bodenleisten. Brügmann

Decken abhängen

In jedem Fall ist darauf zu achten, daß die Tragkraft der Verankerungselemente nicht überschritten wird. Für die Abhängung werden meist justierbare Träger eingesetzt. Die Hersteller von Metallabhängern geben in der Regel schriftliche Verarbeitungshinweise. Noch etwas ist zu beachten: Zum Unterschied von Paneelen, die einbaufertig in trockenem Zustand geliefert werden, sind Massivholzprofile im allgemeinen nur hobeltrocken. Deshalb empfiehlt es sich, solche Profilbretter vor der Verarbeitung einige Tage im vorgesehenen Raum bei Wohntemperatur zu lagern, möglichst luftig, indem man Latten dazwischen legt. So kann sich der Feuchtegehalt des Holzes der späteren Ausgleichsfeuchte im Wohnklima anpassen. Wird Profilholz ohne Oberflächenbehandlung geliefert, muß der gewünschte Anstrich vor der Montage erfolgen. Übrigens: Chemischer Holzschutz ist in Wohnräumen nicht nötig. Und noch ein Punkt ist zu beachten: Nur trockene Wände und Decken sollten holzverkleidet werden. Ist Mauerfeuchtigkeit vorhanden, muß deren Ursache vorher beseitigt werden und die Wand austrocknen.

Holz wirkt behaglich und warm. Deshalb wünschen viele Bauherren Holzbekleidung auch im Bad. Das geht, sofern konstruktiv der erhöhten Belastung durch Feuchtigkeit vorgebeugt wurde. Was heißt das? Zunächst sind die Holzarten zu wählen, die sich für Feuchträume besonders eignen: Fichte, Lärche, Kiefer, Mahagonie, Western Red Cedar, Eiche. Die Bekleidung ist sorgfältig zu hinterlüften, um Feuchtigkeit abzuführen. Holz arbeitet, es schwindet und quillt, je nach Holzfeuchte und umgebender Raumtemperatur. Um diese Maßveränderungen abzufangen sind Abstände nötig, damit das Holz sich ausdehnen kann, ohne in der Fläche Spannung zu erzeugen. Das gilt natürlich auch für Nut- und Federbretter, wie man sie zum Beispiel manchmal sogar im Spritzwasserbereich verwendet. Auch ist dafür zu sorgen, daß, zum Beispiel durch senkrechte Anordnung, Wasser sicher und schnell abläuft, sich nicht stauen kann, auch schnell abtropft durch schräg hinterschnittene Abtropfkanten.

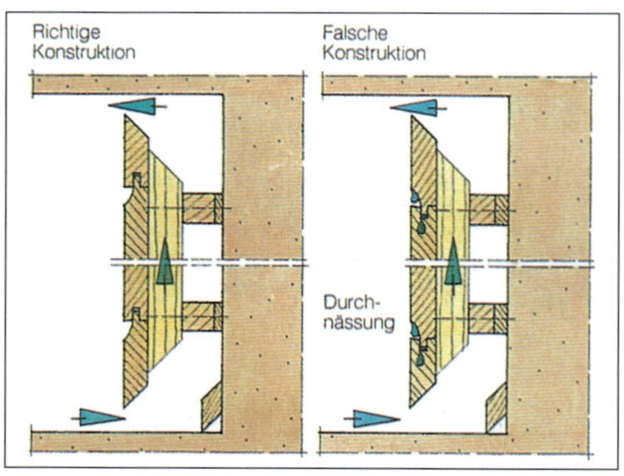

Holzbekleidungen im Bad müssen so konstruiert sein, daß Tropfwasser schnell abläuft, bevor es ins Holz eindringen und Schaden anrichten kann.

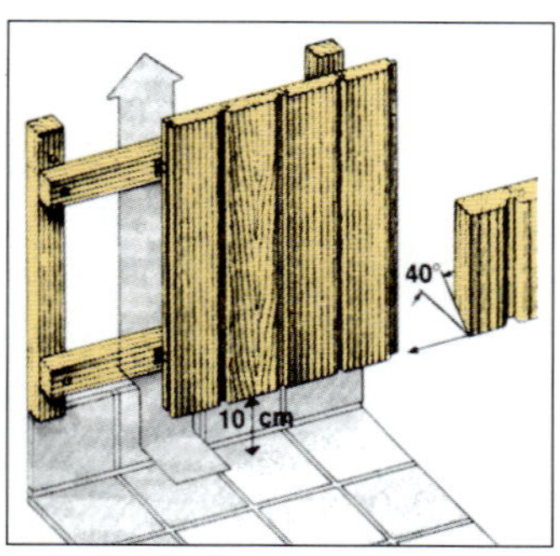

Fußboden-, Wand- und Deckenanschlüsse müssen hier so ausgeführt werden, daß genügend Zuluft- und Abluftöffnungen vorhanden sind.

Im Bereich von Schaltern und Steckdosen empfiehlt es sich, zusätzlich zwei Lattenstücke an die Wand zu schrauben. Zeichnungen: AG Holz

Alle Innenwandbekleidungen, die durch Spritzwasser beansprucht werden, sollten mindestens 10 Zentimeter über der Bodenoberfläche enden. Über der Badewanne raten manche Fachleute zu noch größerem Abstand, empfehlen, ein bis zwei Fliesenreihen zwischen Wannenabschluß und Holzbekleidung einzuschieben. Vor allem auch deshalb, weil Seifenlauge aggressiv ist und häßliche Flecken verursacht. Holz im Spritzwasserbereich sollte man mit Wachsen oder Lasuren behandeln. Allerdings werden sich Knack- und Knarrgeräusche nie ganz vermeiden lassen.

Holz als Fußbodenbelag

Den Bodenbelag Holz zeichnet eine Eigenschaft vor allem aus, die zur Behaglichkeit beiträgt, er ist fußwarm. Für den Boden wird Holz in drei Formen angeboten: als Fertig-

Das sollten Sie wissen

Profilhölzer, Paneele und andere Holzwerkstoffe bekommt man beim Holzfachhandel, in Holzzentren, in Sägewerken, auch in Bau- und Heimwerkermärkten. Um unnötigen Verschnitt zu vermeiden, sollte man sich eine genaue Materialliste zusammenstellen. Ratsam ist es, jedes Brett zu prüfen, ob es nicht verzogen ist. Die Kanten müssen gerade verlaufen. Die zweite Prüfung gilt den schmalen Brettseiten. Auch kleine Risse können zum Ärgernis werden, wenn das Holz trocknet und sie sich vergrößern. Der dritte prüfende Blick sollte der Maserung gelten. Laufen die Jahresringe aus dem Brett heraus, besteht Rißgefahr. Das Brett muß parallel zur Wuchsrichtung geschnitten sein. Und nach der Holzfeuchte fragen.

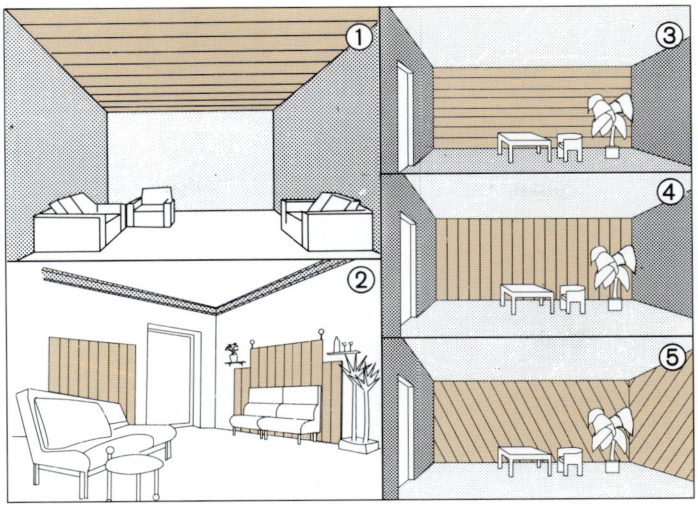

Profilhölzer oder Paneele können Räume optisch verändern: 1 quer zur Blickrichtung verlaufende Deckenpaneele verkürzen den Raum; 2 Betonung bestimmter Raumbereiche; 3 durch waagrecht angebrachte Profilhölzer wirkt der Raum breiter, aber niedriger; 4 senkrecht montierte Hölzer machen den Raum höher, aber schmäler; 5 diagonal verlaufende Profilhölzer können die Raumecke betonen. Abbildungen: Herholz

parkett, als Hobeldielen und als Landhausdielen. Fertigparkett wird in dielenförmigen oder auch tafelförmigen Elementen geliefert. Sie sind meist dreischichtig aufgebaut und lassen sich durch Nut und Feder zu einer großen Tafel zusammenfügen. Der Wandabstand ringsum, zirka 1 Zentimeter, um das Arbeiten des Holzes zu ermöglichen, wird von der Sockelleiste überdeckt. Die Oberfläche, zum Beispiel aus Eiche, Buche, Birke, Esche, Ahorn oder Erle, ist fertig behandelt, strapazierfähig und pflegeleicht. Als Untergrund eignen sich alle trockenen Böden, auch mit vorhandenem Teppichbelag.

Hobeldielen gibt es in den Holzarten Fichte/Tanne, Kiefer, Lärche und Douglasie sowie Eiche, Esche und Ahorn. Sie sind gehobelt, werden mit Nut und Feder verbunden und sind meist oberflächenbehandelt. Hobeldielen werden in Breiten zwischen 96 und 196 Millimeter, Dicken zwischen 19,5 und 35,5 Millimeter und Längen von 1,50 Meter bis 5,40 Meter angeboten.

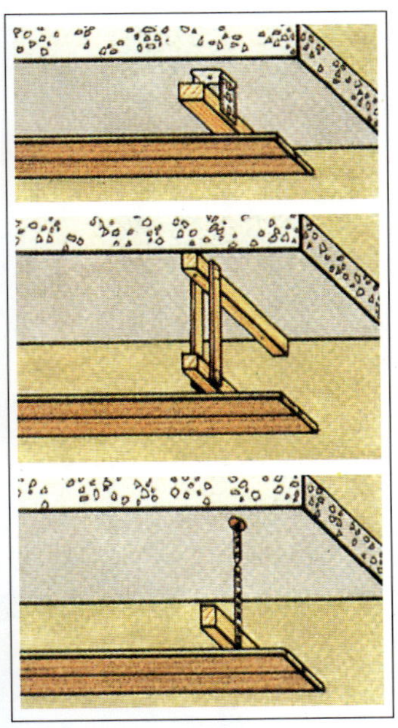

Abgehängte Deckenbekleidungen lassen sich mit diesen drei Konstruktionen leicht ausführen. Oben: mit Federbügelabhänger, günstig bei unebenen Decken und erstmaliger Dämmung; mittleres Bild: mit Kanthölzern und Latten; unten: mit Metallabhänger, hier an einbetonierter Ankermuschel. Archiv AM

Landhausdielen sind, hier dem Fertigparkett ähnlich, mehrschichtig abgesperrt und werden mit Oberflächenversiegelung in Dicken von zirka 14 Millimeter und 22 Millimeter angeboten. In der größeren Dicke können sie selbsttragend auf Lagerhölzern verlegt werden. Ein schwimmender Estrich kann dann entfallen, der Aufbau ist ausreichend trittschall- und wärmedämmend.

Für Hobeldielen gilt, was wir für Profilhölzer erwähnten: Sie sollten im vorgesehenen Raum bei Wohntemperatur zwei bis drei Wochen luftig lagern, um die Ausgleichsfeuchte zu erreichen. Sonst könnten die nie ganz zu vermeidenden Trocknungsfugen zu breit werden. Fertigparkett und Landhausdielen werden einbautrocken geliefert.

Holzwerkstoffe

Neben den Profilhölzern aus Vollholz, bei denen das gewachsene Gefüge des Holzes erhalten bleibt, sind zahlreiche Holzwerkstoffplatten auf dem Markt. Sie werden aus zersägtem, zerfasertem und zerspantem Holz hergestellt. Vorteile: Es können größere Platten gefertigt werden, als aus den Stämmen zu gewinnen sind. Zudem arbeiten Holzwerkstoffe nicht mehr, verwerfen sich also nicht. Auch sind so Holzabfälle zu nutzen. Holzwerkstoffe werden oft, wie Vollholz auch, mit Furnieren aus edlen Hölzern beschichtet: Zum Beispiel die bereits beschriebenen Paneele. Von besonderer Bedeutung für den Innenausbau sind unter den Holzwerkstoffen die Spanplatten, vor allem die Spezial-Spanplatten, die als Verlegeplatten mit Nut und Feder für Fußböden, als Bekleideplatten, ebenfalls mit Nut und Feder, für Wände, Decken und Trennwände eingesetzt werden.

Mit Vollholz- und furnierten Holzwerkstoff-Elementen haben Modernisierer ein Gestaltungsmittel in der Hand, das Räume verwandeln und behaglich machen kann. Doch auch hier gilt: Je überlegter der Einsatz, desto besser die Wirkung. Ein Zuviel ist auf jeden Fall zu vermeiden.

Aufbau Fertigparkett: Furnier, Mittellage aus Kiefernholz, das zu einzelnen Riegeln aufgeschnitten wurde, Deckschicht und Versiegelung. Brügmann

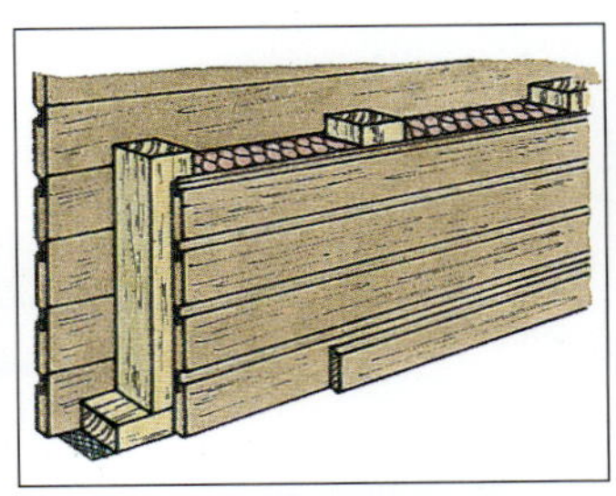

Konstruktion einer einschaligen Trennwand, mit Dämmung im Rahmenwerk. Beidseitig dekorative Holzelemente als Beplankung.

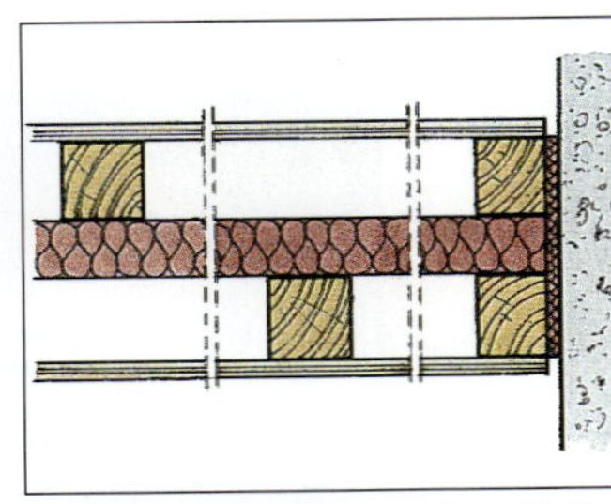

Innenwände erfüllen auch zusätzliche Anforderungen: So sind zum Beispiel zweischalige Trennwände schalltechnisch besser.

RAUMT

Raumtrennung durch raumhohe Möbel kann durch eine zweite Fußbodenebene unterstützt werden. Doch lassen sich Bereiche, wie hier unter der Dachschräge, noch zusätzlich betonen – zum Beispiel mit teilweiser Holzbekleidung. Parador

EILER

Offener Kamin als Raumteiler im Wohnbereich. Die künstlerische Gestaltung der Feuerstelle lockert die Fläche auf.

Wer alle Wege der Innenraumgestaltung prüfen will, und das ist ratsam, der sollte auch überlegen: Wo und wie können mir Raumteiler nutzen? Denn Raumteiler sind Gestaltungselemente, deren trennende Wirkung zu dosieren ist. Das ermöglicht viele befriedigende Lösungen. Auch in schwierigen Situationen.

Der Vorteil von Raumteilern: Sie trennen nicht so entschieden wie Innenwände, sondern lassen feinste Nuancen der Trennung zu. Dabei spielen nicht nur ihre Größe, ihre Breite, Höhe und Tiefe eine Rolle, nicht nur ihre Transparenz, wie sie beliebige Öffnungen im Raumteiler schaffen können (man denke nur an die Durchreiche oder an einfache Regalformen), sondern auch Farbe, Material, also optische Schwere oder optische Leichtigkeit.

Raumteiler werden überall dort mit guter Wirkung einzusetzen sein, wo Raumgrößen, Raumzuschnitte Korrekturen erfordern, übliche Trennwände aber nicht möglich oder aus Gründen großzügigerer Raumwirkung nicht erwünscht sind. Überall dort auch, wo man wünscht oder wo die Notwendigkeit besteht, einen größeren Raum in bestimmte Bereiche zu unterteilen, den Raum also bei fließenden Übergängen zu ordnen.

Zum Beispiel, wenn ein Schlafbereich abgetrennt werden soll, durch einen Kleiderschrank, oder ein kleiner Ankleideraum gewünscht wird. Raumteiler können optisch bis auf eine Andeutung reduziert werden, die das Auge, das Gefühl aber dennoch als Ordnungsfaktor des Raumes aufnimmt. Mit Raumteilern lassen sich auch in zu kleinen Räumen Wirkungen erzielen, indem man nur Akzente der Trennung setzt, weil

Auch das Ständerwerk von Fachwerkinnenwänden in alten Häusern kann als Raumteiler dienen. Die Entfernung der Gefachfüllungen nimmt den Räumen die Enge.

Glasbausteine haben eine lange Tradition beim Bau von Treppenhäusern. Sie sorgen dort für das nötige Tageslicht. Jetzt haben sie die Innenarchitekten als Raumteiler entdeckt.

Um Wohn- und Eßbereich zu trennen, ist nur wenig nötig: Ein raumhohes schmales Regal, das Tageslicht ungehindert durchläßt und eine dem Möbelstil angepaßte Holzbekleidung der Decke. Hülsta

deutliche Trennung statt zu gestalten den Raum in die Nähe eines Möbellagers rückte. Ordnung des Raumes durch Raumteiler läßt sich durch Decken- und Fußbodengliederung noch unterstützen. Auch ein sehr praktischer Grund kann für den Einsatz von Raumteilern sprechen: Sie sind leicht zu verändern oder zu versetzen, wenn neue Wünsche und neue Bedürfnisse nach neuen Lösungen drängen. Raumteiler können es so zum Beispiel jungen Menschen leichter machen, veränderten Vorstellungen zu folgen oder unterschiedliche Raumgestaltungen zu erproben. Viele Wohnungen haben kein separates Eßzimmer. Ein Raumteiler in Regalform, um den Tageslichteinfall nicht zu schmälern, bietet sich als einfache Lösung an. Eine hölzerne Decke, die in Größe den Teppich wiederholt, setzt im Wohnbereich einen Akzent. Ein Beispiel für eine solche Idee zeigt das Bild links. Raumteiler sind Gestaltungselement, um Bereiche Wohnen, Arbeiten, Kochen ästhetisch befriedigend und praktisch zugleich in einem Appartement unterbringen zu können. Die Gestaltung des Fußbodens spielt dabei eine wichtige Rolle.

In vielen alten Häusern mit Innenwänden in Fachwerkkonstruktion läßt sich Großzügigkeit erreichen, indem man die Ausfachungen dieser Innenwände entfernt. Die stehengebliebenen Fachwerk-

Mit einfallsreich geöffneten Wänden lassen sich nach dem Raumteiler-Prinzip Wohnungen behaglich und zweckmäßig gestalten.

Säulenartige Elemente, mit oder ohne Stützfunktion, können lange Räume gliedern, ohne sich selbst in den Mittelpunkt zu stellen, eine sehr graphische Lösung.

Hinter der Wandscheibe aus Hochlochziegeln befindet sich das „Fernsehzimmer“. Auf der linken Seite ist die Verankerung des Mauerwerks erkennbar.

Fotos: Thomas. Thul.

Durchreichen zwischen Küche und Eßplatz, durch ein Rollo zu schließen, heben die strenge Trennung der beiden Räume auf und sind praktisch.

ständer und Streben sind optisch reizvolle Raumteiler. Die Trennung zwischen Küche und Eßraum läßt sich praktisch durch Möbel gestalten, mit Durchreiche, in denen auf der Eßraumseite zum Beispiel das Speisegeschirr untergebracht werden kann. Ein ähnlicher Effekt läßt sich durch eine Wand mit großer Durchreiche erzielen, die bei Bedarf zum Beispiel mit einem Rollo zu schließen ist.

Auch offene Kamine können als Raumteiler dienen, oft trennt die Kaminschürze zum Beispiel die Diele, die als Kaminzimmer genutzt wird, vom engeren Wohnbereich. Oder die Feuerstelle trennt einfach Kaminzimmer und Wohnraum. Doch läßt sich ein trennender Akzent auch mit einem Kachelofen setzen, wobei Holzbalken an der Decke die Raumtrennung unterstreichen.

Wenn unterschiedliche Deckenbekleidungen eingesetzt werden, Teppiche Bereiche zusammenfassen und innerhalb des Raumes einordnen, auch dort reichen Andeutungen, zum Beispiel ein Regal in einfacher Form. Auch der Raum unterm Dach bietet viele Möglichkeiten, Raumteiler einzusetzen und deren Funktion durch weitere gestalterische Maßnahmen zu unterstützen: zum Beispiel durch eine zweite Fußbodenebene und durch Bekleidung von Wand- und Deckenschräge mit Profilhölzern oder Paneelen. Dadurch wird nicht nur die Behaglichkeit betont, die von Dachschrägen ausgeht, sondern auch, durch Hervorhebung des Bereichs, die Wirkung des Raumteilers verstärkt.

Für die Raumordnung auf durchgehende Innenwände zu verzichten und statt dessen Raumteiler einzusetzen, ist eine reizvolle Chance, ungewöhnliche und überraschende Raumwirkungen zu erzielen. Doch gibt es keine Pauschal-Lösungen. Die richtige Lösung wird von Fall zu Fall behutsam entschieden werden müssen.

Zahllose Wohnhäuser im Bestand besitzen eine architektonische Gestalt, die außen wie innen neutral ist und ohne augenfällige Eigenart. Andere alte Häuser gibt es, die sind durch ihr Baujahr, ihren Standort, ihre Nutzung geprägt, oft bis ins Detail. Wie kann man diese Vorgaben für den Innenausbau fruchtbar machen?

Den Haus-Charakter behutsam bewahren

Fotos: Archiv AM

Oben links: Wer den Jugendstil-Charakter mißachtet, reduziert den Wert des Hauses. Bild 2 ist geprägt durch das verfremdete Holzwerk. Daneben ein in sich stimmiges Zimmer. Die Abbildungen 4 und 5 verdeutlichen, welch wichtiger Baustoff Holz gerade bei alten Bauernhäusern ist. Das große Bild zeigt, wie der Charakter der Scheune zur schönen Lösung führt.

Seit Anfang der 70er Jahre der Reiz alter Häuser wiederentdeckt wurde, erkannten immer mehr Menschen, vor allem auch junge Menschen: daß der Charakter eines alten Hauses eine Vorgabe bedeutet. Sie begriffen, daß mit dieser Vorgabe nicht beliebig zu verfahren ist. Daß sie vielmehr ein Maß setzt für alle baulichen, ergänzenden, modernisierenden Arbeiten im und am Haus. Und dies keinesfalls nur, weil der Denkmalschutz es vorschreibt, weil er Abriß, entstellende Veränderungen, willkürliche Deformierung nicht erlaubt. Sondern weil sich die Einsicht verbreitet hat, daß geprägte Hausgestalt, die von der Vergangenheit spricht, Zeugnis dafür ist, vor allem einen Wert für den Eigentümer darstellt. Und bestünde er nur darin, daß das Haus unverwechselbar ist, Schmuck der Straße, den Vorübergehenden ein Wohlgefallen. Freilich wird das Äußere nicht zur Kulisse herabsinken dürfen: Es wird die Proportion, die Harmonie, der Charakter des Hauses auch im Innern gelten müssen.

Dies nicht als hochfliegende Forderung verstanden, sondern als eine willkommene Chance, Charakter, Schönheit, Prägung, Reichtum an Formen, die das Haus in seinem Wert erhöhen, auch in der Innengestaltung zu erhalten und zu nutzen. Es gibt dafür zuviele schlechte Beispiele, als daß die guten nicht überzeugen sollten.

Glücklicherweise scheuen manche Menschen keine Mühe, mit Sachverstand und Ausdauer durch Achtlosigkeit entstellte alte Häuser zu neuem Leben zu erwecken.

Zwei Jahre mühevoller Handarbeit waren nötig, um die Farbschichten und Einbau-

Oben links: Baustoffharmonie bestimmt hier die Raumwirkung mit. Daneben: Symmetrie und Stil der Fassade sind im zentralen Raum des Hauses abzulesen, wiederzuerkennen. Die einfachste Lösung, um den Bauernhaus-Charakter klar beim Innenausbau zu realisieren, zeigt Bild 8: wenige aber in der Tradition stehende Baustoffe. Bild 9 vermittelt eine Atmosphäre, die zum alten Haus paßt.

ten zu entfernen, die kostbare Jugendstil-Schönheiten verbargen (siehe Abbildung 1 auf der vorhergehenden Doppelseite). Was gewesen war, wurde wiederhergestellt, Beschädigtes in gleicher Form ersetzt.

Ein vorhandener Hauscharakter läßt sich aber auch erhalten, indem man ihn überhöht, verfremdet: Ein durchaus legitimes Mittel zumal, wenn an den ländlichen Charakter, wie Abbildung 2 zeigt, durch die Wahl rustikaler Bodenplatten zusätzlich erinnert wird. Fast schon eine Binsenweisheit: Holz schafft behagliche Atmosphäre.

Der Charakter von bestimmten Häusern, die es zum Beispiel in vielen süddeutschen Kleinstädten gibt, wird stets durch den Baustoff Holz geprägt: Fachwerk, Holzdielen, Holzdecken, Holztreppen. Die persönlichen Vorlieben der Bewohner treffen sich im Idealfall glücklich mit den Forderungen der Häuser.

Harmonie, also die Übereinstimmung aller gestaltenden Elemente eines Raumes (Abbildung 3) kann zu beglückenden Raumwirkungen führen. Freilich: Behutsamkeit ist hier nötig.

Sichtbare Balken charakterisieren oft ländliche, bäuerliche Häuser (Abbildung 4). Der Hauscharakter wird weitergeführt durch die Holztreppe, die Holztür, die rustikalen Bodenplatten, den Natursteinkamin.

So modern das Wohnen auf mehreren Ebenen sein mag, die große Abbildung auf der vorhergehenden Doppelseite erinnert fast spielerisch an die Scheune, als die das Haus einmal diente.

Die Wohnhäuser alter Bauernhöfe bieten, bei getreulicher Erhaltung (Abbildung 5), auf Schritt und Tritt Möglichkeiten, behagliche Innenräume zu gestalten. Sorgfältiger Nachbau defekter Teile ist Voraussetzung für die Bewahrung der Atmosphäre.

Bild 10: Die Betonung der quadratischen Form in Fenster, Schränken, Sitzmöbeln und Tisch gliedert den Raum in einem Haus ohne Eigenart. Bild 11: der ländliche Charakter ist erkennbar, an der niedrigen Balkendecke, an den kleinen Fenstern. Die kostbaren alten Stilmöbel schaffen keinen Gegensatz. Glas statt Mauer zeigt Bild 12. Unten: Die Fensteraufteilung als einzige gestalterische Vorgabe.

Auf dem Lande ist noch möglich, woran es in der Stadt häufig fehlt: Wirkung durch Geräumigkeit. In ihr setzt sich die Weite der Landschaft fort, in der dieses Bauernhaus steht (Abbildung 6).

Auch Symmetrie war stets ein wirkungsvolles Mittel, einen Raum zu gestalten (Abbildung 7). Seine Spannung erhält er durch große diagonal verlegte Fußbodenplatten. Die strenge Symmetrie dieses Raumes korrespondiert mit der strengen Symmetrie des Hausgiebels: Äußeres ist nach innen gezogen.

Wohnen auf dem Land

Bäuerliche Einfachheit, wie sie manche Bauernhäuser prägt, läßt sich in vielerlei Schattierungen bewahren: Abbildung 8 zeigt eine schlichte, aber sehr bewußte Raumgestaltung. Von allergrößtem Reiz freilich sind entschieden gestaltete Räume, die sorgfältig erhalten und genutzt werden (Abbildung 9). Solche Glücksfälle stellen Raumerlebnisse dar, von denen eine ordnende Kraft für das Hausganze ausgeht.

Doch auch Häuser ohne augenfällige architektonische Eigenart verdienen behutsame Gestaltung, verdienen, daß man die vorgegebenen Proportionen erhalte, wiederkehren lasse, mit ihnen korrespondiere (Abbildung 10). Die Häuser wohlhabender Bauern in fruchtbaren Gegenden zeigten oft Eleganz. An sie wird hier durch kostbare alte Möbel erinnert, betont durch die geblümten Tapeten zwischen den Deckenbalken, die im benachbarten Frankreich erworben wurden (Abbildung 11).

Die Lage eines Altbaus zum Garten hin läßt großzügige Verglasungen zu, die Innenraum und Außenraum harmonisieren (Abbildung 12), mit heiterer Sachlichkeit schließt sich der Kreis (Abb. 13).

AUS

Moderne **1** Innenarchitektur in einem alten Haus: Warum nicht? Das Spiel mit Flächen, die Konzentration der Farben, die raumgliedernde Funktion des Kamins sind von entschiedener Wirkung. Scholl

2 **Belichtungsprobleme können auch auf originelle Weise gelöst werden. Zumal, wenn die Lösung dem Wunsch nach nicht alltäglichen Raumerlebnissen entgegenkommt. Planung: Farwick**

Wer ein altes oder älteres Haus besitzt, erbt oder kauft und es modernisieren will, der wird häufig versucht sein, an die Gestaltung der Innenräume mehr oder minder eigenwillige Wünsche heranzutragen. Vom rustikalen Kaminzimmer im Großstadthaus bis zum modernen Spiel mit Flächen und Licht im kleinstädtischen Einfamilienhaus.

Raum ist für viele Ideen, sich ein Haus ganz nach Wunsch zu gestalten. Und dort, wo es keinen Hauscharakter zu bewahren gibt, keiner historisch gegebenen Linie gefolgt werden muß, sondern die Atmosphäre des Hauses erst zu schaffen ist: Dort sollten wir uns alle Freiheit nehmen und den Mut haben, unsere Vorstellungen Gestalt werden zu lassen.

Denn Ziel ist immer, ob wir in einem Raum des 18. Jahrhunderts mit Stuckdecken und alten Möbeln wohnen oder ob in einem recht phantasielos geplanten Siedlungshaus des 20. Jahrhunderts, sich ein Heim zu schaffen, in dem wir unsere Neigungen ausleben, unsere Talente entwickeln, unsere Vorlieben pflegen können. Anders gesagt: Das Heim, die Innenräume, so zu gestalten, daß sie erlebbar werden und jeder Besucher spürt: Hier gibt es kein Detail, zu dem die Bewohner nicht eine Beziehung hätten, nicht eine Geschichte erzählen könnten.

Freilich muß, wer auf diese Weise seine Wünsche in seinen vier Wänden verwirklichen möchte, seine Vorstellungen genau kennen. Es wird also eine Planungsphase vorauslaufen müssen, während der jeder künftige Bewohner der neu gestalteten Räume sich seine Wünsche, am besten mit dem Bleistift in der Hand, vergegenwärtigt und aufzeichnet.

Einige grundlegende Fragen, die sich jeder stellen sollte: Welche Tätigkeiten möchte ich in meiner künfti-

3 Der Wunsch, unverwechselbare Räume zu besitzen, auszubrechen aus dem Kreis der Dutzendlösungen, kann zu interessanten Gestaltungen führen.

4 Die immer wirkungsvolle Keramik, hier als Fußbodenbelag eingesetzt, dazu Holzbalkendecke und offener Kamin bestimmen den Charakter des Raumes.

5 Mitte: Refugium für einen Jäger: Fachwerkhölzer, aus einem Abbruch stammend, versetzen aufs Land.

6 Küchen sind nicht nur zum Kochen da: Hier erinnert die Küche an die Großmutter und weckt die früher empfundene Behaglichkeit.

7 Ein Erker, notwendig geworden durch eine zu schmale Grundfläche, erfüllt gleichzeitig einen alten Wunsch: nahe an der Natur zu leben.

gen Wohnung ausüben? Welche Freizeitaktivitäten kann ich mir vorstellen? Welche Träume möchte ich mir erfüllen, welche Rolle spielt die Wohnung dabei? Wie erziele ich die Behaglichkeit, die ich mir wünsche? Welche Erinnerungen, welche Erlebnisse, welche Neigungen möchte ich darin Gestalt werden lassen?

Die Antworten auf diese Fragen werden von Fall zu Fall zu anderen Ergebnissen führen. Deshalb wollen die Bilder auf diesen Seiten auch weniger zum direkten Nachmachen verführen, als vielmehr aufzeigen, wie man persönliche Wünsche in Raumgestaltung umsetzen kann.

Wer die räumlichen Möglichkeiten besitzt, die in Abbildung 1 deutlich werden, kann seine Wohnvorstellungen rundum verwirklichen.

Gelegentlich lassen sich auch bauliche Probleme so lösen, daß der Wunsch nach einer nicht alltäglichen Raumgestaltung fast nebenbei erfüllt wird. Zum Beispiel das Problem der Belichtung durch Tageslicht (Abbildung 2).

Rustikale, ländliche Gestaltung entspricht heute den Wünschen vieler. Sie wird gleichgesetzt mit Behaglichkeit, Gemütlichkeit, mit Geborgenheit. Menschen, die gerne gesellig sind, gern mit der Familie, Verwandten, Freunden, Bekannten plaudern oder gerne feiern oder den Reiz offenen Feuers zu schätzen wissen, werden solche Gestaltungen bevorzugen (Abbildungen 3-6). Die Unterschiede fallen gerade hier, wo man bequem vergleichen kann, ins Auge.

So zeigt die Abbildung 4, wie man sich die Erfahrung zunutze machte, daß etwas dunklere Decken die Räume niedriger wirken lassen und damit behaglicher.

Die Wohnsituation, die Abbildung 5 darstellt, in einer süddeutschen Kleinstadt realisiert, erreicht Behaglichkeit durch das Spiel mit Fachwerkelementen. Auch für die Küche lassen sich individuelle Wünsche erfüllen. Mit der Küche in Abbildung 6 kehrte für die Hausherrin die Erinnerung an die Küche der Großmutter zurück, unter deren Obhut sie aufgewachsen war.

Chancen zu erwünschten Gestaltungen können sich auch im Gefolge anderer planerischer Notwendigkeiten eröffnen. Die atmosphärisch sehr freundliche Stimmung, die Abbildung 7 vermittelt, zeigt ein Idealbeispiel: Ein Eßplatz in der notwendigen Größe hätte den länglichen Raum, der in dem gekauften Altbau zur Verfügung stand, hinderlich unterbrochen. Also setzte man kleinteilig verglaste Erker an. Dadurch war aber nicht nur das Platzproblem gelöst.

Der Wunsch, in der Natur zu leben, lebhaft von Anfang an und noch verstärkt durch die Lage des Hauses zwischen Wiesen und Wäldern, konnte damit ebenfalls auf beispielhafte Weise erfüllt werden.

Ein weiteres Beispiel, bei dem der Blick nach draußen

8 Eine Villa aus der Gründerzeit bietet von den räumlichen Möglichkeiten her alle Voraussetzungen, um individuelle Wohnwünsche umzusetzen.

9 Eine einfache, bäuerlich wirkende Stube, die mehr ist als nur Eßzimmer oder nur Wohnzimmer, läßt sich mit wenig Mitteln erzielen.

12 Außen ein unscheinbares Dutzendhaus, innen wie ein faszinierendes Landhaus im Süden – durch Material, Farbe und Licht.

14 Kleine Räume für eine geforderte Funktion ästhetisch ansprechend zu gestalten, das erfordert planerisches Geschick.

13 Räume so auszustatten, wofür man sie braucht. Eine untergehängte Holzbalkendecke verleiht auch einem nüchternen Bartresen Behaglichkeit.

10 Mitte: Im Flur Fachwerk, rustikaler Putz: eine unerwartete Raumstimmung für eine Großstadt-Wohnung.

11 Naturstein, rauher Putz, rustikale Hölzer, offenes Feuer und bequeme Sitze: der richtige Raum für den, der gerne plaudert.

eine nicht unwesentliche Rolle spielt (Abbildung 8). Etwas allgemeiner formuliert, läßt sich sagen, daß Fensterformen wie Türformen bewußt eingesetzt werden können, um einen erwünschten Raumcharakter mit großer Entschiedenheit zu erzielen .

Rustikale Stimmung, der Eindruck, als träte man in ein Bauernhaus, läßt sich auch für die ganze Wohnung schaffen (Abbildungen 9 + 10). Wobei man gut daran tut, das Rustikale behutsam zu dosieren.

Maßvolle Anregungen kann zum Beispiel ein Besuch in einem der vielen Bauernhausmuseen bringen.

Eine außergewöhnliche Wohnstimmung vermittelt Abbildung 11: Hier steht der Höhlencharakter im Vordergrund, das Natursteinmauerwerk bringt Erde und Fels nahe, spielt mit Elementarem.

Oder in großen Fußbodenplatten und pastelliger Kühle wird die Neigung des Bauherrn zum Süden Gestalt (Abbildung 12). Auf dem Wege, ein Haus völlig individuell zu gestalten, ist der Einbau einer Bar (Abbildung 13) für den, der gerne mit Freunden feiert, so legitim, wie für einen anderen eine ungewöhnliche Badgestalt (Abbildung 14) oder das Spiel mit Elementen moderner Sachlichkeit in einem Einfamilienhaus, wie es Tausende gibt.

INNENAUSBAU – EINMAL ANDERS

Die gestalterische Aufgabe, die sich hier stellt, ergibt sich häufig. Denn enge, dunkle Räume finden sich heute noch in zahllosen älteren Häusern, vor allem aus den fünfziger Jahren. Gelöst wurde hier diese Aufgabe freilich anders als üblich, ganz anders.

Links: Durchblick vom Wohnraum in die Stube, auf den Raumteiler, den Kochteil und das prismatisch auskragende Küchenfenster.

Der attraktive Wohnraum hier hat Transparenz zu den Bereichen (von rechts): Diele, Stube, Sitzecke/Eßraum.

Ganz links: Der Eßraum: Tisch mit rosarot-grauer Granitplatte, 2 cm dick. Boden: Solnhofener Schiefer. Holz: europäischer Kirschbaum und Vogelaugen-Ahorn. Innenfeld der Decke: verputzt, geschliffen, zart hellrosa lackiert und wieder geschliffen.

Links: Die neue Raumachse, die wohltuend ordnet und großzügig Durchblick gestattet: hier von der Stube durch die Diele zur Haustür.

In einem Punkt treffen sich heute fast alle Bauherren, ob es darum geht, zu modernisieren oder neu zu bauen: In dem Bedürfnis nämlich, in geräumigen, hellen Zimmern zu wohnen. Die kleinzimmrigen, oft sehr verschachtelten Grundrisse vieler alter und älterer Häuser werden stets als Minderung der Wohnqualität erlebt, die wir heute als selbstverständlich erwarten. An neuer Aufteilung der Räume kommt man dann nicht vorbei. Abriß nichttragender Innenwände wird erforderlich, die tragenden Wände können häufig Kompromisse aufzwingen. Ihre Entfernung, um allzu viele Kompromisse zu vermeiden, ist möglich, aber erhöht die Kosten, denn es werden Unterzüge nötig, um die Decke abzufangen.

Die Bewohner dieses Einfamilienhauses aus den fünfziger Jahren, die von Anfang an unter der bedrückenden Enge und der Dunkelheit der Räume litten, hatten schon einmal versucht, sich durch einen Anbau Luft und Licht zu verschaffen. Sie mußten erkennen, daß er ihr Problem nicht löste. Um nicht noch einmal unnütz Geld auszugeben, entschlossen sie sich zu einem radikalen Schnitt. Der Architekt des Anbaus, an den sie sich wandten, hatte den glücklichen Einfall, einen Innenarchitekten hinzuzuziehen, einen Diplom-Designer. Es war klar: Jetzt mußte das Innere gründlich verändert werden. Die Bewohner, ein jüngeres Ehepaar, schilderten ihre Empfindungen, sprachen von Wünschen, vom Wollen und von Neigungen. Für den Designer kristallisierten sich aus diesem Gespräch vier Ziele heraus, die dann auch seine Planung bestimmten: Sonne, Licht, Luft und Leben. Die Bauherren ließen ihm freie Hand. Er fand sich gefordert, Gestaltungen zu suchen, in denen sich die Bewohner so wiederfinden konnten, als wären es ihre eigenen Ideen. Nur die Kosten zogen eine Grenze, die zu beachten war.

Die Planung

Der Entwurf, der die Grundrißaufteilung des Wohngeschosses wirkungsvoll korrigierte, ließ die ursprüngliche Architekturgestalt des Hauses aus den fünfziger Jahren samt späterem Anbau unverändert. Er beschränkte sich auf den reinen Innenausbau und trieb doch die Tristesse der fünfziger Jahre aus dem Hause. Der Innenarchitekt baute die

Oben: Blick vom Wohnraum durch einen Raumteiler auf die Sitzecke. In den Raumteiler sind Stützen des Unterzugs eingezogen, der durch Abbruch der Innenwand nötig wurde. Halogen-Leuchten verwandeln die verspiegelten Schränke in große Lampen mit Regalen.

Rechts: Der Zentralraum Stube. Die diagonale Fußbodengestaltung kehrt in der Deckengestalt wieder. Die Diagonale ist dabei bestimmend. Der zylindrische Kachelofen wurde nach Entwurf gefertigt. Wärmequelle ist ein Stahlheizkörper. Links Durchblick zur Diele.

Raumfolge streng linear auf, schuf Achsen, und einen Zentralraum, die Stube/Küche, von dem aus die umgebenden Räume einzusehen sind: Eßraum, Wohnraum, Musik-Ecke, Fernseh-Ecke, Diele. Die Stube stellt den Mittelpunkt des häuslichen Lebens dar. Ihre ausdrucksstarke Deckengestalt findet sich im Fußboden wieder, der, wie sämtliche Fußböden, einheitlich aus Solnhofener Schiefer bestehend, seine Ornamentik aus den unterschiedlichen Farben des Materials gewinnt. Gestalterische Krone aber sind die rund 150 dimmbaren Halogen-Leuchten, eine entschiedene Antwort auf den Ruf nach Licht. Die Zusammenschaltung in Kreisen ermöglicht reizvolle Spiele, die Raumstimmung zu beeinflussen. Ihr Einsatz in verspiegelten Schränken, die hier als transparente Raumtrenner eingesetzt sind, verwandelt die Möbel in große Lampen mit Schubfächern, in und aus denen Licht flutet.

Oben links: Treppenhaus, vom Eßraum aus gesehen. Die Faserzementsäule trägt eine kugelförmige Leuchte.

Oben Mitte: Stube und Kochteil, durch einen Raumteiler getrennt. Werkstoffe: Holz und Stein. Im Hintergrund ein prismatisch auskragendes Küchenfenster.

Links: Die Gestaltungselemente des Kachelofens kehren im Kaminofen des Wohnraums und auch im Wandbild der Sitzecke wieder.

Die Ausführung bestimmt den Gesamteindruck

Welche Innenwände abgebrochen werden mußten, um die geplante Raumfolge zu verwirklichen, zeigt der Grundriß auf Seite 53. Es waren Unterzüge einzubauen, mit Stützen, die in der Möblierung verlaufen, in den Raumteilern, die an die Stelle der Innenwände traten. Die Decken, in Friese und Felder unterteilt, wurden mit Kirschbaumholz und Vogelaugen-Ahorn gestaltet. Die Lichtfriese der Decken bestehen aus Holz, das mattgrau lackiert ist. Die Innenfelder einiger Räume sind verputzt, wurden danach geschliffen, lackiert und wieder geschliffen, so daß sie wie die Oberflächen japanischer Lackarbeiten wirken, in zartem, hellrosa Ton; das erhöht die Lichtwirkung. Sämtliche alte Türen wurden entfernt: Die neuen Türen gehen bis unter die Decke, mit Glasfeldern rechts und links. Sie sind 1,65 Meter breit, wirken großzügig. Der Kachelofen wurde nach Entwurf gefertigt. Er ist zylindrisch geformt, als Wärmequelle dient ein Stahlheizkörper. Die Ofenbank ist mit elektrischen Heizmatten beheizt. Die glatten Kacheln sind eine Sonderanfertigung, bei der auf eine Grundglasur Altrosa aufgetragen, eingebrannt und mit Weiß gedeckt wurde. Die Gestaltungselemente des Kachelofens, Dreiecke, Kuben, kehren im Kaminofen wieder, auch im Wandbild der Sitzecke.

Gestaltendes Element des Treppenhauses, das erneuert wurde, ist eine 5 Meter hohe Säule aus Faserzement, die in einer Laterne, einem 35 Zentimeter messenden Glaskörper, endet. Die Säule, in die ein Leerrohr eingeführt wurde, ist mit Beton ausgegossen, mit Glasfasergewebe ummantelt und gestrichen.

Die Phantasie und der Einfallsreichtum des Innenarchitekten waren eine Antwort auf den Mut der Bauherren, ihre Wünsche, das Gestalten aus ihrer eigenen Lebenswelt als Aufgabe zu stellen. Innenausbau, mit Sorgfalt bis ins kleinste Detail geplant, führte hier zu einem Ziel, das bei solchen Maßnahmen immer gemeint ist: Zu einem neuen Lebensgefühl, zu einem neuen Anfang für die Bewohner. Mag es wie eine Utopie klingen: Es ist keine.

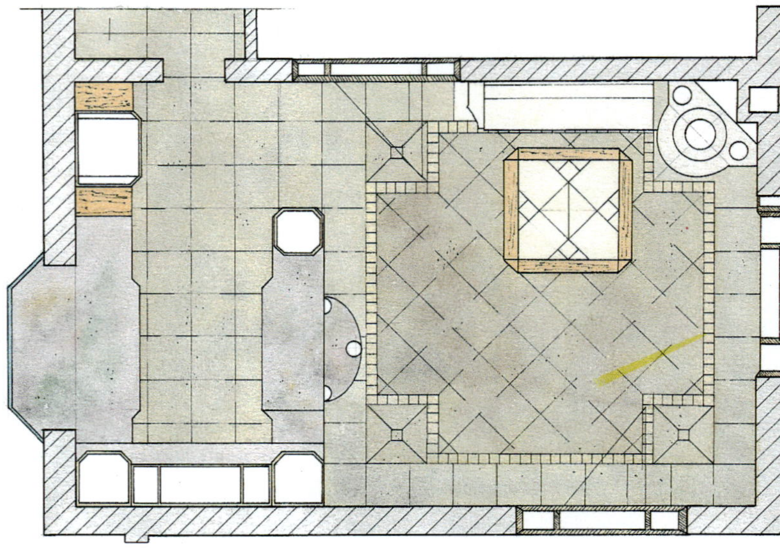

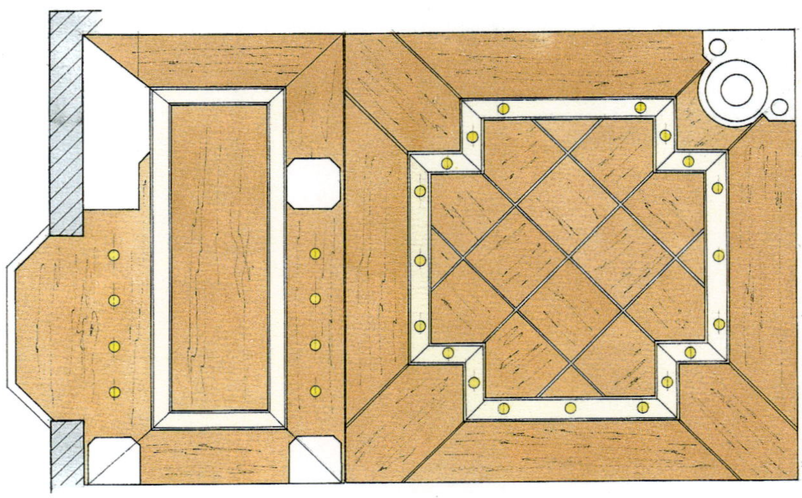

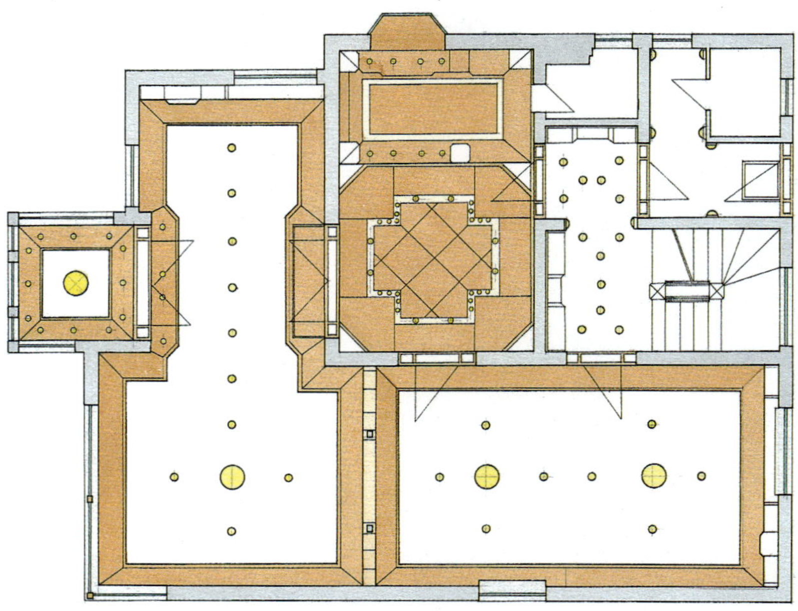

Oben links: Die einheitlichen Fußböden aus Solnhofener Schiefer gewinnen ihre Ornamentik aus den Farben des Materials: Grau, Rosarot und Blau. Hier Gestaltung in der Stube.

Mitte links: Deckengestaltung der Stube mit Lichtfries aus mattgrau deckend lackiertem Holz, mit dimmbaren Halogen-Leuchten.

Rechts oben: Verlegeplan des Fußbodens in Stube und Kochteil, die durch Raumteiler getrennt sind. Die Ornamentik hebt die Bedeutung der Stube als Zentralraum hervor.

Rechts Mitte: Die Fußbodengestalt der Stube kehrt in der Decke wieder. Die Diagonale ist auch hier betont.

Rechts: Der Beleuchtungsplan des Wohngeschosses. 150 dimmbare Halogen-Leuchten lassen sich in Kreisen zusammenschalten und ermöglichen, die Raumstimmung zu beeinflusse. Sie erfüllen den Wunsch nach hellen Räumen.

Ganz links: Ein raffinierter Einfall. Eine 5 m hohe Säule mit Leuchte ist gestaltendes Element des Treppenhauses. Aus Faserzement, mit Beton ausgegossen, mit Glasfasergewebe ummantelt und gestrichen. Innen: Leerrohr.

Links Mitte: Die Wände der Räume und die Decken werden durch hölzerne Deckenfriese miteinander verbunden.

Oben rechts: Das Wandbild in der Sitzecke nimmt Lineatur und Farbe der Schieferplatten des Fußbodens auf. Der Karlsruher Künstler Hans-Peter Fischer hat es mit einer Spritzpistole auf eine Kunststoffplatte aufgespritzt.

Rechts Mitte: In den verglasten Raumteilern, die Innenwände ersetzen, sind Halogen-Leuchten installiert. Die verspiegelten Möbel werden so zu Lampen, in und aus denen das Licht flutet. Fotos: Reichel

Planung:
Dipl.-Designer Günther Steiger, Coburg

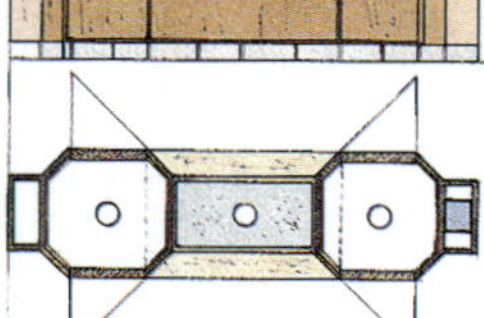

Detailzeichnungen der Raumtrennwand zwischen Wohnraum und Sitzecke.

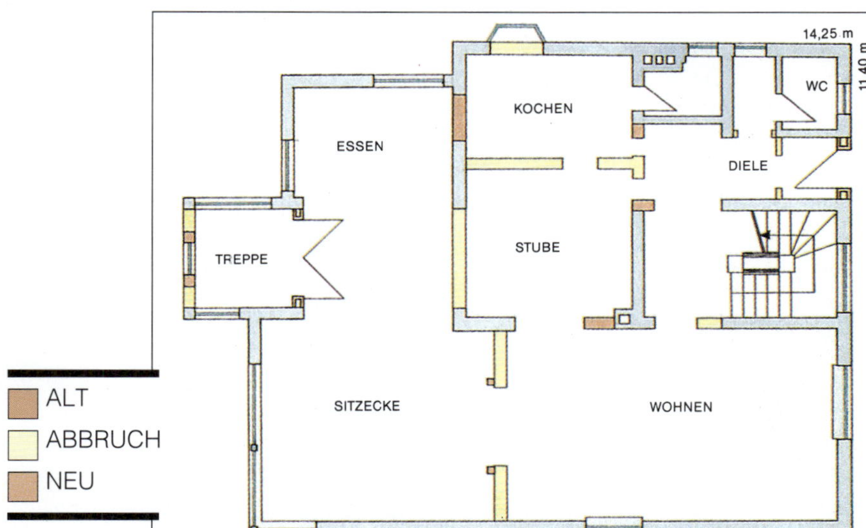

AUCH AUF KONTINUITÄT KAM ES AN

Einem Innenausbau können die unterschiedlichsten Gestaltungsziele zugrundeliegen. Harmonie der Konzeption und Konsequenz in der Ausführung werden dabei stets zum Erfolg führen. Innenausbau kann auch dazu dienen, Kontinuität zu bewahren.

Großes Bild: Der Wohnraum. Links der in die Raumwirkung einbezogene Schornstein, rechts der verglaste Anbau, mit dem der Wohnbereich zum Garten geöffnet wird.

Blick vom Anbau auf den Heizungsschornstein. Die Sessel zeigen, um wieviel das Herdfeuer gegen den Schornstein verschoben wurde. Links: Durchreiche zur Küche.

Was heißt hier Kontinuität? Wir alle haben Erinnerungen. An Menschen, Erlebnisse, Eindrücke. Oft sind diese Erinnerungen mit dem Elternhaus verbunden, mit den Räumen, in denen wir aufwuchsen. Plant man nun, dieses Haus zu modernisieren, diese Räume zeitgemäß bewohnbar zu machen: Warum sollte man diese Erinnerungen, die als Gefühlswerte das Leben begleiten, nicht auch, soweit möglich, Gestalt werden lassen? Keineswegs, um sich ein Museum zu schaffen. Sondern um eines sehr persönlichen Zieles willen: Die eigene Lebenskontinuität zu wahren. Das ist ein legitimes Ziel in einer Zeit, der das Individuelle so wichtig geworden ist. Der Architekt dieses Umbaus und Ausbaus war in diesem Hause aufgewachsen. Es war sein elterliches Haus. Beileibe kein besonderer Bau. Der Bauherr mußte damals sparen. Dreimal war es seit seiner Erbauung 1926 umgebaut worden. Spätere Veränderungen hatten das Haus aus dem Lot gebracht. Kurz: Es war ein Einfamilienhaus, wie es zahllose in Deutschland gibt. Als der Architekt und seine Familie sich entschlossen, in dieses elterliche Haus zu ziehen, stand auch fest, daß Gestaltungsziel des Um- und Ausbaus nicht nur Großzügigkeit sein konnte, ein heute sehr häufiges, wichtiges Ziel, sondern daß auch die Details der Erbauungszeit bewahrt werden mußten und Altes wiederherzustellen war. Keineswegs im Sinne einer sklavischen Rückkehr in diese Zeit, sondern um eine gewisse Kontinuität sichtbar zu machen. Bevor wir auf die Maßnahmen eingehen, mit denen vor allem diese Kontinuität gewahrt wurde, wollen wir die Schritte behandeln, mit denen das alte, kleinzimmrige Haus in ein zeitgemäßes Familienheim umgebaut wurde. Der Erdgeschoßgrundriß zeigt es: Es waren viele Innenwände abzubrechen, um Großzügigkeit zu erreichen. Die Innengestaltung zwang auch zu Veränderungen der äußeren Architekturgestalt: So wurde, um den Eßbereich nach Wunsch einrichten zu können, ein kleiner Anbau nötig. Anders hätte das große Bild, das den Bereich optisch beherrschen sollte, nicht genügend Licht bekommen. Der Anbau mit seinen Fensterbändern sorgt für Sei-

Links: Blick vom Heizungsschornstein auf den offenen Kamin, das neue Herdfeuer, im verglasten Anbau. Hier wird die gestalterische Wirkung der durchgehaltenen quadratischen Form besonders deutlich.

Rechts: Blick von der Haustür auf den Heizungskamin im Wohnbereich. Hier wird die raumordnende Achse augenfällig.

Unten: Der Eßraum mit den Lichtbändern des neuen kleinen Anbaus, die Seitenlicht spenden.

Links oben: Hier der kleine Anbau des Eßzimmers mit seinen Lichtbändern von außen. Und: das Fenster zur Küche.

Oben: Von der Diele aus fällt der Blick auf den Heizungsschornstein und die verglaste Gartenseite des Anbaus. Der Schornstein verdeckt den offenen Kamin.

Links: Zuordnung Wohnraum/Eßraum. Die harmonisierende Wirkung der quadratischen Formen wird so deutlich wie die Wirkung der symmetrischen Anordnung des Eßbereichs.

Rechts: Blick vom Wohnbereich zur Hauseingangstür. Auch hier quadratische Formen.

tenlicht für die Stirnwand. Die Großzügigkeit wurde nicht nur durch Abbruch der Innenwände und den kleinen Anbau für den Eßbereich erreicht, sondern auch durch die Öffnung des Giebels zur Gartenseite hin, im Erd- und Obergeschoß. Die Öffnungen sind dabei so angelegt, daß sie von außen keinen Einblick gewähren. Dieser Anbau vergrößert zum Garten hin den Wohnraum und bietet dem Schlafzimmer gleichzeitig eine Dachterrasse. Im Erdgeschoß ist dem Anbau ebenfalls eine Terrasse vorgelagert. Doch wurden noch zwei weitere bewährte Gestaltungsmittel des Innenausbaus eingesetzt: Es wurde versucht, die Räume durch eine Achse zu ordnen. Sie reicht vom Hauseingang über den vorhandenen Schornstein im Mittelpunkt des Wohnzimmers bis zum offenen Kamin im Anbau. Leider konnten Herdfeuer und Schornstein aber nicht völlig in diese Achse gebracht werden, sondern sind gegeneinander leicht verschoben. Das zweite Gestaltungsmittel: Die Wiederholung einer bestimmten Form: hier der quadratischen Form. Sie findet sich in Fenstern, Möbeln, Bildern, Bodenplatten und auch in der Verfliesung des offenen Herdfeuers. So entsteht eine unaufdringliche gestalterische Einheit, eine durchgängige Harmonie.

Aber es gab noch mehr praktische Einfälle, um die Ziele des Innenausbaus zu erreichen. Die beiden Kinderzimmer im Dachgeschoß zum Beispiel brauchten Schrankstellfläche. Doch wie das Problem lösen bei durchgehender Fensterfront? Man brach die alte Innenwand ab, gestaltete das mittlere Fenster als Blindfenster und trennte die beiden Räume durch einen

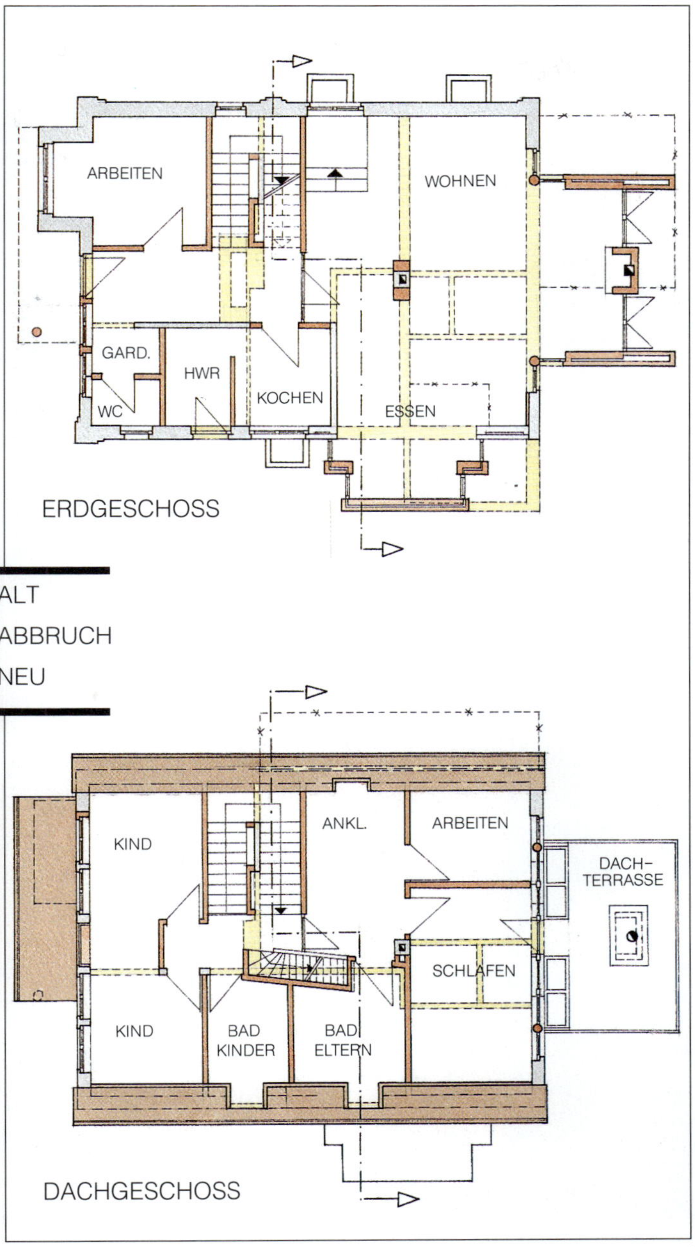

Fotos: Friedhelm Thomas, Krefeld

Oben: Eines der Kinderzimmer im Dachgeschoß. Um Stellfläche für den Einbauschrank zu gewinnen, der die Kinderzimmer voneinander trennt, mußte ein Fenster als Blindfenster gestaltet werden.

Die geringe Wohnfläche der Kinderzimmer machte den Ausbau des Spitzbodens nötig. Eine fest eingebaute Holztreppe bietet sicheren Zugang.

Ein platzsparender Einfall: Bücherregale im Treppenhaus vom Keller bis zum Dach.

Planung:
Dipl.-Ing. Architekt Hermann Farwick, Emsdetten

Einbauschrank, der von beiden Seiten zu benutzen ist. Ein Bildhauer gestaltete das Fenster von außen. Da die Kinderzimmer klein waren, wurde auch der Spitzboden ausgebaut. Er ist über eine feste Holztreppe zu erreichen. Ein besonders hübscher Einfall ist es, das Treppenhaus für Bücherregale zu nutzen. Die Treppe wickelt sich gleichsam um die Bücher, vom Keller bis zum Dach. So wird, bei möglichster Großzügigkeit, dennoch kein Quadratmeter verschenkt. Kehren wir zu den Maßnahmen zurück, mit denen die Kontinuität gewahrt und sichtbar gemacht wurde. Am augenfälligsten wird diese Absicht beim offenen Kamin, der an münsterländische Herdfeuer erinnert und damit an die Vorliebe des Vaters dafür. Die neue Terrasse vor dem Wohnzimmeranbau war nötig geworden, weil der Anbau die alte, gewohnte Terrasse überdeckt hatte. An dieser Terrasse lag dem Bauherrn, weil er auch künftig den von früher Jugend an vertrauten Blick in den Garten genießen wollte. Und selbst die Dachterrasse, die durch den Wohnraum-Anbau gewonnen wurde, gehört in diese Reihe von Maßnahmen, die Kontinuität wahren: Der Blick über die Stadt, der sich von dort oben bietet, erinnert an den Blick, der dem Bauherrn ebenfalls von früh an vertraut war: durch das Dachgeschoßfenster seines damaligen Jugendzimmers. Dieses Beispiel zeigt, wozu gut geplanter Innenausbau auch dienen kann. Und daß man darüber keinesfalls die Maßnahmen vernachlässigen müsse, die auch sonst dazu verhelfen, sich durch zielgerichteten Innenausbau ein behagliches Zuhause zu schaffen. Das Beispiel will Mut zu ähnlichen Überlegungen machen.

Natürlich kann man ein Kinder- oder Jugendzimmer mit Möbeln von der Stange einrichten, wie andere Räume auch. Auch dann kann das Zimmer praktisch, nutzungsgerecht und anpassungsfähig sein. Das wünschenswerte Optimum an Gestaltung aber wird so nicht erreicht.

Ein eigenes Reich für junge Menschen

Oben: Für kleinere Kinder ist die freie Fläche zum Spielen wichtig. Holzpodeste bieten den nötigen Stauraum. DLW Unten: Mit einem Stockbett kann man Platz sparen. Moco

Hier soll nun nicht mit dem begründeten Hinweis auf eine möglichst optimale Gestaltung des Kinderzimmers jener Unüberlegtheit das Wort geredet werden, die über den individuellen Wünschen und ihrer Erfüllung eine künftige Nutzung völlig außer acht läßt. Und bei Räumen für Heranwachsende gibt es immer Veränderungen: vom Zimmer des Kleinkinds zum Kinderzimmer, zum Jugendzimmer, zur ersten Wohnung bis zur völligen Umnutzung nach dem Auszug des Kindes aus der elterlichen Wohnung. Das bedeutet aber keinesfalls einen Verzicht auf individuelle Lösungen und Wunscherfüllungen. Es bedeutet nur, hier im Rahmen des Innenausbaus Lösungen zu suchen, die zwar individuell und unverwechselbar sind, Veränderungen aber nicht entgegenstehen. Die vor allem auch einen guten Rat für den Innenausbau beherzigen: Je mehr gestalterische Lösungen mittleren Vorstellungen entsprechen, die viele andere teilen, desto besser. Denn eventuellen Verkauf oder Vermietung kann erfahrungsgemäß niemand ausschließen. Zu individuelle Lösungen können hier hinderlich sein. Ja mitunter auch den Bauherrn selber nach einiger Zeit mißfallen. Und wer veränderte sich nicht!

Es ist viel geforscht worden, es liegen viele Erfahrungen darüber vor, wie ein Zimmer gestaltet sein sollte, damit Heranwachsende sich je nach Alter darin wohlfühlen.

Ziele für die Planung eines Kinderzimmers

Ein Kinderzimmer ist als pädagogisch wertvolles Umfeld des Kindes zu betrachten. Deshalb fordern Fachleute, es als kleine Wohnung in der großen Elternwohnung zu gestalten, damit auch dadurch die Entwicklung der Persönlichkeit und Lebensweise des Kindes gefördert werde. Niemand zweifelt heute mehr daran, daß Kinder zu Hause einen für sie bestimmten Bereich brauchen.

Ein Zimmer für Heranwachsende soll so gestaltet sein, daß es die Phantasie anzuregen vermag, der Phantasie freien Lauf läßt, Gefühle entfalten hilft, Heimlichkeiten stützt, kindlichen Bedürfnis-

In diesem Haus war Platz für eine Spielhöhle, die kindlichen Bedürfnissen sehr entgegenkommt.

Der Spiel- und Schreibtisch hat eine stufenlos verstellbare Plattenneigung und ist auch in der Höhe verstellbar. Der freistehende Rollcontainer daneben ist eine praktische Ergänzung des Schülerarbeits- und Spielplatzes. Hülsta

sen gerecht wird und individuelle Wünsche und Vorstellungen zur Reife bringt. Und Gestalt werden läßt. Solchen erkannten Wünschen des Kindes Gelegenheit zur Selbsterfüllung zu geben, steht dabei im Mittelpunkt der Überlegungen, wie das Zimmer zu gestalten wäre.

Das Ergebnis ist die Raumgestalt

Die Ausstattung des Zimmers, so daß es pädagogisch förderlich ist und Talente und Begabungen entfalten hilft, erfordert Geduld. Die Raumgestalt, die entsteht, soll Ergebnis sein, nicht Vorgabe. Doch auch als Ergebnis keineswegs starr, sondern immer veränderbar. Deshalb werden ohne großen Aufwand demontierbare Elemente solchen Zielen am besten dienen können.

Eine andere Frage: Durch welche Ausbau- und Gestaltungsdetails können kindliche, jugendliche Wünsche in vielen Fällen erfüllt werden? Vergessen wir nicht: Zu den wichtigsten pädagogischen Zielen des Zimmers als Umwelt zählt auch die Heranbildung des Geschmacks, der Erfahrung, wie er in Gestalt umzusetzen sei und welches Detail der Gestaltung welche Wirkung hervorbringt. Der erwachende Sinn für das Raumerlebnis ist es, der den Wunsch eingibt, den Raum durch ein Podest zu gliedern und diesem gegliederten Bereich Tätigkeiten zuzuordnen. Wobei die höhere Fußbodenebene des Podests zum Beispiel die Sitzgruppe aufnehmen kann oder den Arbeitsplatz. Solche Podeste sind leicht aus Holzbalken und Sperrholz oder Dielenbrettern und auch aus Porenbeton herzustellen. Sie sind ohne Aufwand wieder zu demontieren. Holzpodeste können auch zum Beispiel große Schubladen auf Rollen aufnehmen und den Stauraum der meist kleinen Zimmer vergrößern.

Eine angenehme Atmosphäre: Kinderzimmer in einem denkmalgeschützten Haus. Details und Materialien sind aufeinander abgestimmt, Holz herrscht vor. Archiv AM

Ein Hochbett, durch eine Leiter erreichbar, darunter Raum für den Arbeitsplatz. Mit dieser Lösung wird die Raumhöhe auf praktische Weise genutzt. Manufact

Der Neigung, den Raum zu gliedern, können auch Raumteiler dienen: einseitig nutzbare Regale zum Beispiel, oder selbstgebaute, beliebig hohe Wände, vielleicht mit Textiltapeten überspannt. Zusätzliche Raumwirkungen lassen sich durch Verspiegelung solcher Raumteiler erzielen, die, um nur eine Möglichkeit zu nennen, die Arbeits- von der Ruhezone scheiden.

Wichtig: Das Zimmer optisch gliedern

Eine teilweise Abhängung von Decken kann, wie die Podeste auch, ungünstig geschnittene Räume optisch gefälliger machen. Auch ein einfach herzustellender Stoffbaldachin läßt sich raumkorrigierend einsetzen und kann die Behaglichkeit erhöhen. Halbhohe Möbel können als Raumtrenner verwendet werden.

Bei kleineren Räumen ist die Frage zu klären, welche Elemente der Gestaltung für mehrere Zwecke zu nutzen sind. Beispiel: Das Podest kann durch Auflegen zweier weicher Kissen zwei weitere Sitzplätze bieten. Reizvolle Effekte lassen sich schließlich auch der Beleuchtung abgewinnen, mit deren Wirkungen zu spielen gerade im Jugendalter beliebt ist.

Die Möbelfabriken haben sich längst auf die Bedürfnisse von Kindern und Jugendlichen eingestellt und dabei das Praktische und die Wirtschaftlichkeit nicht aus dem Auge verloren. Es gibt Möbelprogramme, die den Heranwachsenden begleiten können, vom Zimmer des Kleinkinds bis zum Zimmer der Studentin oder des Studenten oder der ersten Berufsjahre.

Tapeten sind das Tüpfelchen auf dem „i" des Innenausbaus: Sie vollenden den gewünschten Raumcharakter, unterstreichen die Wirkung der Einrichtung, korrigieren ungünstige Raumverhältnisse und machen es einfach, die Raumatmosphäre zu verändern.

Tapeten machen Räume erst wohnlich

Tapeten-Stoff-Kollektionen, im Fachhandel erhältlich, vereinfachen den Weg zur gelungenen Raumgestaltung.

Harmonie: Unitapeten, Bordüren, Accessoires, Dekostoffe in den Dessins der Borten und Vorhänge. Forbo

Das heutige Angebot an Tapeten zeigt eine solche Vielfalt an Materialien, Mustern, Farben und Strukturen, daß Raumgestaltung bis in Nuancen möglich wird und jede Vorstellung verwirklicht werden kann.

Zur Wahl stehen: Papiertapeten, oft aus Recycling-Papier, die in mehreren Farbdurchläufen bedruckt werden. Die meisten Papiertapeten sind leicht geprägt, doch gibt es auch Prägetapeten, die unter hohem Druck reliefartig geprägt sind, und hochwertige Prägetapeten, bei denen zwei Papierbahnen aufeinanderkaschiert werden. Preis: ab 25 Mark pro Rolle.

Manche der strukturierten Wandbeläge können mit Dispersions-, Latex- und Acrylfarben überstrichen werden.

Räumlich wirken durch Licht und Schatten die Muster und Strukturen der Profiltapeten, auf die Farbpasten aufgeschäumt sind. Struktur-Profiltapeten sind dabei vollflächig strukturiert, erinnern an Putz oder Gewebe und wirken ruhig.

Bei Decor-Profiltapeten dagegen sind einzelne Muster oder Konturzeichnungen, doch auch Gräser, Bäume reliefartig hervorgehoben. Auch Textilien und Folien lassen sich profiliert bedrucken. Bei Textiltapeten ist eine textile Schicht auf den Papierträger aufgebracht. Untergrund oder Oberfläche können auch zusätzlich bedruckt sein. Kunststoff-Tapeten schließlich sind mit wasserabweisenden Lacken beziehungsweise Folien beschichtet. Sie sind unterschiedlich wasser- und waschbeständig und strapazierfähig.

Noch weitere Spezialtapeten: Metalltapeten, bei denen eine Metallfolie, meist Aluminium, auf Papier kaschiert wird. Spezielle Oberflächenbehandlungen führen zu interessanten Reflexen. Der Reiz der Metalltapeten, die Glanz-Effekte, können aber auch durch aufgedruckte Metallpigmente erreicht werden.

Naturwerkstoffe verschönern die Wand

Bestandteile von Naturwerkstoff-Tapeten sind: Papierträger, kaschierte Gräser, Kork, Sand, Holzfurnier und andere Materialien. Die Kosten bewegen sich zwischen 60 und rund 400 Mark pro Rolle, für eine Tapete aus reiner Seide zum Beispiel.

Velours-Tapeten bestehen aus schwerem Papier, auf das Textilfasern aufgeflockt wer-

TIP

Tips für den Tapetenkauf

Farbmuster von Hölzern und Textilien der jeweiligen Räume erleichtern die Tapetenwahl. Die Decke sollte als fünfte Wand in die Planung einbezogen werden. Musterbücher zeigen nur einen kleinen Ausschnitt: Zu empfehlen ist, die Muster auch aus größerer Entfernung und bei unterschiedlichem Licht zu beurteilen. Tapetenwechsel wird erleichtert durch trocken abziehbare Tapeten. Es gibt sie „spaltbar trocken abziehbar" und „restlos trocken abziehbar".

Der Dekostoff ist speziell auf die Wandbekleidung abgestimmt, ist aber kein getreues Abbild der Tapeten-Dessins, sondern stoffgerechte Variation.

den. Die Oberfläche wirkt samtartig. Zu den Spezialtapeten zählen auch die Bild-Tapeten, die nach Vorlagen wandfüllend bedruckt werden.

Vor der Farbwahl ist zu entscheiden, ob man „Ton in Ton" oder kontrastreich wohnen möchte. Eine wohltuende Raumwirkung wird erreicht, wenn eine einzige Farbe vorherrscht und verwandte Farben größere Flächen einnehmen. Starke Kontraste müssen dabei auf kleinen Raum beschränkt bleiben. Kräftige Farben einzusetzen erfordert viel Erfahrung. Vorsicht: An der Wand, unter vorher nicht zu berücksichtigenden Lichtverhältnissen, wirken Tapeten oft völlig anders als beim Kauf.

Farben und Muster in Ruhe auswählen

Bei der Farbwahl selbst tragen Gespräche mit Freunden oder Fachleuten zur Klärung bei, doch sind auch die eigenen Farbempfindungen und Neigungen wichtig. Grundsätzlich gelten die Farben Gelb, Orange, Rot als warm, Blau und Blaugrün dagegen als kühl und ruhig. Neben diesen Unterschieden, die sich an den Wärmeempfindungen orientieren, sind die Gefühlswerte der Farben entscheidend. Sie werden vor allem von den Kulturkreisen geprägt. Auch die unterschiedlichen Helligkeitswerte und Gewichtungen sind nicht zu vernachlässigen.

Das riesige Angebot an Tapeten macht es nötig, sich vor der Kaufentscheidung sorgfältig über alle Möglichkeiten des Materials und seines Einsatzes zu unterrichten. Den Einfluß auf die Raumwirkung muß man immer im Auge behalten.

Die normale Tapetenrolle, auch Eurorolle genannt, ist 0,53 m breit und 10,05 m lang. Sie reicht für fünf Quadratmeter Wandfläche. Wieviel Rollen benötigt werden, läßt sich einfach errechnen: Man nimmt Raumumfang mal Raumhöhe und teilt durch fünf. Dabei sind Fenster und Türaussparungen als Wandfläche gerechnet, das ergibt genügend notwendigen Verschnitt.

Tapeten verändern Raumproportionen

Bei der Tapetenwahl sind auch die optischen Wirkungen der Muster zu berücksichtigen. Sie können sonst zu unerwünschten Wirkungen führen. Besser ist es, diese Wirkungen bewußt einzusetzen:

Ein niedriger Raum wirkt höher durch raumhoch geklebte, senkrecht gestreifte Tapeten. Die Decke muß dabei sehr hell sein, vielleicht sogar weiß tapeziert. Wer die Möglichkeit besitzt, die Decke zusätzlich zu beleuchten, mit einer Fluter-Leuchte zum Beispiel, sollte sie nützen (Abbildung 1).

Niedriger wirkt ein Zimmer, wenn man gestreiftes oder waagrecht ausgerichtetes Muster verklebt. Die Wirkung wird verstärkt, wenn das Muster nicht bis zur Decke geführt ist. Eventuell kommt auch ein Borten-Abschluß in Frage. Das gleiche Ziel wird erreicht, wenn die Decke dunkler ist und die Beleuchtung nach unten gerichtet wird (Abbildung 2).

Ein Zimmer wirkt tiefer, wenn man eine Wand in einem Farbton tapeziert, der optisch zurücktritt, zum Beispiel ein mittleres Blau oder Blaugrün, während die beiden flankierenden Wände hell gehalten werden. Günstig: die Decke in Längsstreifen zu tapezieren (Abbildung 3).

Größer wirkt ein kleiner Raum, wenn man helle Tapeten wählt, kleinere Muster oder einfarbige Tapeten einsetzt, Karomuster oder Glanzeffekte in dezenter Ausführung verwendet oder eine Dekor-Wand ohne Fenster und Türen mit großem Muster tapeziert (Abbildung 4).

Kleiner wird ein großes Zimmer, wenn man starke Farben, große Muster und schräg ausgerichtete Dessins wählt, denn Diagonalen verengen den Raum (Abbildung 5).

Tip: Die Wirkung eines Erkers wird mit hellen Tapeten erhöht, durch Reflexion beleuchtet er den angrenzenden Raum.

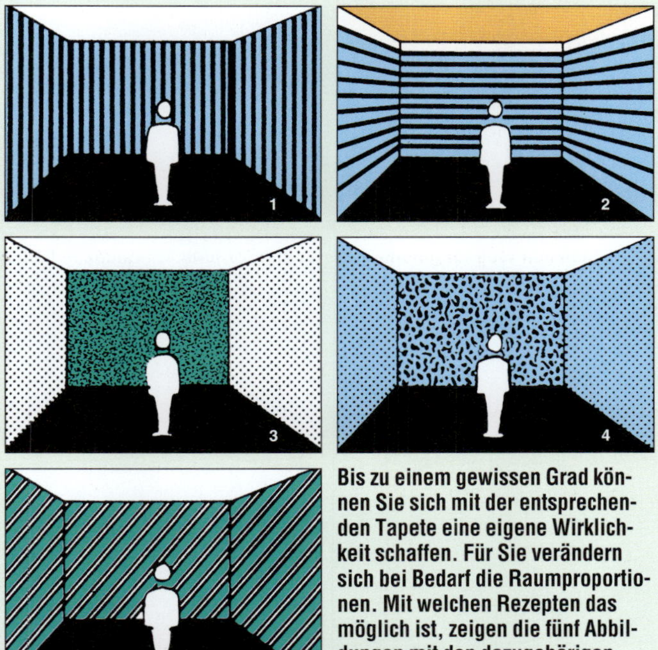

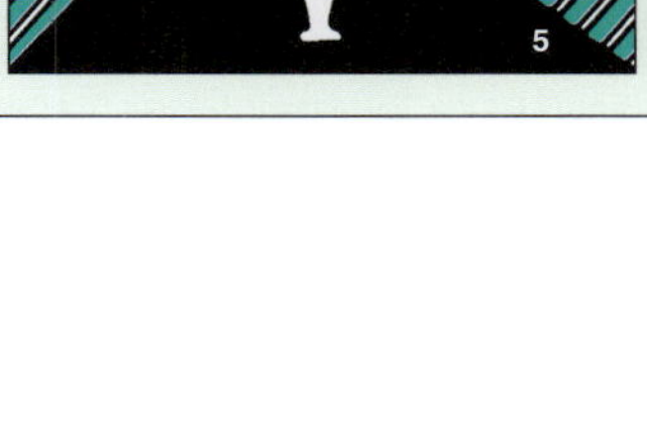

Bis zu einem gewissen Grad können Sie sich mit der entsprechenden Tapete eine eigene Wirklichkeit schaffen. Für Sie verändern sich bei Bedarf die Raumproportionen. Mit welchen Rezepten das möglich ist, zeigen die fünf Abbildungen mit den dazugehörigen Erläuterungen (oben).

Abb.: Deutsches Tapeteninstitut

Unter den Baustoffen, die bautechnische und bauphysikalische Ansprüche zugleich erfüllen und sich auch zur Gestaltung einsetzen lassen, sind die Fliesen an erster Stelle zu nennen. Für viele Maßnahmen des Innenausbaus ist dieser uralte, heute mit neuzeitlicher Technik hergestellte Baustoff unentbehrlich geworden.

Fliesen – schön und praktisch zugleich

Glanz als Gestaltungselement: polierte unglasierte Steinzeugfliesen, Natursteineinlagen. V&B

Die Rohstoffe für Fliesen werden in der Natur gewonnen: Ton, Kaolin und Feldspat. Durch Brand der Fliesenrohlinge entsteht der Fliesenscherben. Er ist entweder porös oder, bei höherem Feldspatanteil, dicht. Fliesen mit einem porösen Scherben heißen Steingutfliesen. Sie sind stets glasiert. Steingutfliesen eignen sich grundsätzlich nur für Innenräume, nicht als Außenbeläge. Für Außenbereiche und stärkere Beanspruchung sind die dichten Steingutfliesen einzusetzen. Sie sind sowohl glasiert als auch unglasiert im Handel. Steingutfliesen lassen sich von Steinzeugfliesen leicht unterscheiden. Tropfen Sie einfach Wasser auf die unglasierte Rückseite: Bei Steinzeugfliesen bleibt es als Tropfen stehen, denn Steinzeugfliesen sind dicht gebrannt. Steingutfliesen dagegen saugen das Wasser langsam auf.

Bodenbeläge unterliegen einem natürlichen Verschleiß. Der hängt von der Häufigkeit der Begehung, der Verschmutzung und der Härte des Materials ab. Deshalb wurden von Experten die Bodenbeläge aus glasierten Steinzeugfliesen in verschiedene Abriebgruppen unterteilt und bestimmten Anwendungsbereichen zugeordnet (siehe Tabelle „Abriebgruppen in Kürze"). Doch zeigt die Praxis, daß sich die tatsächliche Belastung der Beläge oft nicht genau vorhersagen läßt. Für häufiger begangene Räume empfiehlt es sich deshalb, immer die nächsthöhere Beanspruchungsgruppe von vornherein zu wählen. Für Räume, in denen mit stark kratzender Verschmutzung zu rechnen ist, eignen sich am besten Fliesen aus unglasiertem Steinzeug.

Fliesen sind ein wirkungsvolles Gestaltungsmittel. Um die richtige Wahl treffen zu

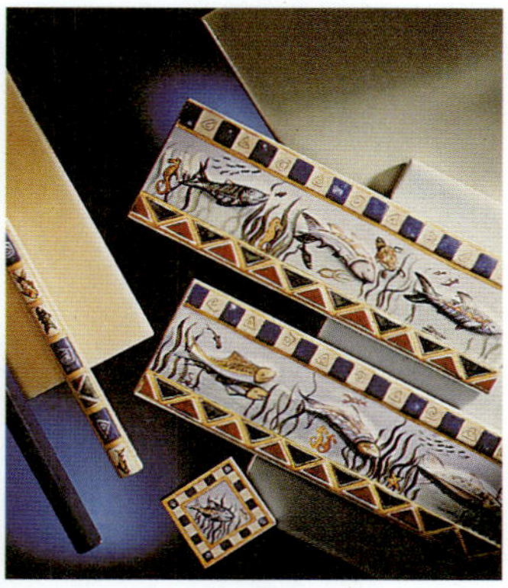

Oben: Fliesenserie aus zwei Bordürenfliesen mit der Abmessung 6,5 x 20 cm, einer Listelli-Fliese im Format 1,2 x 20 cm sowie einer schön gestalteten Einlage von 44,5 x 44,5 mm. Die reliefierten Fliesen lassen sich kombinieren mit den beiden Uni-Fliesen im Format 20 x 20 cm und anderen Uni-Farben. V&B
Links: Fliesen, in den Formaten 30 x 30 und 7,5 x 30 cm eingesetzt, zur Raumgliederung und Zusammenfassung von Bereichen. Die ordnende Kraft eines sorgfältig gewählten Fliesenbelags wird hier deutlich. V&B

können, muß man wissen, wodurch Fliesen Räume beeinflussen. Entscheidend sind die Farben, die Dekore, die Oberflächenstruktur, die Fliesenformate, die Verlegeverbände und die Fugen. Beginnen wir bei den Farben: Eine Farbe wirkt im Raum nie für sich allein, sondern hängt von den umgebenden Farben ab, von der Größe der Farbflächen im Raum, von der Intensität der Farben und nicht zuletzt von der Helligkeit und der Art der Beleuchtung. Eine Hilfe können hier die farblichen Harmoniekonzepte bieten, in denen Farben und Aussehen der Fliesen mit der Bad- und Sanitärkeramik und den Frontmaterialien der Küche abgestimmt sind. Oder die Programme, die Wand- und darauf abgestimmte Bodenfliesen in Varianten umfassen.

Mit den themenbezogenen Dekoren, zum Beispiel mit Früchten, Blumen, Küchengerätschaften, Sportmotiven, auch mit Reliefs und Bordüren lassen sich Akzente setzen. Größere Dekore, die sich über mehrere Fliesen hinziehen, gliedern Wände, ordnen Räume, bilden Achsen, schaffen Schwerpunkte.

Reliefierte Fliesen wird man mit starker Wirkung einsetzen können, wenn man den wechselnden Lichteinfall im Raum beachtet. Damit läßt sich das Spiel von Licht und Schatten auf der Oberfläche nutzen, ebenso die Lichtbrechung. Auch Glanzeffekte zählen zu den bewußt eingesetzten Oberflächenwirkungen. Fliesenformate und Verlegeverbände beeinflussen die optische Wirkung stark, wobei das Fugenraster eine wesentliche Rolle spielt.

Da unter einer Fülle von Formaten zu wählen ist, die auch untereinander zu kombinieren sind, wird leicht verständlich, daß man Fliesen richtungsneutral oder richtungsorientiert verlegen kann. Rechteckfliesen zum Beispiel werden durch ihre längere Seite die Richtung bestimmen, quadratische Fliesen wirken richtungsneutral. Die Fugen verstärken oder vermindern diesen Eindruck. Fugen, die

Neuzeitliche Fliesen lassen sich in zahllosen Verlegemustern einsetzen, richtungsorientiert oder richtungsneutral. Der Einfluß der Fugen auf die Flächenwirkung wird hier besonders deutlich. Quelle: V&B

Auch Naturstein-Fliesen im Format 30,5 x 30,5, 10 mm stark, gibt es als Schmuckelemente, die sich innerhalb einer Kollektion vielfältig kombinieren lassen. Quelle: Juma

Links: Optische Harmonisierung des Raumes durch gleiche Farben, gleiches Verlegemuster, bei unterschiedlichen Größen. Quelle: Jasba Rechts: Aufeinander abgestimmte Wand- und Bodenfliesen. Schmuckläufer für den Boden greifen die Ornamentik der Wanddekoration auf. Quelle: Boizenburg Gail Inax

sich von der Fliesenfarben absetzen, betonen das Format. Fugen, die in der Farbe der Fliesenfarbe gleichen, können die architektonische Wirkung der Fläche stark vermindern.

Doch längst nicht nur die Raumatmosphäre läßt sich durch Fliesen beeinflussen, Fliesen können auch Räume optisch verändern.

Grundsätzlich gilt: Helle Farben lassen Räume großzügiger erscheinen, Farben von relativ geringer Eigenhelligkeit, in harmonischen Abstufungen eines Farbtones, lassen Räume kleiner wirken. Dunkelfarbige Sockel, Leisten oder Dekorbänder verstärken diese einengende Wirkung noch.

Wer weiß, wodurch Fliesen raumgestaltend wirken, wird sich leichter tun mit den entscheidenden Fragen: Wie kann ich in meinem Fall die gewünschte Wirkung hervorbringen? Welche Fliesen passen zu den vorhandenen Farben und Formen?

Eine kleine Anleitung, die richtige Fliese zu finden

Hier kann Ihnen der erfahrene Fliesenverkäufer helfen. Wenn Sie ihn ausreichend informieren. Am besten, indem Sie auf ein Blatt Papier folgende Angaben notieren: Wie groß ist der Raum? Welchen Zuschnitt hat sein Grundriß? Wie steht es mit der Beleuchtung? Bei Tageslicht? Bei Kunstlicht? Aus welchen Materialien bestehen Wand und Bodenflächen? Welche Farben sind im Raum bereits vorhanden? Wie ist die Decke gestaltet?

Je genauer Sie dem Fliesenverkäufer die Raumsituation schildern, desto sicherer. Also nicht nur: Helle Holztüren, sondern auch: Eiche, Buche.

Von Nutzen kann ferner sein, daß Sie sich auch Ihre eigenen Ideen und Wünsche notieren. Je genauer Sie Ihre Vorstellungen formulieren, desto besser. Doch sollten Sie stets für die Vorschläge des Fliesenverkäufers offen sein.

Damit Sie die Wirkung der in die engere Wahl gezogenen Fliesen zuverlässig beurteilen können: Fragen Sie den Fliesenverkäufer, ob er Ihnen die Fliesen in einer größeren Fläche ausgelegt zeigen könnte oder ob es Abbildungen davon gäbe. Das gilt natürlich auch für Dekorfliesen.

Auch noch eine Reihe weiterer Fragen kann die Kaufentscheidung sicherer machen. So sollten Sie fragen, ob es zur ausgewählten Fliese geeignete Formstücke gibt: Sockelfliesen, Kantenfliesen für Treppen und Stufen oder den Abschluß einer gefliesten Arbeitsplatte.

Erkundigen Sie sich nach den Herstellerdaten, nach Farb-, Form- und Design-Besonderheiten und anderen Details. Fragen Sie, ob es eine Herstellerangabe oder ein Prüfzeugnis für die Beanspruchbarkeit gibt und ob die gewählten Fliesen den gültigen Normen entsprechen. Der DIN EN 159, DIN EN 176 oder DIN 18166. Wichtig ist auch zu wissen, ob es sich um

Fliesen, Dekorfliesen, reliefartige Fliesen, Bordüren und weitere Formteile bieten der Raumgestaltung, hier der Küche, zahllose Möglichkeiten. Quelle: V&B

eine erste Sorte oder um eine Mindersortierung bei der gewählten Fliese handelt. Die erste Sortierung bei Steingut und Steinzeug erkennen Sie am roten Aufdruck auf der Verpackung. Steingutfliesen sind zusätzlich durch ein Pfeilkreuz auf der Rückseite gekennzeichnet. Anders die Mindersortierung: Dort zeigt die Verpackung beider Fliesenarten blauen Aufdruck und das ausgeschriebene Wort „Mindersortierung".

Was die Preise betrifft: Für keramische Fliesen können sich Materialkosten von 20 bis 150 Mark pro Quadratmeter ergeben – je nach Qualität und Aufwand bei der Produktion. Eine besondere Designerfliese kann schon mal 100 Mark kosten, eine wohlgemerkt.

Und noch ein Tip: Kaufen Sie immer ein paar Fliesen mehr, als Sie zunächst brauchen. Dann haben Sie bei späteren Reparaturen, zum Beispiel nach einem Wasserrohrbruch, farbgleiches Ersatzmaterial, das aus dem gleichen Brand stammt. Häufig ist es nach Jahren auch schwierig, dieselben Fliesen wieder zu beschaffen.

Der Untergrund muß stimmen

Fliesen sind durch ihre Glasur oder als Steinzeug selbst wasserabweisend und feuchtigkeitsbeständig. Daraus aber zu folgern, daß ein Fliesenbelag wasserdicht sei, ist ein Irrtum. Wegen der Fliesenfuge kann er es gar nicht sein. Auch wasserdichte Verfugungsmörtel allein schafffen es nicht. Denn der Anschluß zwischen Mörtel und Fliese kann Feuchtigkeit hindurchlassen und den Untergrund gefährden. Darauf ist besonders in Bereichen zu achten, die durch Wasser stark belastet werden: Duschbereiche zum Beispiel. Übrigens gilt die Sorge auch der Wand. Das Problem Feuchtigkeit ist heute durch eine zusätzliche Feuchtigkeitsabdichtung lösbar: Elastik-Kleber, flüssige Dichtfolie, Emulsionen, Tiefgrund oder Dichtsysteme aus verschiedenen Komponenten. Hier weiß der Fliesenleger Rat.

Links: Glasierte Steinzeugfliesen mit Natursteincharakter, in drei Formaten richtungsorientiert verlegt, wirken dynamisch und raumverbindend. Quelle: V&B
Unten: Drei Komponenten – Grundfliesen, Ausschnittvarianten und Einleger in verschiedenen Formen – ermöglichen ein schier unendliches Puzzle-Spiel an Wand und Boden. Quelle: Korzilius

ABRIEBGRUPPEN IN KÜRZE

Da der Widerstand gegen Oberflächenverschleiß nicht bei allen Glasuren gleich ist, unterteilt man Bodenbeläge aus glasierten Steinzeugfliesen in fünf Abriebgruppen.

Abriebgruppe I:
sehr leichte Beanspruchung. Bodenbeläge in Räumen, die bei niedriger Begehungsfrequenz ohne kratzende Verschmutzung mit weichbesohltem Schuhwerk begangen werden. Beispiele: Schlaf- und Sanitärräume im privaten Wohnbereich.

Abriebgruppe II:
leichte Beanspruchung. Bodenbeläge in Räumen, die bei niedriger Begehungsfrequenz unter geringer kratzender Verschmutzung mit normalem Schuhwerk belastet werden. Beispiele: privater Wohnbereich, außer Küchen, Treppen, Terrassen, Loggien.

Abriebgruppe III:
mittlere Beanspruchung. Bodenbeläge in Räumen, die bei mittlerer Begehungsfrequenz unter kratzender Verschmutzung mit normalem Schuhwerk belastet werden. Beispiele: gesamter Wohnbereich, ausgenommen Küchen.

Abriebgruppe IV:
stärkere Beanspruchung. Bodenbeläge in Räumen, die bei stärkerer Begehungsfrequenz mit normalem Schuhwerk in bezug auf die Verschmutzungs- und Belastungshäufigkeit intensiver beansprucht werden. Beispiele: Eingänge und Küchen im Wohnungsbau, Terrassen.

Abriebgruppe V:
starke Beanspruchung. Für Anwendungsbereiche mit sehr starkem Publikumsverkehr. Beispiele: Läden, Eingangshallen für Hotels und Banken, Restaurants etc.

Der Untergrund muß sauber, eben, tragfähig und saugend sein. Alle Forderungen sind sorgfältig zu erfüllen, wenn man die Fliesen, wie heute meist, im Dünnbettverfahren aufbringt. Der Mörtel beziehungsweise der Klebstoff wird dabei nur in einer dünnen Schicht aufgetragen. Der Vorteil: Einfachere Arbeitsschritte, geringerer Zeitaufwand.

Die ungetrübte Freude an den Fliesen hängt gewiß von der richtigen Wahl der Fliesen ab. Nicht weniger aber sind der richtige Fußbodenaufbau, die angemessene Untergrundbehandlung, hochwertige bauchemische Produkte, geeignete Werkzeuge und ganz besonders handwerkliches Können und Sorgfalt entscheidend.

Die Fähigkeit, gute Farbgestaltungen zu zaubern, ist schon mit der Begabung, gut kochen zu können, verglichen worden. Intuitiv haben wir bestimmte Erwartungen an die richtige Farbgebung. Sie soll beispielsweise die Stimmung heben, den Abbau belastender Sinneseindrücke fördern oder die Erholung begünstigen.

Farben – Wege zum individuellen Wohnen

Wenn es darum geht, Innenräume zu dekorieren oder mit Farben zu gestalten, ist ein gewisses Basiswissen zum Farbverständnis von Nutzen. Wenn Licht auf irgendwelche Gegenstände auftrifft, so werden die Lichtstrahlen unterschiedlich reflektiert und absorbiert. Die Dinge erscheinen farbig. Wenn wir nun unsere Farbempfindungen anderen Menschen mitteilen möchten, stellen wir fest, daß dies nicht einfach ist.

Es gibt inzwischen jedoch viele Möglichkeiten, Farbtöne in Systemen zu ordnen oder zu kennzeichnen, was die Verständigung zu diesem Thema sehr erleichtert. Für die Praxis sollten Sie von den vielen Systemen zumindest den „Farbkreis" kennen. Für den Bereich der Bunttöne zeigt man deren Zusammenhänge seit jeher in einem Farbkreis. Hier kann man zum Beispiel von Gelb oben ausgehen, gelangt dann (im Uhrzeigersinn) über Orange zu Rot, dann zu Violett und Blau, kommt zu Grün und von dort aus wieder zum Ausgangspunkt Gelb zurück. Zum Beispiel lassen sich alle Farben aus den drei Grundfarben Gelb, Rot und Blau zusammenmischen. Man spricht deshalb auch von Primärfarben. Daraus folgt, daß die Kombinationen aus Primärfarben Sekundärfarben genannt werden, das sind beim oben genannten Farbkreismodell Orange, Violett, Grün. Die sogenannten Komplementärfarben liegen auf dem Farbkreis einander gegenüber.

Brillux

Auf praktische Farbsysteme achten

Völlig anderer Art, als es die wissenschaftlichen Farbsysteme sind, ist das sogenannte RAL (= Reichsausschuß für Lieferbedingungen) – Farbregister 820 HR und F 12. In der Industrie weitgehend geläufig, stellt es eine Sammlung gebräuchlicher (Lack-)Farben dar und ist recht praktisch in der Anwendung. Die ständige Kontrolle der RAL-Farbe garantiert nämlich stets gleichbleibende Farben.

Obwohl es inzwischen auch jüngere und umfangreichere Farbkartensysteme gibt, wird das alte RAL-System weiterhin am intensivsten genützt. Vielleicht deshalb, weil hierzu kleine, handliche Farbfächer erhältlich sind, so daß fast jeder Fachhandwerker ein oder mehrere Exemplare besitzt.

Da der Preis für solche Musterkarten erschwinglich ist, kann jeder interessierte Laie leicht von diesem Hilfsmittel profitieren. Auf Dauer ist es auf jeden Fall kostengünstiger, solche „Norm"-Farben zu wählen, als Modefarb- oder Saisoncreationen, die, falls Sie in ein paar Jahren etwas nachstreichen möchten, möglicherweise nicht mehr hergestellt werden. Aber ganz egal, welche Farben Sie für die Gestaltung auswählen und wie Sie Ihre farblichen Vorstellungen an Handwerker oder Verkäufer weitergeben: Die Farbwahl bestimmt den Charakter, die Atmosphäre einer Wohnung.

Farbkontraste bieten Raumerlebnisse

Beispielsweise gehören Kontraste zum Raumerlebnis, da sie Körperlichkeit geben. Sie können erzeugt werden durch:

❑ unterschiedliche Farben (Kontraste im Buntton, zum Beispiel durch Verwendung von Komplementärfarben, etwa Blau/Orange);

❑ unterschiedliche Helligkeit (Kontraste im Hellbezugswert, zum Beispiel im Extremfall Schwarz/Weiß-Kontrast).

Achtung: Besonders irritierend wirken Kontrastmuster am Boden (Teppich) oder auf einer Blickwand (Arbeitszimmer), denn sie können Augenflimmern oder Unsicherheit auslösen;

TIP

Farbproben helfen

Machen Sie großflächige Farbproben. Diese Testanstriche sollten Sie in den Raum hängen und eine Weile mit diesen Farben leben, bevor Sie sich dann endgültig entscheiden. Die Wirkung einer Farbe ist stark von der Umgebung abhängig. Beispielsweise wirkt Gelb auf Schwarz leuchtend, auf Weiß verliert es seine Leuchtkraft. Farbmuster sind am besten auf grauer Unterlage zu beurteilen.

❑ unterschiedliche Sättigung (Kontraste in der Buntkraft, zum Beispiel Grau/Rot). Solche Sättigungskontraste sind im Raum wichtig, vor allem zur Verdeutlichung von Akzenten, auch anderen Schwerpunkten im Raum. Sie dürfen jedoch nicht zu großflächig angewandt werden.

Gestaltungsprinzip: Proportionen wahren

So wichtig Kontraste sind, es ist nicht gleichgültig, in welchen Flächengrößen Farben im Raum erscheinen. Ein blaues Bild im gelben Rahmen wirkt ja auch ganz anders als ein gelbes Bild im blauen Rahmen. Man spricht von den Farbproportionen. Einige Grundsätze zum leichteren Umgang mit Farben:

❑ Die Wahl der Dominanzfarbe (Wände, eventuell große Einrichtungsgegenstände) läßt sich entsprechend der gewünschten Wirkung (Anmutung) des Raumes treffen.

❑ Wandfarben bewirken in erster Linie, daß ein Raum warm oder kalt, laut oder ruhig empfunden wird. Wände rücken in warmen, vollen Farben scheinbar näher und rücken durch kalte, hellere Farben scheinbar in die Ferne.

❑ Die Farbgebung des Fußbodens ist entsprechend der Raumgröße und der übrigen Farbgebung im Raum zu wählen. Zu helle Böden wirken verunsichernd, im hygienischen Bereich sind sie angebracht. Sehr dunkle Böden können in größeren Räumen die Helligkeit stark beeinträchtigen. In großen Räumen mit wenig differenzierenden Akzenten ist optisch eine gute Verkleinerung der Fläche durch andersfarbigen oder helleren Randabschluß möglich. In kleineren Räumen dagegen kann man eine optische Vergrößerung erzielen, wenn der Bodenbelag ein Stück an der Wand hochgezogen wird. Vorsicht: großflächige, bunte Dekors wirken wie Stolpersteine.

❑ Die Farbgebung der Decke hängt ab von der Raumhöhe und der sonstigen Farbgebung des Raumes. Durch helle (zum Beispiel hellblaue, grünblaue) Decken kann ein niedriger Raum höher wirken, wenn die Wände entsprechend dunkler und wärmer gefärbt sind. Sehr hoch liegende Decken freilich erlauben eine farblich stärkere Betonung.

❑ Jede Farbe sollte mehrmals im Raum vorkommen. Komplementärfarben steigern sich dadurch zu erhöhter Leuchtkraft. Gemeinsam eingesetzt sollte eine Farbe viel geringer auftreten als die andere. Bei ähnlichen Mengen wirkt die Farbigkeit zu aufreizend.

❑ Farbharmonie ergibt sich, wenn in einem Raum mindestens auf einen Farbbereich (Rot, Gelb, Blau) beziehungsweise auf eine Halbseite des Farbkreises verzichtet wird; möglichst nicht mehr als drei Farben verwenden.

❑ Das Helligkeitsgefälle sollte dem natürlichen Empfinden entsprechen: Wahrnehmen ist nicht nur aufnehmendes Sehen, sondern auch Deuten der Umwelt. Zum Beispiel gehört es zu den Erwartungsvorstellungen von einem Raum, daß wir uns den Boden eher dunkel, die Decke hell vorstellen.

❑ Auf eine starke Musterung sollte man verzichten.

Farben beeinflussen die Raumwirkung, das hat jeder schon erfahren. Professor Harald Braem geht im Buch „Die Macht der Farben" einen Schritt weiter: „Farben prägen, kontrollieren und steuern wirkungsvoll und nachhaltig unser gesamtes Denken, Fühlen und Handeln."

Blau wirkt zwar kühl, soll aber für innere Ruhe und Entspannung sorgen. Wichtig ist, und dieses Beispiel zeigt es deutlich, daß die Farbkomposition stimmen muß, sonst würde der gegenteilige Effekt eintreten. Design & Handwerk

Zu modernen Möbeln passen Vollfarben häufig nicht mehr. Für die Wand- und Deckengestaltung lassen sich jederzeit entsprechende Abtönungen finden. Krautol

BEI DER FARBAUSWAHL ZU BEACHTEN

Die Auswahl der Farben muß immer im Zusammenhang mit dem Raum gesehen werden. Bitte betrachten Sie den farbig zu gestaltenden Raum hinsichtlich folgender Fragen:

☐ Vorteile. Gibt es Bereiche, die betont werden sollten?

☐ Problemstellen. Gibt es Stellen im Raum, die versteckt werden sollten?

☐ Architektonische Besonderheiten. Befinden sich Stuckarbeiten/Holzflächen im Zimmer, die besonders hervorgehoben werden könnten?

☐ Natürlicher Lichteinfall. Wie wirkt der Raum jetzt? Hell und sonnig? Dunkel oder kühl?

☐ Zweck/Nutzung des Raumes. Auch Farbe und Struktur von Möbeln, Vorhängen und Fußböden bestimmen zum Beispiel die Farbwahl für die Wände.

Krautol

Wer Innentüren als mehr oder minder notwendige Nebensache ansieht, und das tun viele, verzichtet damit auf ein Element der Raumgestaltung von beträchtlicher Wirkung. Er übersieht, daß einer Tür mit ihren rund zwei Quadratmeter Fläche zumindest die gestalterische Bedeutung eines Möbelstücks zukommt.

Innentüren setzen Wohnakzente

Das Rundbogen-Türelement Signum, Lichtöffnung oben, bestehend aus Facettenverglasung, Füllungszarge, oben verleistet, Weißlack. Herholz

Für Althauseigentümer ist es heute leichter als noch vor ein paar Jahrzehnten, Innentüren zu erneuern oder neu einzubauen. Türenhersteller halten eine solche Vielfalt an Modellen bereit, daß eine genaue Anpassung an den Charakter des Hauses in den meisten Fällen möglich ist. Manchmal freilich sind alte Türen so gut erhalten, daß man ihre Renovierung in Betracht ziehen sollte, auch wenn keine Auflagen des Denkmalschutzes sie fordern. Dabei ist natürlich zu bedenken, daß alte Türen weder so dicht sind wie moderne Türen, noch es ihnen an Schallschutz und Wärmeschutz gleichtun können. Als lästig werden bei alten Füllungstüren zum Beispiel auch die unvermeidlichen Knackgeräusche empfunden. Doch welche Entscheidung man zuletzt auch treffen wird, ob für genormte Fertigtüren, vom Tischler nachgebaute Türen oder Renovierung der vorhandenen Türen: Die Wahl wird sicherer, wenn man einige Grundsätze dabei beachtet. Türen führen in Räume. Ihre Wirkung hängt davon ab, ob sie zur Raumform und Raumgröße im richtigen Maßverhältnis stehen.

Altbauten mit Raumhöhen von 3,5 Meter und mehr erfordern andere Türmaße als modernere Bauten, deren Maße Normmaßen entsprechen oder sich ihnen annähern.

Eine Innentür teilt die Wand. Ob in einem günstigen oder ungünstigen Verhältnis, darüber entscheidet bereits die Richtung, in der sie zu öffnen ist. Zu vermeiden ist in jedem Fall, daß man um das geöffnete Türblatt herumlaufen muß. Dazu wäre die Tür um mehr als 90 Grad zu öffnen. Das aber ist Platzverschwendung. Deshalb gilt die Faustregel: Eine Tür sollte sich so öffnen, daß man geradewegs in den Raum eintreten kann. Liegen sich in einem Raum zwei Türen gegenüber, ist es günstig, den Weg zwischen den beiden Türen so kurz wie möglich zu halten. Die

Links: Daß es die meisten Türenmodelle von Moralt im mehreren Holzoberflächen gibt, erleichtert die Anpassung an den Charakter des jeweiligen Raumes. Rechts: Dialog heißt diese Buchentür von Prüm mit den graublauen Einlegern.

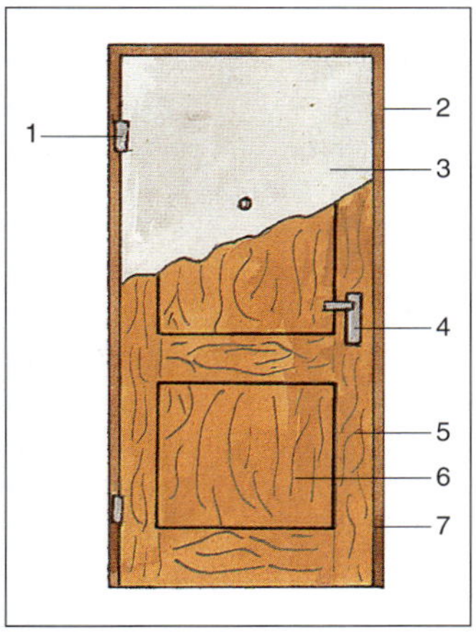

Wohnungsabschlußtüren sollten einbruchhemmend konstruiert sein: 1 verstärkte Bänder (Bandsicherungen), 2 verstärkter Blendrahmen/Zargenkonstruktion, 3 verstärkte Türblattkonstruktion, 4 einbruchhemmende Beschläge und Schlösser, 5 Montage nach überprüfter Montageanleitung, 6 durchbruchhemmende Füllungen und Füllungsbefestigungen, 7 geeignete Falzausbildung. (nach Herholz)

Verkehrsfläche, die sich ansonsten ergäbe, erforderte zuviel Raum; er ginge für die Möblierung verloren. Und: Nahe beieinanderliegende Türen sollten bei gleichzeitigem Öffnen nicht gegeneinander aufschlagen.

Diese Gesichtspunkte sind bei der Planung zu überlegen, doch sind auch vorhandene Türsituationen im Altbau danach zu überprüfen.

Behutsam korrigieren

Vielfach wurden in älteren Häusern in der Kriegs- oder Nachkriegszeit Raumverhältnisse ausschließlich nach zeitgebundenen Bedürfnissen verändert, ohne jede Rücksicht auf Gestaltung. Ein Innenausbau, der den Namen verdient, sollte deshalb hier behutsam korrigieren. Wo ein Kompromiß nicht zu umgehen ist, muß es auch erlaubt sein, auf den Fundus früherer Baumeister zurückzugreifen, zum Beispiel auf Tapetentüren. Damals allerdings war es weniger Behelf, als vielmehr ein Mittel, um wichtige Türen zu betonen und untergeordnete die Wand nicht störend durchbrechen zu lassen. Auch die Gestaltung einer solchen Tür als Spiegel wäre möglich. Ziel sollte es in jedem Fall bleiben, Innentüren der übrigen Einrichtung harmonisch einzugliedern.

Durch Türen lassen sich auch Raumproportionen verändern. Niedrige Räume wirken höher, wenn man zum Beispiel die Fläche darüber bis zur Decke mit Paneelen verkleidet. Raumhöhen lassen sich vermindern, wenn man umlaufend im Raum bis zu normaler Zimmerhöhe eine Paneelverkleidung anbringt, in die man die Tür einbezieht. Eine in dunkleren Farbtönen abgesetzte Decke verstärkt die Wirkung noch. Willkommene Effekte sind auch durch Farben zu erzielen: Türen haben zwei Seiten, also lassen sich die Farben auch je nach Einrichtung der Räume, denen die Seite zugewandt ist, abstimmen. Die Türseite zum Badezimmer zum Beispiel könnte ohne weiteres den Farbton der Sanitärkeramik tragen. Auch eine farbliche Unterscheidung von Wand, Türrahmen und Tür ist möglich. Die Farbtankstellen in den Fachgeschäften ermöglichen Farbnuancen ganz nach Wunsch.

Wo Stahlzargen vorhanden sind, wird die Umrüstung einfach, und zwar mit Ummantelungen aus Holz. Die Bilderfolge unten zeigt den genauen Arbeitsablauf.

Fachgerechter Türeneinbau erfordert Genauigkeit und Fachkenntnis, vor allem auch bei Wohnungseingangstüren, die Sicherheitsanforderungen genügen sollten. Es empfiehlt sich deshalb, Ausmessen und Montage Fachleuten zu übertragen.

TIP
Maßnahmen & Kosten

Wer Normtüren einsetzen läßt, bekommt eine einfache Ausführung mit Schloß, Zarge, Beschlägen und Oberflächenbehandlung schon ab ungefähr 500 Mark. Ganzglastüren liegen meist über 1000 Mark. Großen Wert sollte man heute auf eine einbruchhemmende Wohnungseingangstür legen. Inklusive der nötigen Vorarbeiten ist mit Kosten von mindestens 2000 Mark zu rechnen. Angebote genau vergleichen.

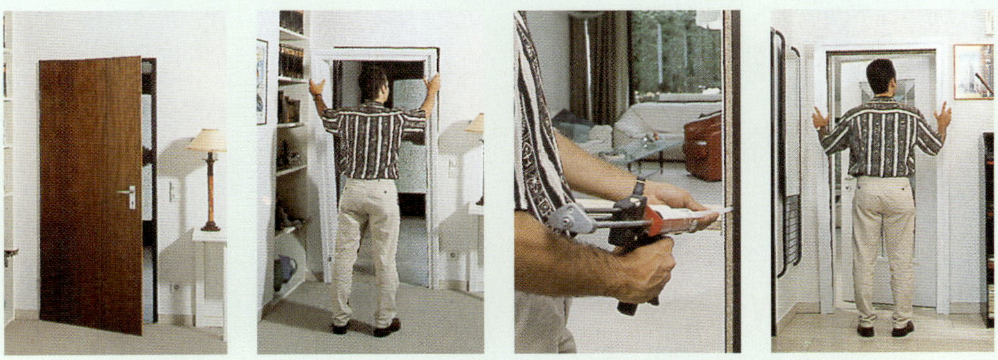

Stahlzargen problemlos verkleiden

Wenn Stahlzargen entfernt werden müssen, entsteht oft eine unzumutbare Baustelle. Die Bilderfolge zeigt die Lösung: Eine Holzzarge umkleidet die alte Stahlzarge komplett. Sie wird einfach über die Stahlzarge geschoben. Bevor allerdings die Zarge mit Montageschaum befestigt wird, müssen drei Spreizlehren gesetzt werden. In die dafür vorgesehenen Nuten läßt sich der Schaum leicht einbringen. Nach der Aushärtung wird die Zierverkleidung aufgebracht, am besten verleimt. Bei Wandunebenheiten oder Fliesenabsätzen helfen entsprechende Abschlußprofile, auch passende Schwellen gehören zum Paket. Verringerung der Durchgangsbreite 6 cm, der Höhe: 3 cm.

Quelle: Südholz-Türen

Wer ein Haus modernisiert, steht immer vor der Entscheidung, ob er vorhandene Treppen austauschen oder instandsetzen solle. Denn alte Treppen bestimmen oft den Charakter des Hauses entscheidend mit. Neue Treppen gibt es heute individuell angefertigt, als Fertigtreppen oder als vorfabrizierte Treppenelemente.

Treppen helfen Räume gestalten

Quelle: Treppenmeister

Handwerkliche Meisterleistung und einen attraktiven Blickfang: das bietet diese Bogentreppe dem Hausbesitzer.

Mehr als bei anderen Bauteilen hängen die Maßverhältnisse einer Treppe von menschlichen Gegebenheiten ab: allem voran von der Schrittlänge. So ergeben sich als Forderungen an Treppen: Bequemlichkeit in Breite, Stufenmaß und Steigungswinkel; Unterbrechung eines zu langen Laufs durch ein Podest; gute Belichtung aller Partien; Schönheit der Treppe, ihrer Teile, ihrer Umgebung; Entsprechung der Treppe zur Größe und Bedeutung des Hauses; Möglichkeit, die Treppe mit dem linken Fuß zuerst zu betreten.

Achten Sie auf die richtigen Treppenmaße

Entscheidend für die Bequemlichkeit sind die Maße. Sie richten sich nach dem durchschnittlichen Schrittmaß des Menschen von 63 Zentimetern. Daraus ergibt sich für die Haupttreppe in Wohnhäusern eine Stufenhöhe von 17 bis 18 Zentimeter, für Nebentreppen bis 20 Zentimeter. Die Auftrittsbreite, also die Tiefe der Stufen, sollte mindestens 26 Zentimeter betragen. Für „Notwendige Treppen", also Treppen, die immer auch als Fluchtwege gelten, sind die Anforderungen baurechtlich vorgeschrieben. Daß steile Treppen unbequem sind, ist bekannt; sie sind aber auch gefährlich. Am sichersten ist ein Steigungswinkel um 30 Grad. Daß Treppen grundsätzlich von Kindern gefahrlos zu benützen sein müssen, versteht sich von selbst. Dazu gehört, daß die Öffnungen in Geländer und Brüstungen nicht breiter als 12 Zentimeter sind, sobald die Absturztiefe 1,5 Meter überschreitet.

TIP

Geeignete Hölzer

Für Treppen eignen sich von den einheimischen Nadelhölzern Fichte, Kiefer, Lärche und Douglasie, von den Laubhölzern Eiche, Rotbuche, Weißbuche, Ahorn und Esche. Außerdem lassen sich zahlreiche überseeische Laubhölzer für den Treppenbau nutzen.

Geländer sorgen für Sicherheit

Treppengeländer müssen, gemessen senkrecht über der Stufenvorderkante, mindestens 90 Zentimeter hoch sein. Ein griffiger Handlauf ermöglicht sichere Nutzung. Auch für ausreichende Durchgangshöhe ist zu sorgen: Sie sollte 210 Zentimeter nicht unterschreiten. Sicherheitsgefährdend wirken sich auch glatte, auf Hochglanz gebohnerte Holz- oder Kunststeinstufen aus. Auch Stufen, die durch ihre Farbe oder wegen mangelnder Beleuchtung nicht klar zu erkennen sind, mindern die Sicherheit. An Materialien für die Treppenkonstruktionen kann man wählen unter verschiedenen Holzarten, Kunststein, Naturstein, Stahlbeton, Porenbeton, Stahl und Aluminium. Werkstoff für die Geländer sind in der Regel massives Holz, metallenes Gitterwerk oder auch, als Füllung zwischen den Geländerstäben, durchsichtiges Sicherheitsglas. Diese Materialvielfalt erlaubt weitgehende Anpassung der Treppe an Hausstil und persönlichen Geschmack.

Formen: Wendeltreppen, Spindeltreppen

Beide Treppenformen werden, vor allem als Nebentreppen, wegen ihrer Vorteile häufig eingebaut. Sie nehmen, vor allem gilt das für Spindeltreppen, nur wenig Platz ein und gestatten dennoch reizvolle Lösungen. Der Unterschied zwischen den Formen: Wendeltreppen haben ein offenes Treppenauge in der Mitte, bei Spindeltreppen sind die Stufen um einen geschlossenen Kern angeordnet. Ihre Steigung sollte 18 bis 20 Zentimeter, ihre Laufbreite 50 bis 100 Zentimeter betragen. Gewendelte Stufen müssen an der schmalsten Stelle mindestens 10 Zentimeter Auftrittsbreite haben. Wer sich für eine Wendel- oder Spindeltreppe entscheidet, etwa als Innentreppe in einer Wohnung über zwei Geschosse, sollte aber in Betracht ziehen, daß notwendige Transporte zwischen den beiden Geschossen unter Umständen erschwert sein können.

Trittschall, wie er beim Begehen zum Beispiel von Balkendecken oft störend empfunden wird, kann auch bei Treppen zum Ärgernis werden. Trittschall-Belästigung läßt sich vermindern durch einen weichen Stufenbelag, zum Beispiel Teppichboden, durch eine elastisch gelagerte Treppenbefestigung und durch dicke Trennwände mit viel Masse, also viel Gewicht. Auch die Konstruktion der Treppe selbst beeinflußt die Schallübertragung. Die Frage des notwendigen Schallschutzes ist frühzeitig zu klären: Treppenhersteller halten Zeugnisse zum Thema Schallschutz bereit.

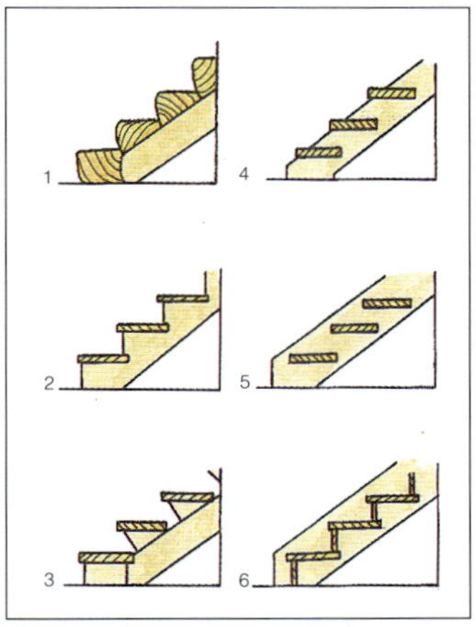

Treppenbauarten: 1 Vollholzstufen, älteste Treppenbauart, 2 aufgesattelt auf Treppenwange, 3 aufgesattelt mit Konsolen, auch mit nur einem Holm, 4 eingeschnitten, 5 halbgestemmt, 6 ganzgestemmt.

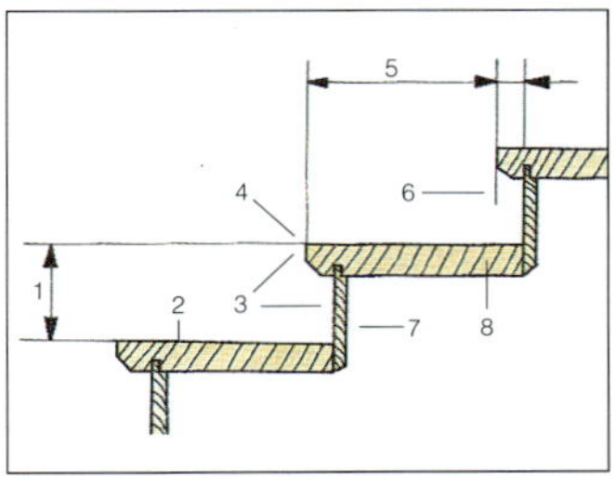

Begriffe zum Treppenbau: 1 Steigung, Höhe der Stufe, 2 Trittfläche, 3 Stoßflächen, von vorn sichtbare Flächen, 4 Trittkante, 5 Auftritt, 6 Unterschneidung, Überstand der Trittstufe, 7 Setzstufe, 8 Trittstufe.

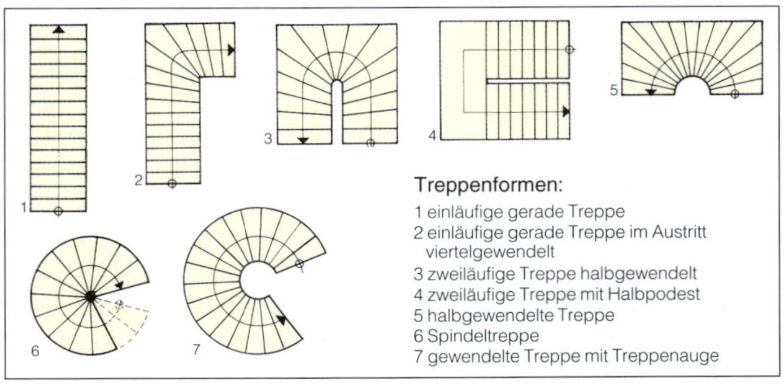

Die Treppe wird zum Möbel: Erst durch die farbliche Gestaltung der Treppe erhält der Raum seine angenehme Atmosphäre. Quelle: Treppenmeister

Erhaltenswerte Treppen zu sanieren lohnt oft

Ältere, erhaltenswerte Holztreppen belästigen oft durch ihr Knarren. Die Ursachen zu beseitigen, gibt es mehrere Möglichkeiten. Die einfachste Art, die Treppen zu sanieren: Man schraubt die Trittstufen auf die Setzstufen, also die senkrechten Verbindungsteile zwischen den Trittstufen, deckt die Schrauben ab und überzieht die Stufe mit Teppichboden. Ein Schreiner kann hier weiterhelfen. Auch bei Schädlingsbefall alter Holztreppen sollte man einen Fachmann hinzuziehen. Im übrigen ist zu bedenken: Alte Treppen genießen in der Regel Bestandschutz. Ersetzt man eine alte Treppe durch eine neue, dann gelten dafür die einschlägigen Baubestimmungen.

Ob alte oder neue Treppe: sie sicher und schön zu gestalten, das sollte bei allen Maßnahmen Leitschnur sein.

Oben: Halbgewendelte Treppe, mit Holzmittelholm, Setzstufen. Unten: Aufgesattelte Treppe, gedrechselte Geländerstäbe. Quelle: Kabo

Wer Treppenbaufirmen sucht, findet Anschriften im Branchentelefonbuch, erhält Informationen auf Baumessen, Regionalmessen, aus Anzeigen in Zeitungen und Zeitschriften.

Fenster verdienen im Rahmen der Modernisierung nicht nur deshalb Aufmerksamkeit, weil sie zeitgemäßen Anforderungen an den Wärmeschutz genügen müssen, um Energie zu sparen: ohne intakte Fenster ist ein behagliches Raumklima nicht zu erreichen.

Fenster instandsetzen oder austauschen?

Fenster schützen vor der Witterung. Sie sind aber auch wichtige Gestaltungselemente der Fassade. Quelle: Serla.

Von ihrer Form her sind Fenster Teile der Fassade. Ihre Form, ihre Größe, ihre Sprossenteilung, ihre Profilstärke zu bewahren, ist nicht nur bei denkmalgeschützten Häusern nötig. Fenster sind Teile der Fassadenproportionen bei jedem Haus, das architektonisch durchdacht gestaltet ist. Veränderungen ohne Rücksicht auf die vorgegebenen Maße können die Fassadenharmonie zerstören. Damit verliert auch das Haus. Wie mit den vorhandenen Fenstern zu verfahren ist, läßt sich nur von Fall zu Fall entscheiden und meist nicht ohne den Fachmann. Holzsubstanz, Rahmenquerschnitt, Beschläge, Glasfalztiefe sind hier entscheidende Merkmale. Einfach verglaste Fenster, wie sie meist in älteren Häusern zu finden sind, können in der Regel nicht die Gewichte aufnehmen, die der Einbau von Isolierglas mit sich bringt. In solchem Fall bietet sich als Lösung an, innenseitig in der Leibung ein Zweitfenster vorzusetzen oder das vorhandene Fenster zu einem Kastenfenster umzubauen. Kastenfenster bieten nicht nur eine gute Wärmedämmung, sie bringen darüber hinaus auch ausgezeichnete Schalldämmwerte.

Auch Nachbau der Fenster im gleichen Material und in gleicher Unterteilung kann eine gute Lösung sein. Oder, last not least, Austausch, also Einbau neuer Fenster, wobei der heutige Formenreichtum an Profilen und Konstruktionen weitgehende Anpassung an die ursprünglichen Formen erleichtert. Ist man sich über diese Punkte klargeworden, bleibt noch die Frage nach dem Fensterwerkstoff zu beantworten. Die Antwort wird davon abhängen, welcher Fensterwerkstoff sich in dem vorliegenden Fall am besten eignet.

Werkstoff Holz

Holz ist der älteste Fensterwerkstoff. Moderne Holzfenster erfüllen alle heutigen Ansprüche an Wärme- und Schallschutz, Schlagregensicherheit und Fugendichtigkeit und an den konstruktiven

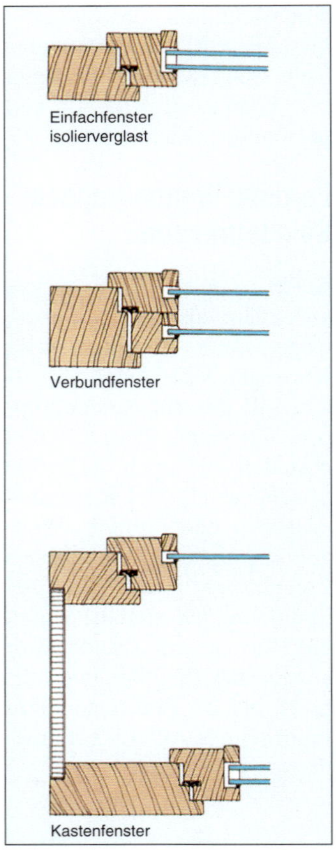

Holzfenster-Konstruktionen im Altbau, die heutigen Anforderungen an den Wärmeschutz gerecht werden. Kastenfenster bringen auch sehr gute Schalldämmwerte. Erfahrene Fensterbauer werden leicht raten können, wie vorhandene erhaltenswerte Fenster zu verbessern sind. Quelle: AG Holz.

Holzschutz, der Wasser hindert, Schaden anzurichten. Lasuren oder deckende Lacke schützen das Holz vor der Witterung. Holz ist leicht und läßt sich in jeder gewünschten Form verarbeiten. Bei regelmäßiger Wartung halten Fenster aus Holz viele Jahrzehnte.

Daß die meisten Holzfenster weiß gestrichen sind, ist kein Zufall. Der Farbton beeinflußt die Oberflächentemperatur. Und je höher diese Temperatur, desto stärker ist das Fenster beansprucht. Nehmen wir an, eine weiße Oberfläche heize sich auf rund 40 Grad Celsius auf: dann bei gleicher Sonneneinstrahlung eine rubinrote auf 67, eine blaue auf 75 Grad.

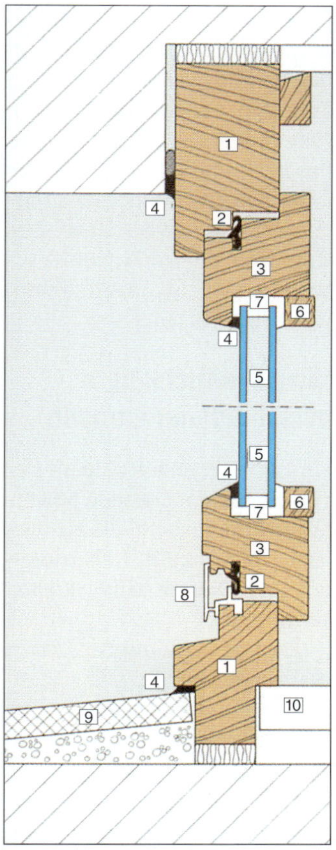

Das sind die Fensterdetails: 1 Blendrahmen, 2 rundumlaufende Dichtung, 3 Flügelrahmen, 4 dauerelastische Dichtung, 5 Isolierverglasung, 6 Glasleiste, 7 Kittbett, 8 Regenschutzschiene, 9 Fensterbank außen, 10 Fensterbank innen. Quelle: Informationsdienst Holz. Moderne Fenster aus Holz.

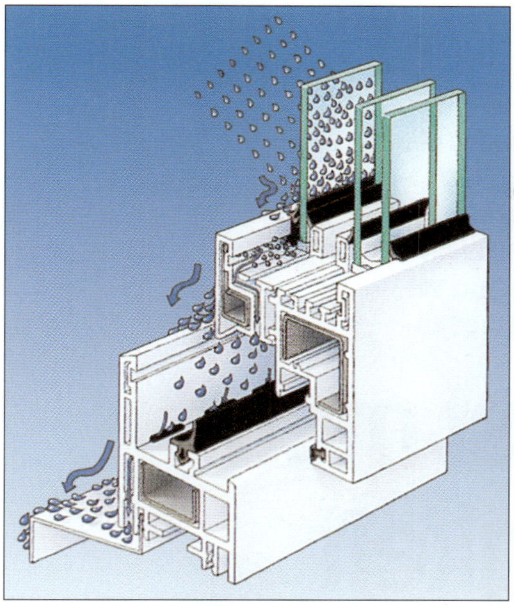

Kunststoff-Fenster: Eine zuverlässige Entwässerung der Vorkammer und die umlaufende Mitteldichtung gewährleisten hohe Schlagregensicherheit. Quelle: Brügmann.

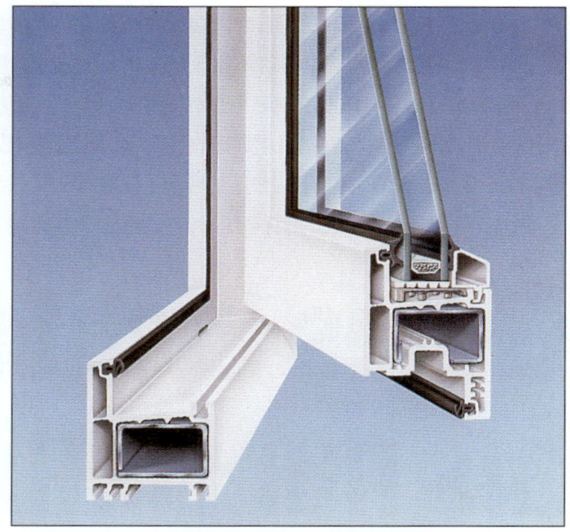

Technisch ausgereifte Mehrkammerkonstruktionen machen Kunststoff-Fenster zu Bauteilen, die ein gesundes Wohnklima ermöglichen. Quelle: Kömmerling.

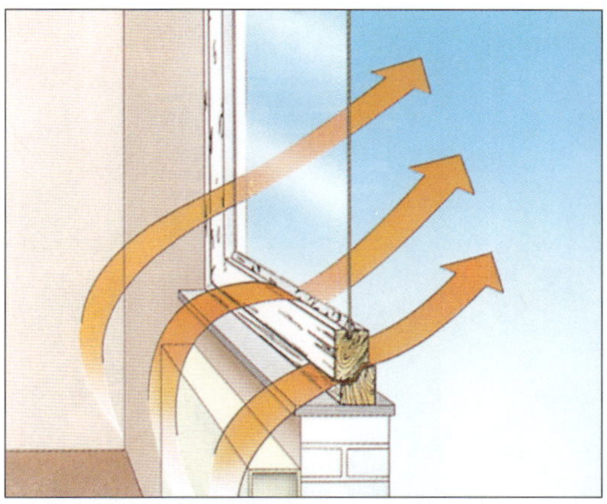

Alte Fenster, einfachverglast und mit undichten Fugen, sind große Energieverschwender. Quelle: Veka.

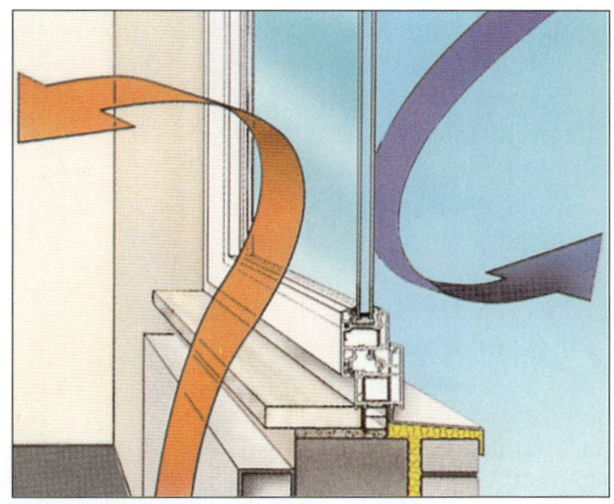

Moderne Fensterkonstruktionen unterbinden den unkontrollierten Luftaustausch. Quelle: Veka.

Um die Maßhaltigkeit zu bewahren, sind die Holzprofile, die ja ständig der Witterung ausgesetzt sind, vorbeugend gegen Pilze zu schützen.

Fenster aus Kunststoff

Kunststoff-Fenster aus PVC gibt es seit über 30 Jahren. Ihre Mehrkammer-Profile sind mit Aluminium oder verzinktem Stahl ausgesteift, zeigen ausreichend große Stabilität, eine gute Wärmedämmung, guten Schallschutz und leiten Wasser schnell ab. Kunststoff-Fenster brauchen in der Regel keine Beschichtung, kaum Pflege, lassen sich mit Wasser, dem man bei gröberen Verschmutzungen ein weiches Spülmittel zusetzt, leicht reinigen. Sie werden auch mit Profilen geliefert, die an alte Gestaltungselemente angepaßt sind. Zur Farbe ist zu sagen: möglichst nur weiße Profile einsetzen, weil bei dunklen Fenstern die Gefahr einer Verfärbung oder Veränderung der gefärbten Oberfläche nicht voll auszuschließen ist.

TIP

Wer führt Arbeiten aus?

Der geeignete Handwerker ist der Fensterbauer. Man findet diese Spezialisten im Branchen-Telefonbuch, den bekannten „Gelben Seiten“ unter dem Stichwort „Fenster“. Auch in den Zeitungen, vor allem auf den Bau-Seiten, bieten sich oft Fensterbauer an. Man trifft sie auch auf einschlägigen Messen. Manchmal führt Mundpropaganda auf die richtige Spur. Wer unsicher ist, sollte einen Architekten hinzuziehen, zu dem er Vertrauen hat. Er kann bei Planung und Ausschreibung und Überwachung beraten.

Werkstoff Aluminium

Die Unempfindlichkeit des Aluminium gegen Witterungseinflüsse empfiehlt diesen Werkstoff in angefochtenem Klima: an der See zum Beispiel oder in Industriegebieten. Zur Reinigung genügt warmes Wasser, dem man einen nicht alkalischen Haushaltsreiniger zugesetzt hat, um das Wasser weich zu machen. Aluminiumprofile gibt es wärmegedämmt. Schließlich werden sie auch in Werkstoffkombinationen angeboten: als Aluminium-Holz- oder Aluminium-Kunststoff-Fenster. Wichtig für den Modernisierer: Aluminium-Fenster lassen sich dem Charakter eines Altbaus anpassen. Sprossen werden, wie bei Kunststoff-Fenstern, als echte Sprossen in den Rahmen eingebaut oder als Sichtsprossen vor die Scheibe gesetzt. Auch Isolierglasscheiben mit Sprossen sind möglich

Wie sehr wir vom Licht in unserem Wohlbefinden abhängig sind, zeigen schon die vielen „langen Gesichter", die man an einem verregneten Tag zu sehen bekommt. Die Anforderungen an die künstlichen Lichtquellen liegen noch viel höher: Sie sollen in ganz verschiedenen Bereichen für optimales Sehen sorgen.

Gutes Licht ist mehr als nur Helligkeit

Neben der dekorativen Wirkung gibt es nahezu zwingende Gründe für gut geplantes Licht:

❑ Unser Informationsverhalten bedingt, daß wir 80 Prozent aller Informationen über das Auge aufnehmen. Gutes Licht bietet Komfort beim Lesen und schont die Augen.

❑ Immer noch zeigt die Statistik der Unfälle im Haushalt, daß oftmals schlechtes Licht beziehungsweise nicht genügende Beleuchtung die Ursache waren.

Überblick: Lampen und Leuchten

Lampen und Leuchten sind nicht dasselbe. Leuchten sind die Gehäuse, Lampen die Leuchtmittel, die Lichtquellen. Was sind Lampen und welche Arten von Lampen kommen für den Wohnbereich in Frage? Hier eine Übersicht:

❑ Glühlampen (Allgebrauchslampen), Reflektorlampen und Halogenlampen.

❑ Niedervolt (NV)-Halogenlampen mit Facetten-Kaltlichtreflektor (Cool Beam) sind die wirtschaftliche Alternative zu herkömmlichen Reflektorlampen. Sie zeichnen sich durch eine reduzierte Wärmeabstrahlung aus.

Als Ersatz für Kerzen-Glühlampen in Lüstern eignen sich besonders Netzspannungs-Halogenlampen mit sechseckigen Kolben. Osram

❑ Als stromsparende Alternativen zu Glühlampen haben sich die Kompakt-Leuchtstofflampen und einseitig gesockelte Leuchtstofflampen etabliert. Sie haben eine wesentlich höhere Lichtausbeute und Lebensdauer.

❑ Das meiste Licht wird von den üblichen Leuchtstofflampen erzeugt. Es gibt sie in vielen Abmessungen, Formen und Lichtfarben.

❑ Auch die sogenannten Halogen-Metalldampf-Hochdrucklampen (kleine Leistung, 70-150 Watt) können im Wohnbereich zur dekorativen Akzentbeleuchtung sowie auch zur dezenten Allgemeinbeleuchtung eingesetzt werden. Für diese Lampen müssen die Leuchten mit Sicherheitsglas-Abdeckung ausgestattet sein. Zum Betrieb sind sowohl Vorschaltgeräte als auch Zündgeräte erforderlich.

Wirtschaftlichkeit verschiedener Lampen

Um die Wirtschaftlichkeit der verschiedenen Lampen bewerten zu können, sind die Kriterien Lichtausbeute, Lebensdauer und Anschaffungskosten wichtig.

Zuerst einige Informationen zur Lichtausbeute: Die gesamte Lichtleistung einer Lampe bezeichnet man als Lichtstrom (Lumen). Das Verhältnis von ausgestrahltem Lichtstrom zur aufgenommenen Leistung (Watt) kennzeichnet die Lichtausbeute (lm/W) und somit wesentlich die Wirtschaftlichkeit der Lichtquelle. Je höher das Verhältnis Lumen/Watt ist, desto wirtschaftlicher ist eine Lampe. Beispiel: Glühlampe mit 12-15 lm/W, Drei-Banden-Leuchtstofflampe mit (96 lm/W).

Zur Berechnung der laufenden Energiekosten ist die jährliche Brenndauer zu ermitteln und mit dem Strompreis (läßt

TIP

Hilfe bei der Planung

Innenarchitekten und andere Lichtplanungsexperten erstellen Beleuchtungspläne auf Grundlage von Möblierungsplänen. Vor allem die Aspekte Funktion, Aufgabe, Akzent- und Stimmungsbeleuchtung werden berücksichtigt. Aus dem Plan gehen Art und Plazierung der Leuchten hervor.

sich beim Stromversorgungsunternehmen erfragen) zu multiplizieren. Neben den laufenden Kosten sind Anschaffungskosten und Haltbarkeit der Lampen für die Wirtschaftlichkeit wichtig.

Zum Punkt Lebensdauer: Hier hat sich gerade bei den Kompaktleuchtstofflampen einiges getan. Heute geben die Hersteller Werte von zirka 8000 Stunden, mit elektronischem Vorschaltgerät sogar bis 12000 Stunden an. Eine Standard-Glühlampe bringt es nur auf eine mittlere Lebensdauer von 1000 Stunden.

Regeln für die Ausstattung mit Leuchten

Für den Eingangsbereich gilt: Tiefstrahlende Leuchten sorgen für müheloses, blendfreies Erkennen des Hauseingangs und der davorliegenden Stufen. Der gemütliche Plausch im Wohnzimmer wirkt entspannend, wenn der Lichteinfall von verschiedenen Steh- und Tischleuchten die Gesichtszüge der Gesprächspartner nicht im Dunkeln läßt.

Fürs Lesen kommt das richtige Licht von schräg hinten. Eine Lichtquelle hinter dem Fernseher sorgt für eine angenehme Aufhellung der Umgebung. Wer am Schreibtisch arbeitet, braucht eine breitstrahlende Tischleuchte, die Blendfreiheit des gesamten Arbeitsfeldes garantiert. Der Lichteinfall sollte von der Seite her erfolgen, um Reflexbildungen zu vermeiden.

Im Spielzimmer genügen Deckenleuchten mit guten lichtstreuenden Eigenschaften. Ziel: gleichmäßige, schattenarme Beleuchtung. Breitstrahlende Ein- oder Aufbaustrahler erleichtern zudem die Orientierung in den Schränken. Schräger Lichteinfall durch dreh- und schwenkbare Strahler sorgt für ausdrucksstarke plastische Wirkung.

Ein Beispiel dafür, welche faszinierenden Beleuchtungsszenen mit Halogenlicht und entsprechendem Leuchtendesign zu erzielen sind. FGL

Wer in der Küche arbeitet, weiß, daß hier gutes Licht Pflicht ist. Eine gleichmäßige Allgemeinbeleuchtung von der Decke gewährleistet dabei den notwendigen Überblick und Einblick in die Schränke. Eine zusätzliche Beleuchtung für die Arbeitsflächen erleichtert das Zubereiten und Kochen. Strahler würden hier nur Lichtinseln bilden und die Arbeit erschweren.

Die dekorative Ausführung einer üblichen Allgebrauchslampe. Osram

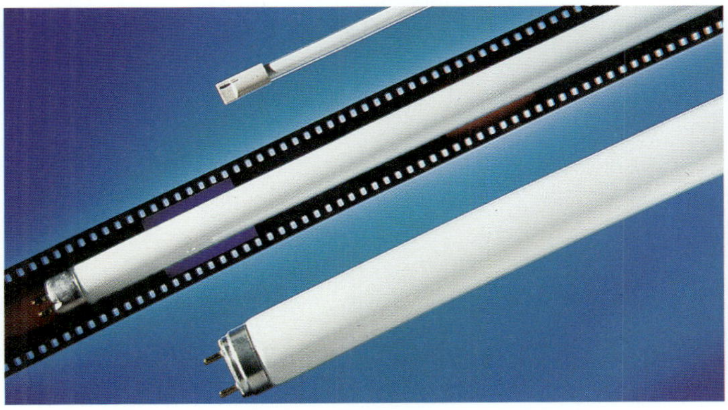

Oben eine Miniaturleuchtstofflampe, in der Mitte, nur halb so breit wie ein Rollfilm, eine etwas größere, darunter eine Standardlampe mit 26 Millimeter Durchmesser. Osram

Unterschiedliche Arten von Kompaktleuchtstofflampen auf einen Blick, hohe Investitionskosten. Osram

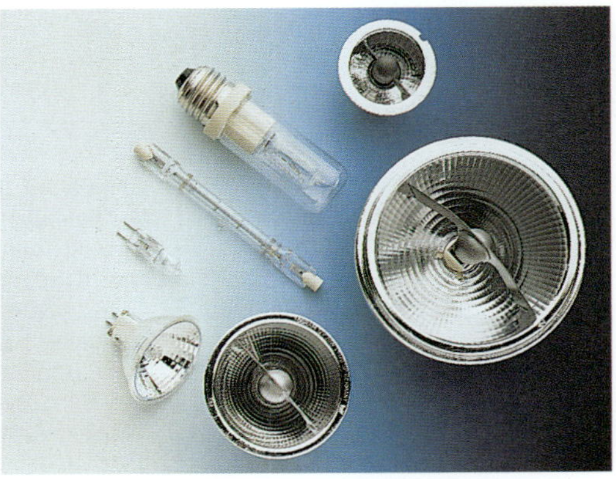

Niedervolt-Halogen-Glühlampen (meist 12 Volt) gibt es in vielen Formen und Leistungsklassen (5 bis 150 Watt).

Den Eßplatz richtig in Szene setzen

Immer noch gilt, daß eine gut abgeblendete Schirmleuchte, in der richtigen Höhe über dem Tisch angebracht, eine angenehme, gleichmäßige Eßplatzbeleuchtung liefert. Besonders die Hersteller von Spiegelschränken fürs Bad, haben schon vieles probiert, aber nur die beidseitige Ausleuchtung am Spiegel verhindert störende Schlagschatten. Zwar läßt sich im Schlafzimmer eine gute Allgemeinbeleuchtung durch eine gleichförmig strahlende Leuchte an der meist an der Deckenmitte vorgesehenen Brennstelle erreichen. Doch reicht sie nicht aus, wenn in diesem Raum auch Kleiderschränke untergebracht sind. Zur Orientierung sollten schwenkbare Leuchten vorgesehen werden. Schwenkleuchten am Nachttisch eröglichen bequemes Lesen.

Weitaus die meisten deutschen Badezimmer sind klein. So ist zu verstehen, daß 63 Prozent der Haushalte in den alten, 76 Prozent in den neuen Bundesländern mit ihren Bädern nicht zufrieden sind. Zeitgemäße Sanitärtechnik, gut geplant, kann Abhilfe schaffen. Sie kann fehlende Quadratmeter (fast) vergessen machen.

Badplanung und Badgestaltung

Wer einen Badeinbau plant, wird sich zunächst fragen müssen: Wieviel Raum steht mir zur Verfügung? Wie ist er geschnitten? Wo sind Nischen, Kanten, Vorsprünge, die eine Planung behindern können? Auch: Gibt es Raumreserven? Lassen sich zum Beispiel ein ehemaliges Kinderzimmer, ein Abstellraum den Badquadratmetern hinzuschlagen? Könnte Versetzen oder Entfernen von nichttragenden Innenwänden, könnten Durchbrüche oder Umbauten zu günstigeren Raumverhältnissen führen, zum Beispiel indem sie die Ausgliederung des WC-Bereichs ermöglichen? Damit die Planung von vornherein realistisch bleibt, sollte man eine Faustregel beachten: Funktionserweiterungen, also Nutzung des Badraums für Tätigkeiten, die Reinigungsfunktionen übersteigen und der Körperpflege in einem ausgeweiteten Sinne dienen, sind erst ab acht Quadratmeter Bodenfläche sinnvoll.

Planungsfreiheit wie bei einem Neubau wird allerdings schon deshalb kaum zu erreichen sein, weil die meisten Bauherren verständlicherweise auf Wirtschaftlichkeit sehen, den Kosten ein Nutzen entsprechen muß. Zumal in bestehenden Häusern die Zu- und Abwasseranschlüsse, Tür- und Fenstersituation meist Fixpunkte darstellen, die, auch bei Erweiterungen, die Planung erschweren oder zu Kompromissen zwingen können. Vorwandinstallationen können hier manches Problem entschärfen.

Wie bei der Detailplanung der Grundriß in Fläche und Zuschnitt zu optimieren und zu nutzen sei: Das hängt zuallererst vom Bedarf der Bewohner ab, von Personenzahl, Alter, Gesundheitszustand und den Nutzungszeiten, dem Nutzungsablauf, wie er durch die Bedingungen des Alltags gegeben ist. Ferner auch von den Tätigkeiten, für die das Bad im einzelnen bestimmt ist. Und von den persönlichen Wünschen. Als Beispiel: Haarewaschen. Über Waschtisch oder über Badewanne? Das wäre bei der Armaturenauswahl zu beachten. Haare trocknen? Wohin dann die Steckdose? Hier empfiehlt es sich, schrift-

TIP

Das Bad zum Anfassen

Informieren Sie sich über das Marktangebot in einer der fast tausend Musterausstellungen des Sanitärfachhandels. Die Adressen stehen im Branchentelefonbuch unter „Sanitärbedarf". Darüber hinaus gibt auch der Bundesverband des Sanitär-Fachhandels e.V. VSI, Viktoriastraße 27, 53173 Bonn, Tel. 0228/362051, Auskunft.

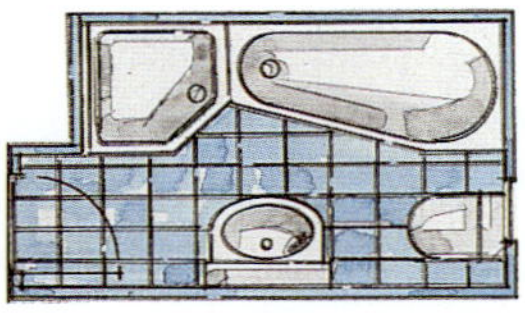

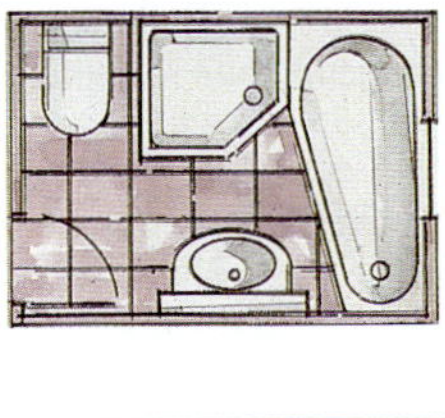

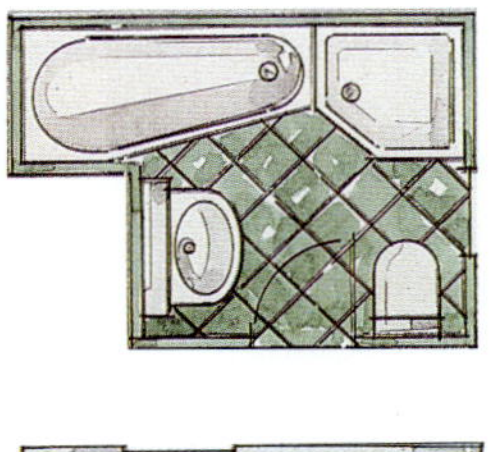

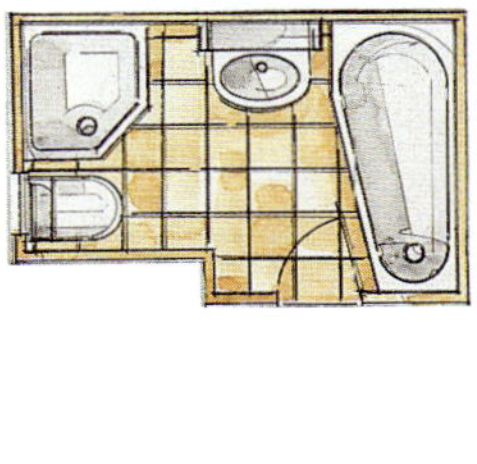

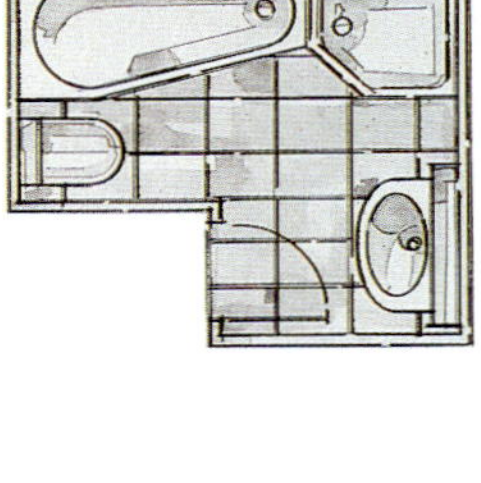

Oben: Ein Bad für Räume bis 5 m². Die Varianten zeigen, wie flexibel das System aus Badewanne, Dusche, Waschtisch, Spiegelschrank und WC ist. Quelle: Duscholux

lich vorzugehen und eine Wunschliste anzulegen, um zu langfristig verläßlichen Entscheidungen zu kommen.

Was gehört zur Grundausstattung?

Zunächst der Waschtisch. Ab vier Personen sind zwei Waschtische sinnvoll: zwei Einzelwaschtische mit einem Abstand von Mitte zu Mitte Waschtisch von 100 Zentimetern lassen viel Bewegungsfreiheit. Bei kleineren Grundrissen empfiehlt sich dagegen ein Doppelwaschtisch. Die Becken sollten so groß sein, daß Tropfwasser auf Boden oder Wand weitgehend ausgeschlossen ist. Auch sollte das Waschbecken so breit und tief sein, daß die Unterarme bis zum Ellenbogen eingetaucht werden können. Befindet sich unter dem Waschbecken Schrankraum, sollte er hinter die Beckenkante des Waschbeckens zurückspringen. Bewährt haben sich 15 bis 20 Zentimeter.

Badewannen, hergestellt aus Gußeisen, Stahlblech oder Acryl, sind in so vielen Formen und Größen angeboten, daß alle Freiheit der Anordnung besteht: an der Wand, quer zur Wandecke, aus der Wandecke herauswachsend, angrenzend an Dusche oder Waschbecken oder WC, mit oder ohne Bereichstrennung durch mehr oder minder hohe Zwischenwand. Die mittlere Wannengröße liegt bei 170 x 75 Zentimeter und einer Tiefe von 45 Zentimeter. Durchgesetzt hat sich die Körperformwanne: Sie wird zum Fußende hin schmäler, auch bietet sie Platz zum Sitzen und für Ablage. Wer sich aus Platzgründen oder praktischen Gründen nur für eine Badewanne entscheidet, braucht deshalb auf bequemes Duschen nicht zu verzichten: Eine Duschwand, raumsparend zusammenklappbar an der Wand und zum Duschen auf der Wanne aufzuklappen, bringt alle Bequemlichkeit. Sie schützt auch den Boden vor Spritzwasser.

Verzicht auf Wanne ist eine Überlegung wert

Viel Platz läßt sich einsparen, wenn man statt Wanne und Dusche, wie es der Idealfall wäre, nur eine Dusche installiert. Im Gegensatz zu früher gilt Duschen längst als voll-

Rechts: Wohnliche Lösung, ungefähr 4 m² (2,19 x 1,80 m). Platzsparende Eckrunddusche, pflegeleicht durch wandhängende Sanitärkörper, Raumgliederung durch umlaufenden Fries.
Links unten: Schlauchbad, ungefähr 7 m² (3,95 x 1,80 m). Zweiteilung durch die Ummauerung eines vorhandenen Schornsteins. Holzdecke bis in die Dachschräge.
Rechts unten: Schlauchbad, ungefähr 7 m² (3,95 x 1,80 m), Farben originell und gekonnt zur Raumgliederung eingesetzt.
Quelle: Keramag

wertige Körperpflege, spart zudem Wasser, dadurch Heizenergie. Aus Gründen des Feuchteschutzes und der leichteren Pflege wird hier eine Duschwand unabdingbar sein.

Nutzen Sie die neueste Technik

Als WC-Becken haben sich Tiefspülklosetts bewährt, da sie die Geruchsbelästigung reduzieren. Wandhängende Installationen, zum Beispiel an einem Vorwandelement, erleichtern die Sauberhaltung von Wand und Boden. Als Spüleinrichtung für wandhängende WC-Becken empfehlen sich Druckspüler, zumal es heute sehr leise Modelle gibt (Armaturengruppe I). Druckspüler wie auch Wandeinbau-Spülkästen bietet die Sanitärindustrie fix und fertig eingebaut in Vorwandelementen. Auch Bidets sind aus hygienischen Gründen sehr zu empfehlen.

Auf Schallschutz, Schallverhinderung, sollte bei der Installation aller Sanitärgegenstände geachtet werden: Duschwannen und Badewannen sollten körperschallgedämmt aufliegen. Der Estrich sollte schwimmend ausgeführt werden, Schallbrücken zwischen Sanitärgegenständen und Wand beziehungsweise Fliesenbelag sind durch Dichtungsprofile zu verhindern, an Armaturen und Spüleinrichtungen sind die möglichst leise arbeitenden Produkte vorzuziehen.

Bei Armaturen kann man wählen unter Zweigriff-Armaturen, bei denen das Einregulieren der gewünschten Mischwassertemperatur relativ viel Warmwasser und damit Energie kostet, unter Einhebelmischern, die einfach zu bedienen sind und Wasser und Energie sparen, unter thermostatisch gesteuerten Mischarmaturen, auch kurz Thermostat genannt, die gradgenau regeln, höchsten Spareffekt bieten und auch Verbrühungsschutz, und unter berührungslos gesteuerten Armaturen, die allerdings im Privatbereich noch Liebhabersache sind. Für Zweihandmischer des Luxusbereichs, bei denen Design im Vordergrund steht, hat sich auch der Begriff Dreiloch-Armaturen eingebürgert.

Feuchtigkeit, wie sie im Bad entsteht, darf nicht unkontrolliert in Wand und Boden dringen. Vor allem bei Bädern auf Holzbalkendecken ist fachgerechter Feuchtigkeitsschutz unumgänglich. Darauf ist auch bei der Wahl der Bekleidungsmaterialien zu achten.

TIP

Richtige Farbgestaltung

Wählen Sie harmonische Farbenklänge. Verwenden Sie in einem Raum möglichst wenige verschiedene Hauptfarbtöne. An Buntheit sieht man sich sehr schnell satt. Bauen Sie keine zu starken Farbkontraste ein. Sie reißen den Raum auseinander. Setzen Sie bewußt für die Raumwirkung auch die Farben der Accessoires und Badutensilien ein: von Badetüchern bis zum Badeteppich.

Hinterlüftung schützt Holz vor Feuchtigkeit

Holzbekleidung, die Bäder rustikal und behaglich macht, muß hinterlüftet montiert werden, also in einem Abstand von der Wand, der die Abführung eingedrungener Feuchtigkeit gewährleistet.

Häufigstes Bekleidungsmaterial von Boden und Wand sind Fliesen. Doch Vorsicht: Fliesen bilden keine wasserdichte Fläche. Eine glasierte Steingutfliese hat zwar eine wasserdichte Oberfläche. An der Rückseite und an den unglasierten Kanten aber kann sie Wasser aufnehmen. Unglasierte Steinzeugfliesen sind wasserundurchlässig, lassen aber in die Oberfläche immer etwas Wasser eindringen. Das bedeutet: allein ist der Fliesenbelag nie wasserdicht. In Bereichen starken, direkten Wasseranfalls, also im Bereich der Dusche, aber auch über Holzbalkendecken, wird immer eine zusätzliche Feuchtigkeitsabdichtung nötig sein. Als Gestaltungselemente stehen Fliesen, im Zusammenklang mit den Sanitärkörpern, an erster Stelle. Dabei spielen nicht nur die Fliesenfarben ein Rolle: entscheidend für die Wirkung ist auch die Oberflächengestaltung, sind auch Fliesenformate und Verlegeverbände. Die optische Flächenwirkung wird dabei wesentlich durch das Fugenraster bestimmt. Wählen Sie Ihre Fliesen im Fachgeschäft nie nach Einzelstücken: nur wenn Sie Fliesen in einer größeren Fläche sehen, können Sie sich ein verläßliches Bild von ihrer Wirkung machen.

Badezimmermöbel nutzen noch den letzten Winkel

Um den Raum, der für das Bad zur Verfügung steht, wirklich bis zum letzten Dezimeter zu nutzen, haben sich Badezimmermöbel bewährt. Sie stellen auch nach Form und Farbe wichtige Gestaltungselemente dar. Der gewünschte Stil des Badezimmers läßt sich durch sie überzeugend betonen. Es gibt auch Elemente, hinter denen die Installationen geführt werden. Der Stauraum, der durch die Einlegeböden und Ablagen der Bademöbel zu gewinnen ist, trägt zu Ordnung im Bad sehr bei.

Farben und Materialien als Raumgestalter

Auch kleine Bäder zwingen keinesfalls zu ästhetischer Abstinenz. Nur sollte jede Entscheidung dem Ziel untergeordnet sein, den Raum optisch zu vergrößern. Bei Farben heißt das: möglichst helle Farben an Fußboden, Decken und Wänden und bei den Sanitärkörpern. Wo Materialien transparent zu wählen sind, zum Beispiel bei Duschwänden, sollte man sie den nicht transparenten Ausführungen vorziehen. Zu niedrig wirkende Räume lassen sich zum Beispiel durch senkrecht verlaufende Profilhölzer oder entsprechend richtungsorientierte Wandfliesen optisch erhöhen. Ein Hilfsmittel schließlich, das allerdings sparsam einzusetzen ist, doch gute Raumwirkungen erzielt, ist die Verspiegelung von Wänden oder Wandteilen. Raumersparnis bringen auch Elemente, die mehrere Funktionen vereinen. Da gibt es zum Beispiel Heizkörper, die sich als Handtuchtrockner oder sogar als Rückwand einer Ruhebank nutzen lassen. Als Instrument der Farb- und Formgestaltung dienen auch Accessoires, von exklusiven Badteppichen über Seifenschalen und Handtuchhaltern bis zu Badetüchern und Gardinen.

Ein großzügig wirkendes Bad auf einer Grundfläche von 1,80 x 2,20 m. Geschickt eingesetzt: der raumhohe Spiegel, die vielen Leuchtkörper in der Decke, die diagonal verlegten Bodenfliesen. Quelle: Keramag.

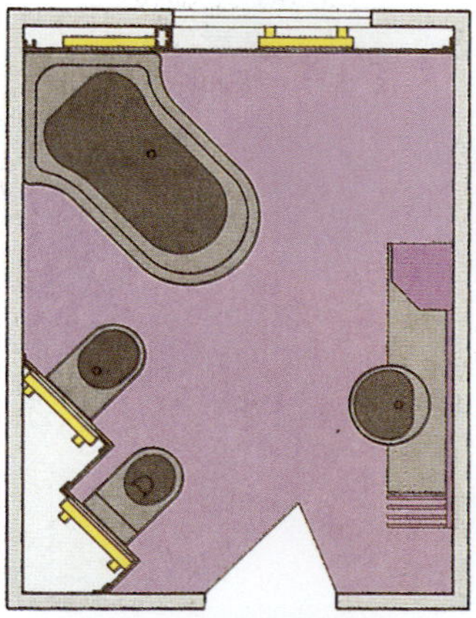

So verliert ein Badezimmer jede Langeweile: Winkelmontagen und in den Raum vorspringende Sanitärkörper verleihen Spannung.

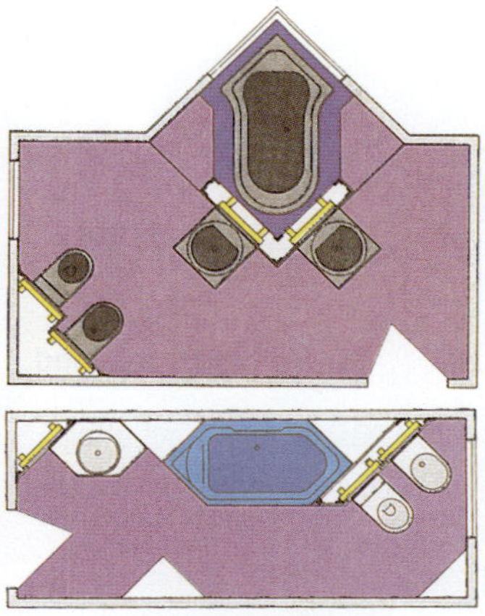

Oben: Pfiffige Dreieckslösung, mit Glaswand und Spiegel über den Waschtischen. Darunter ein Bad mit Funktionsinseln. Quelle: DAL

Mit welchen Kosten ist zu rechnen?

- ☐ Einfache Verbesserung des Bades: zwischen zirka 3000 und zirka 7000 DM.
- ☐ Grundlegende Modernisierung eines Bades vor der Wand: zirka 9000 bis zirka 15000 DM.
- ☐ Modernisierung einschließlich Installationssystemen: zirka 15000 bis 28000 DM.
- ☐ Exklusive Modernisierung ab 28000 DM aufwärts.

Badmodernisierung auf Raten gut vorbereiten

Eine Badmodernisierung kostet Geld. Sich die Finanzierung zu erleichtern, gibt es heute auch den Weg der schrittweisen Modernisierung. Wie groß die Schritte jeweils sind, bleibt völlig dem Bauherren überlassen. Voraussetzung allerdings: Der Bauherr muß genau wissen, was er will. Die Gesamtplanung muß auch den Endzustand erfassen, und sie muß diszipliniert eingehalten werden. Wer einen stufenweisen Einbau plant, sollte das Gespräch mit dem Sanitärinstallateur suchen.

Doch ob stufenweiser Einbau oder Totaleinbau: Allen Entscheidungen muß gründliche Information vorausgehen. Nur dann ist ein Bad nach eigenen Wünschen und Bedürfnissen zu bekommen.

Heutzutage bieten viele Firmen das komplette Bad aus einer Hand an. Aber auch mit den bewährten Fachhandwerkern: Sanitär-Installateur, Fliesenleger, Elektriker, Heizungsmonteur, Schreiner läßt sich das Ziel erreichen.

Ein separates WC, zusätzlich zu dem üblichen WC im Badezimmer, zählt heute bei Neubauten zum selbstverständlichen Ausstattungskomfort, auch aus Gründen der Hygiene. Überlegungen, wie bei einer Modernisierung zukunftssicher auszubauen ist, sollten deshalb ein Gäste-WC stets einbeziehen.

Planung und Einbau eines Gäste-WC

Ideal fürs kleine Gäste-WC: der nur 40 cm tiefe Waschtisch der Serie Prisma petite. Schock Bad

Ein modernes Gäste-WC braucht nicht viel Platz. Tadellos funktionierende Lösungen gibt es schon von ungefähr 2,2 bis 3,7 Quadratmeter Grundfläche.

Moderne Sanitärgegenstände, praktische Installationssysteme, Fliesen, Badmöbel und pfiffige Accessoires gewährleisten nicht nur einen hohen Nutzwert und alle wünschenswerte Funktionalität. Sie eröffnen auch viele Wege zu individueller Gestaltung und Anpassung an das gestalterische Niveau von Wohnung und Haus. Hierbei haben sich vor allem Vorwandinstallationssysteme bewährt: Tragelemente aus Metallprofilen fürs WC, auch für den Waschtisch und das Bidet. Diese vorgefertigten Elemente werden vor die Wand montiert, mit Gipskartonplatten verkleidet und danach verfliest. Schnelle und einfache Montage, gute Schalldämmung der Rohre, leichte Zugänglichkeit bei Wartung sind einige der Vorteile. Zur zeitgemäßen Grundausstattung eines Gäste-WC sind das WC selbst, das Handwaschbecken und inzwischen das Urinal zu zählen, mit berührungslos gesteuerter Spülautomatik nach jeder Benutzung.

Druckspüler oder Spülkasten?

Die technische Entwicklung der letzten Jahre hat dazu geführt, daß sowohl Druckspüler als auch Spülkästen wassersparend betrieben werden können. Der Nutzen ist beträchtlich. Die früheren und sehr häufig noch benutzten 9-Liter-Spülkästen verbrauchten in einem 4-Personen-Haushalt täglich ungefähr 180 Liter Trinkwasser allein zum WC-Spülen.

Die neuen 6-Liter-Spülkästen einschließlich der möglichen Kurzspülung können immerhin 80 Liter davon pro Tag einsparen. Das macht im Jahr rund 29000 Liter aus. Eine Wassermenge, für die sich auch eine Umrüstung vorhandener Spülkästen auf wassersparende Ausführungen lohnt.

Die erwähnte Kurzspülung bedeutet, daß bei modernen Spülkästen eine Spülstoptaste den Spülvorgang bei weniger Bedarf bereits nach 3 Liter hinuntergespülten Wassers wie-

TIP

WC im Keller

Keller eignen sich häufig um einen zusätzlichen funktionalen Raum einzurichten. Je nach Möglichkeiten kann es sich um ein Zweitbad handeln oder auch nur um ein weiteres WC. Wer Hobby-, Party- oder Jugendzimmer im Keller hat, wird die Vorteile schnell schätzen. Beachten: Mit einer Vorwandinstallation bleiben auch die Mauern im Fundamentbereich unangetastet.

Links: Viele attraktive Lösungen sind möglich: hier Sanitärobjekte aus Edelstahl. Quelle: Kuhfuss Rechts: Eine Vorwandinstallation sorgt für praktische und ästhetisch ansprechende Lösungen. Hier WC mit einbezogenem Spülkasten und Abdeckplatte vorn sowie Einbauwaschtisch. Günstig: Ablagefläche auf dem Element. Quelle: DAL

der beendet. Das Auffüllen, immerhin 6 Liter nach 27 Sekunden, geht leise vor sich.

Spülkästen können tiefhängend montiert werden, aufgesetzt aufs WC, über Eck oder seitlich montiert. Sie sind lieferbar in allen gängigen Sanitärfarben, ja auch künstlerisch gestaltet.

Bei den modernen Druckspülern wurde ebenfalls auf Design geachtet. Wichtiger: Sie sind spülstark und ermöglichen trotzdem wassersparende Dosierung auf eine Spülmenge von 6 Liter oder eine Kurzspülung von etwa 3 Liter. Der unvermeidbare Luftschall wird durch eine Vorrichtung im Abgangsstutzen reduziert. Auch die Absenkautomatik bei WC-Deckeln dient der Schallverminderung: lautes Zuschlagen wird verhindert.

Einen besonderen Komfort bietet das Dusch-WC, eine Art Bidet. Dabei reinigt, anstelle von Toilettenpapier, ein in Stärke und Temperatur einstellbarer Wasserstrahl sanft und gründlich. Anschließend trocknet ein Warmluftfön berührungsfrei.

Auch wo Fensterlüftung möglich ist, sollte man die Frage nach zusätzlicher Entlüftung nicht beiseiteschieben.

Es gibt heute Spülkästen mit Geruchsabsaugung, deren Vorteil es ist, die geruchsbelastete Luft dort abzusaugen, wo sie ihren Ursprung hat. Dabei kann der Luftstrom im Umluftprinzip über einen Aktivkohlefilter geleitet werden oder direkt nach außen. Der Ventilator wird entweder durch einen Knopfdruck in Betrieb gesetzt, wobei die Laufdauer auf 3 bis 15 Minuten eingestellt werden kann, oder gekoppelt mit Lichtschalter, auch Türschloß. Für innenliegende WC-Räume ist elektrische Einzellüftung ohnehin vorgeschrieben.

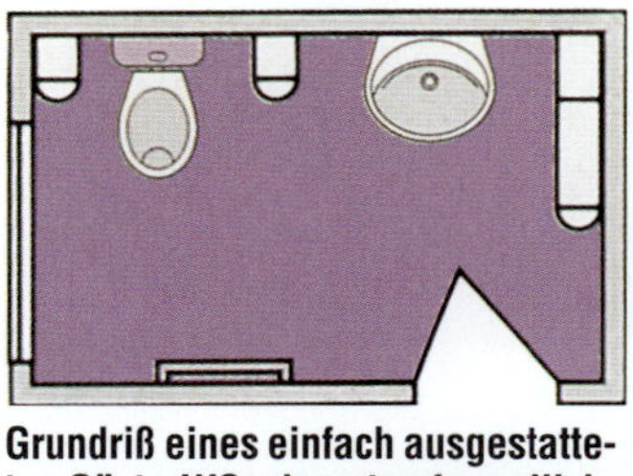

Grundriß eines einfach ausgestatteten Gäste-WCs, benutzerfreundlich durch vorspringende Wandteile, die den Raum gliedern. Teilweise als Regale ausgebildet, raumhoch verfliest. Quelle: DAL

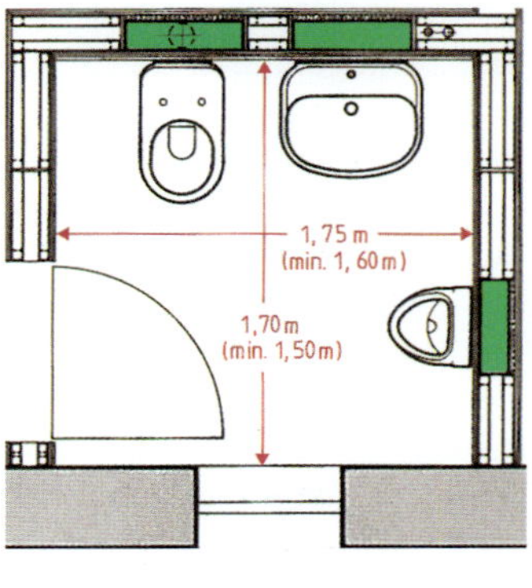

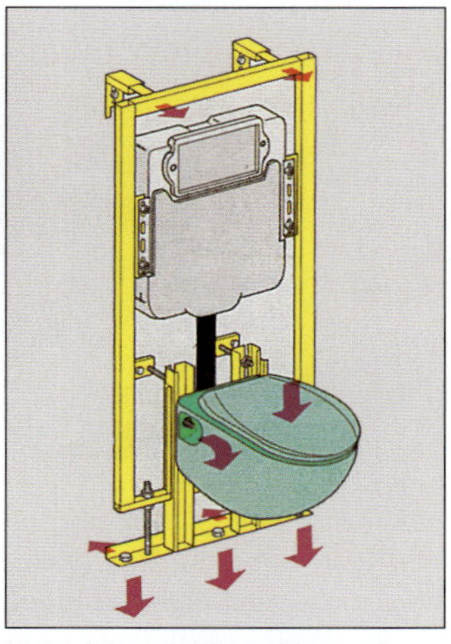

Links: Hier erleichtern Vorwandinstallationselemente den Einbau von WC, Waschbecken und Bidet. Quelle: Sanbloc
Oben: Ein WC-Tragelement für die Vorwandinstallation. Solche Elemente werden komplett vormontiert geliefert und nach dem Einbau mit Gipskartonplatten verkleidet. Die Pfeile betreffen die Sicherheit im Zugbereich. Quelle: DAL

Wird das WC von Gästen benutzt, dann sind Steckdosen in jedem Fall nötig.

Komfort: Zur guten Gesamtbeleuchtung gehört eine Leuchte am Spiegel.

Die nötige Warmwasserversorgung für das Waschbecken ist am günstigsten, wenn sie mit dem Bad verbunden werden kann oder an die zentrale Warmwasserversorgung angeschlossen ist. Wo nicht, empfiehlt sich ein elektrisches Einzelgerät.

Fliesen an Boden und Wand erleichtern die Sauberhaltung und sind Elemente der Gestaltung. Zumal Fliesen und Sanitärobjekte heute in farblicher Abstimmung zu erhalten sind.

Innenausbau sollte von Funktion und gestalterischem Niveau her stets eine Einheit bilden. Kein Teil sollte vernachlässigt, nichts dem Zufall überlassen werden. Das gilt auch für ein Gäste-WC.

Ob ein Bad neu eingebaut werden soll oder ob der Grundriß eines vorhandenen Bades zu korrigieren ist: In beiden Fällen heißen die entscheidenden Planungsziele, an denen Gestaltungsideen auszurichten sind: einfallsreiche Raumnutzung, hoher Gebrauchsnutzen, Wirtschaftlichkeit, gutes Aussehen, Pflegeleichtigkeit.

Problemlöser Vorwandinstallation

Foto: Geberit

Weitaus die meisten Badezimmer, die es derzeit in Deutschland gibt, sind, gemessen an der hochglanzpapierenen, verführerischen Bäderwelt der bunten Prospekte und Wohnzeitschriften, überraschend klein. Das ist die Realität. Deshalb lautet die entscheidende Frage für die meisten Bauherren und Hauseigentümer: Wie schaffe ich es, trotz der wenigen Quadratmeter, über die ich verfügen kann, ein Bad einzubauen, das mir täglich Freude macht. Weil es von den Funktionen her stimmt, den persönlichen Bedürfnissen wie der Nutzerzahl gerecht wird und Kompromisse, sollten sie nötig werden, in erträglichem Rahmen hält. Heute ist diese Frage fundiert zu beantworten. Niemand ist mehr, wie früher, darauf angewiesen, Sanitärgegenstände einfach nebeneinander an einer Wand aufzureihen und damit gehindert, ungünstige Bedingungen des vorhandenen Raumes auszugleichen.

Denn neue Installationsmethoden, Installationssysteme und Sanitärgegenstände, die nach Technik, Maßen und Formen mit dem Ziel entwickelt wurden, jeden Quadratmeter voll auszunützen, eröffnen der Planung im einzelnen eine Weite, an die früher gar nicht zu denken war. Mehr noch: Technik, Funktion und alle möglichen Ausstattungsvarianten können in vielen Fällen fehlende Quadratmeter vergessen machen. Das System, das die Badgestaltung heute so bereichert, ist das Vorwandinstallations-System. Es ist einsetzbar nach dem bewährten Baukastenprinzip. Vorwandinstallation heißt: Im Werk vorgefertigte Trageständer aus Metallprofilen, jeweils zugeschnitten für Waschtisch, WC, Bidet und andere Sanitärgegenstände, werden vor die vorhandene gemauerte Wand gesetzt. Sie nehmen sämtliche notwendigen Rohrleitungen auf wie: Zuwasser- und Abwasserleitungen, Be- und Entlüftungsrohre.

Das Zauberwort heißt Vorfertigung

Die Vorfertigung kann ziemlich weit getrieben sein: Es gibt solche Elemente komplett mit Armaturen. Die Tragekonstruktion wird abschließend doppellagig beplankt, mit Gipskarton- oder Gipsfaserplatten, und verfliest.

Diese Trockenbauweise hat den Vorteil des gegenüber konventionellen Bauweisen geringeren Gewichts. Doch gibt es auch Trageständer, die ausgemauert oder eingemauert werden in Massivwände. Die Höhe der meisten Elemente der Vorwandinstallation spielt um die halbe Raumhöhe. Nach dem gleichen Prinzip sind jedoch auch raumhohe, an Decke und Boden befestigte Installationswände aus doppeltem Ständerwerk mit Metallprofilen auf dem Markt. Der eigentliche Trageständer für die Sanitärgegenstände wird dann innerhalb der Installationswand montiert. Die Wandstärke richtet sich nach den Installationen, die unterzu-

Arbeitsschritte bei der Vorwandinstallation, für die eine Reihe von Vorteilen spricht: Montage der Tragständer aus Metallprofilen und der zugehörigen Sanitärinstallation. Die Vorfertigung im Werk ermöglicht genaues und schnelles Arbeiten.

Anschließend werden die Vorwandinstallationselemente mit Gipsbauplatten beplankt, doppellagig. Manche Hersteller liefern die Platten bereits mit allen erforderlichen Ausschnitten. Das vereinfacht die Arbeit.

Zum Abschluß werden die Gipsbauplatten verfliest. Die Fliesen werden dabei im sogenannten Dünnbett-Verfahren geklebt. Die Sanitär-Gegenstände: WC, Bidet und andere werden paßgenau an den Tragständern befestigt. Quelle: Knauf/Geberit

bringen sind. Auch diese Wände werden doppellagig mit Gipsbauplatten beplankt. Man kann sie als nichttragende Raumtrennwände einsetzen, günstig zum Beispiel als Trennwand zwischen Bad und Küche, in der Installationen für beide Räume untergebracht sind. Oder für eine Neugestaltung des Badgrundrisses. Oder bei Dachgeschoßausbauten. Die größere Möglichkeit der Badgestaltung dürfte für die meisten Bauherren und Modernisierer der wichtigste Vorteil sein, den Vorwandinstallationen zu bieten haben. Denn mit den Bausteinen der Vorwandinstallation kann man den gesamten zur Verfügung stehenden Raum nutzen. Wie geschieht das? Zum Beispiel indem man Sanitärkörper wie Waschbecken, WC oder Bidet an Installationswände montiert, die von der Wand im rechten Winkel oder schräg in den Raum vorspringen, ihn in Nutzungsbereiche gliedern und diese Bereiche gegeneinander abschirmen. So läßt sich durch halbhohe Installationswände etwa der Waschplatz mit Waschbecken vom WC trennen, ohne daß die Gesamtwirkung des Raumes zerstückelt ist. Durch solche Gestaltung kann das Bad behaglicher, wohnlicher werden. Doppelt, wenn man im Sinne der vollständigen Raumausnutzung auch die Badewanne setzt: quer zur Wandecke vielleicht, aus der Ecke herauswachsend in den Raum, angrenzend an Dusche oder Waschbecken oder WC, mit oder ohne Bereichstrennung durch mehr oder minder hohe Zwischenwände. Ungünstige Raumzuschnitte, wie sie in Altbauten häufiger anzutreffen sind, zum Beispiel schmale, lange Räume, lassen sich so besser nutzen. Und befriedigen auch vom Aussehen her.

Auch erleichtern Vorwandinstallationen spätere Änderungen der Badausstattung oder der Badinstallation: sei es, weil die Bewohner gewechselt haben oder der Geschmack der Bewohner sich gewandelt hat, sei es, weil die Anforderungen an die Badausstattung und Badnutzung sich grundsätzlich verändert haben. Betrachten wir einmal, um Vorteile und Möglichkeiten des Systems für unsere Zwecke zu überschauen, genauer die bautechnischen Gründe, die dafür sprechen. Da springt als erstes ins Auge, daß die baulichen Nebenarbeiten auf ein Minimum reduziert werden. Während man bei üblicher Installation in der Regel mit 10 Gewerken und insgesamt 17 Arbeitseinsätzen rechnen muß. Weitaus die meisten der ärgerlichen Telefonate um erneuerte Terminabsprachen mit den Handwerkern samt der leidigen Wartezeiten entfallen damit. Das ist auch als wirtschaftlicher Vorteil nicht zu unterschätzen.

Die Hausbewohner werden wenig belästigt

Schmutz und Lärm, die lästigen Begleiter von vielen Modernisierungsarbeiten, doppelt lästig, wenn das Haus während der Arbeiten bewohnt bleibt, werden durch den Wegfall einiger lärmender, stauberzeugender Arbeiten minimiert. So brauchen vorhandene Rohrleitungen der Ver- und Entsorgung, die schadhaft sind oder der neuen Planung nicht mehr entsprechen, keinesfalls demontiert zu werden; sie können in der Wand verbleiben. Auch Schlitze in den Wänden für neue Leitungen erübrigen sich. Ein Vorteil auch, da sie aus statischen Gründen, also aus Gründen der Standfestigkeit der Mauern, ohnehin

DIESE HANDWERKER BRAUCHEN SIE

Um ein Bad mit Vorwandinstallationselementen zu gestalten, benötigt man an Handwerkern: den Sanitär-Installateur für die Elemente, die Leitungen und die Sanitärgegenstände, den Trockenbauer für die Verkleidung der Elemente und den Fliesenleger. Manche Sanitärhersteller liefern die Verkleidung gleich mit: zugeschnitten, mit allen nötigen Öffnungen. Dann genügen Installateur und Fliesenleger. Badplanung mit Computer, wie manche Sanitärfirmen sie anbieten, hilft den eigenen Vorstellungen auf die Sprünge. Dazu: die Ausstellungen des Sanitärgroßhandels. Und: ein althauserfahrener Architekt mit seinen vielen Kenntnissen.

Vorwandinstallationselemente lassen sich auch unter die Dachschräge setzen. Das führt zu besserer Raumnutzung. Quelle: DAL

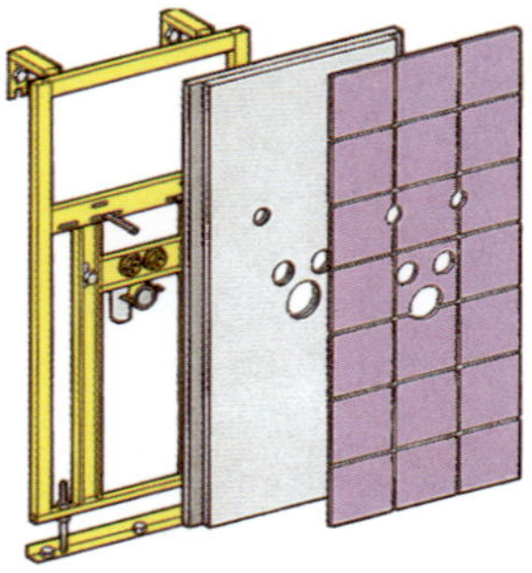

Links: Element, Verkleiden, Verfliesen, alles fast ohne Schmutz. Mitte: Absperrventile, Verteiler, Wasserzähler werden so montiert, daß sie über eine abnehmbare Ablage für Inspektionen leicht zugänglich bleiben. Unten: Beplankung mit vorgefertigten Ausschnitten. Quelle: DAL

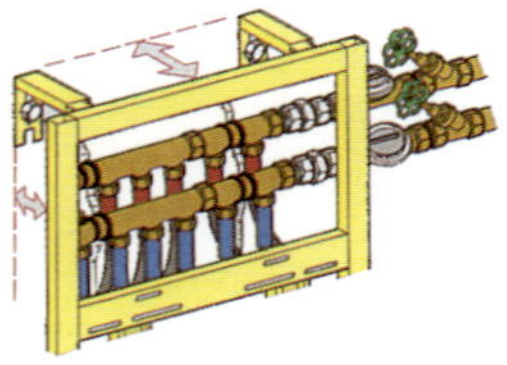

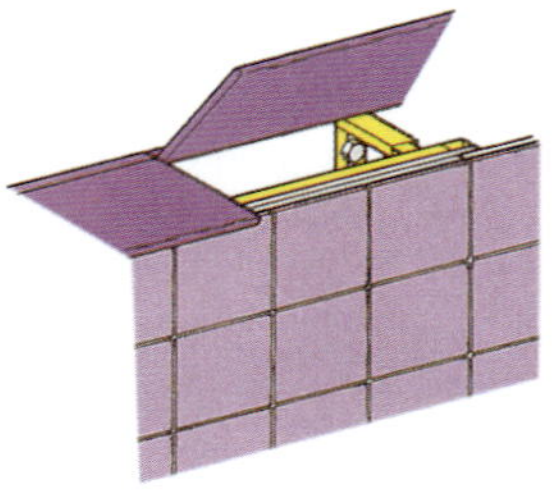

nur in begrenztem Umfang und nach genauen Vorgaben der Mauerwerks-DIN möglich sind, und dann nur gefräst. Das früher übliche Stemmen ist heute nicht mehr zugelassen, um die Standsicherheit nicht zu gefährden. Da es, wie leider die Praxis zeigt, immer noch Handwerker gibt, die in Unkenntnis der statischen Erfordernisse oder aus purem Leichtsinn zu Meißel und Hammer greifen, ist zu begrüßen, daß durch die Vorwandinstallation hier ein Riegel vorgeschoben wird.

In früheren Jahrzehnten gab es oft Probleme mit der Befestigung der Rohrleitungen. Sie stellte sich als unzureichend heraus. Da aber die Rohre in der Wand verliefen, also unzugänglich waren, waren solche Mängel kaum zu beseitigen. Die Vorwandinstallation kennt keine solchen Probleme: In ihren Bausteinen verlaufen die Rohre präzise und sind sicher befestigt. Überhaupt wird die Zahl möglicher Fehlerquellen beim Einbau und beim Kombinieren der Installations-Elemente durch die weitgehende Vorfertigung der Systemelemente im Werk wesentlich verringert. Dadurch steigt die Qualität der Installationen, und auch der Gebrauchsnutzen erhöht sich. Auch bleiben die Installationen für Reparaturen, Kontrollen oder auch spätere Modernisierungen leicht zugänglich: Denn die oberen Abdeckungen der Elemente, die sich praktisch auch als Ablagen im Bad nutzen lassen, können so ausgeführt werden, daß man Teile abnehmen kann.

Zeitsparende Montage, exaktes Arbeiten

Die Vorfertigung der Installations-Elemente im Werk, mehr oder minder weitgehend, verringert aber nicht nur die Fehlerquellen beim Einbau, sie ermöglicht auch eine schnellere Montage und verkürzt dadurch die Zeiten der Baufertigstellung. Das erweist sich vor allem bei Modernisierungsarbeiten in bewohnten Häusern als entscheidender Vorteil.

Anpassungsfähig an viele Altbau-Situationen

Auch die Trockenbauweise, in der das System in der Regel verarbeitet wird, spart kostbare Zeit: Denn Austrocknungszeiten mit ihren Verzögerungen fallen nicht an. Selbst die Materiallogistik, die zu Leerlaufzeiten führen kann, ist auf ein Mindestmaß reduziert. Der Einsatz an Werkzeug ist gering, ebenso der Aufwand der Arbeitsvorbereitung. Elemente der Vorwandinstallation, die in Trockenbauweise eingebracht werden, belasten die Tragkon-

KOSTEN IM ÜBERBLICK

Die Hauptersparnis gegenüber herkömmlichen Installationsmethoden liegt in der reduzierten Arbeitszeit für den Handwerker: Bei Kosten von um die 70 Mark pro Stunde und den täglich anfallenden Fahrtkostenpauschalen sparen Sie eine schöne Stange Geld. Ein weiterer Vorteil: Die Kosten für die gewünschten Bausteine und das Zubehör kann Ihnen der Handwerker vorab exakt nennen. Beispiel: Ein Waschtisch-Element mit höhenverstellbaren Fußstützen ist für ungefähr 600 Mark zu bekommen, dazu Montageschienen und weiteres Zubehör, auch die Verkleidung mit Gipskartonplatten - je nach Raumgröße mit rund 100 Mark zu veranschlagen. Wichtig: Hat Ihr zukünftiger Waschtisch Sondermaße, lassen sich die standardisierten Installationselemente mit entsprechenden Ergänzungsschienen leicht darauf einstellen.

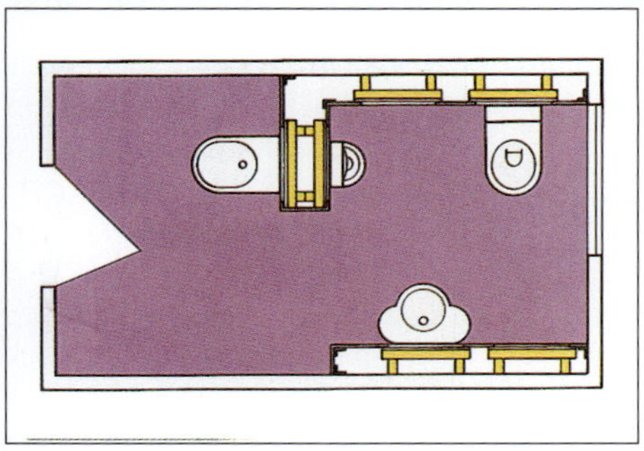

Die Elemente für Bidet und Urinal sind frei in den Raum gestellt, die Elemente für WC und Waschtisch auf gewohnte Weise an der Wand befestigt. Quelle: DAL

Elemente der Vorwandinstallation unter den Dachflächenfenstern: so lassen sich unterm Dach attraktive Bäder gestalten. Quelle: Knauf

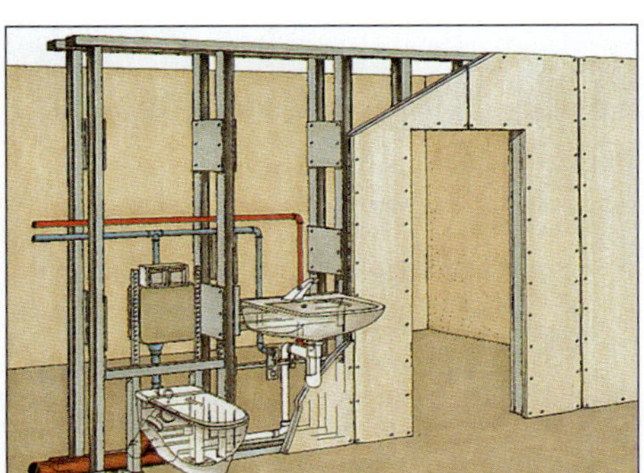

Konstruktionsschema einer Installationswand, raumhoch, in der übersichtlich, präzise und zugänglich die Installationsleitungen geführt werden. Mit solchen Wänden lassen sich die Grundrißaufteilungen in alten Häusern gut korrigieren. Quelle: Knauf

struktion nur wenig, denn sie sind mit Gipskarton- oder Gipsfaserplatten bekleidet. Deshalb eignet sich die Vorwandinstallation vor allem auch für Holzbalkendecken, wie sie in alten oder älteren Häusern meist zu finden sind. Nacharbeiten, auch sie ein Zeitfaktor, können entfallen, da das Installationssystem präzise, maßgenaue Anschlüsse ermöglicht.

Weiterentwicklungen der Systemtechnik führten zu Elementen, die sich an viele Gegebenheiten anpassen lassen, wie sie in bestehenden Häusern zu finden sind: zum Beispiel extrem niedrige Elemente, die unter Althausfenster passen, Elemente, die sich über Eck montieren lassen.Feuchtigkeit ist der ärgste Feind eines Hauses. Vorwandinstallation in Trockenbauweise belastet die vorhandenen Bauteile nicht durch zusätzlich eingebrachte Feuchtigkeit.

Manches lästige Problem wird vermieden

Schall belästigt viele Menschen: vor allem der Installationslärm, der sich als Körperschall in den Wänden des Hauses verbreiten kann, wird häufig als besonders lästig empfunden. Wandschlitze beeinträchtigen die Schalldämmung der Wände, Unterputzinstallationen, vor allem in alten und älteren Häusern, erweisen sich oft als unerwünschte Schallquellen. Bei der Vorwandinstallation und auch bei Installationswänden lassen sich dagegen Rohrleitungen, Armaturen und Sanitärkörper ohne größere Probleme körperschalldämmend befestigen. Und so können Schallbrücken, über die Schallwellen in benachbarte Bauteile gelangen, vermieden werden. Viele ältere Häuser sind zu einer Zeit gebaut, da Wärmedämmung noch kein Thema war. Rohrleitungen aus dieser Zeit sind selten gedämmt. Sind auch, sofern sie in der Wand verlaufen, nachträglich nicht zu dämmen. Die Vorwandinstallation dagegen kann allen Anforderungen an die Wärmedämmung von Rohrleitungen gerecht werden. So trägt sie auch zum Umweltschutz bei. Nicht zuletzt muß man auch als Vorteil sehen, daß diese Installationsart vermeidet, das Brandverhalten der Hauswände zu beeinträchtigen.

Es liegt auf der Hand: je mehr Gestaltungsbeispiele Sie sich ansehen, sei es in Prospekten, Zeitschriften oder in den Ausstellungsräumen von einschlägigen Fachgeschäften, desto sicherer werden Sie mit Ihrem Bad Ihren Vorstellungen nahekommen. Desto sicherer werden Sie aus einem Raum, der Ihnen als zu klein erscheint, dennoch ein Badezimmer machen, an dem Sie lange Ihre helle Freude haben.

Nochmals in Kürze die Vorteile dieser Installationsmethode: Der Badeinbau läuft einfacher und ruhiger ab, da lärmige Arbeiten entfallen, der Spielraum für die eigene Planung wird größer, auch kleine, ungünstig geschnittene Bäder lassen sich gestalten, Zeitersparnis, gute Schall- und Wärmedämmung.

TIP

Zukunftsicheres Bad

Badausstattungen sind heute dem Wandel unterworfen. Der Geschmack und die Bedürfnisse der Badnutzer können sich ändern. Die Bewohner können wechseln. Da ist es von Vorteil, wenn Umrüstung oder auch völlige Neugestaltung des Bades einfach zu bewerkstelligen sind. Vorwandinstallationen kommen solchen Wünschen entgegen. Sie lassen sich bei Bedarf demontieren.

BÄDER

Alle Badelemente gibt es in vielen Farben. Man sollte mit einer Basisfarbe einen Schwerpunkt setzen und diese Farbe mit einer oder mehreren Zusatzfarben kombinieren. Keramag

1

Wo immer möglich, sollte man auch bei der Badgestaltung Lieblingsfarben einbeziehen. Doch Vorsicht: Farben wirken in großen Flächen oft ganz anders als kleinteilig. Keramag

2

Wie praktisch ein Bad ausgestattet ist und wie die Gestaltung wirkt, also Funktion und Ästhetik: das sind die beiden Maßstäbe, denen ein neues Bad heute gerecht werden muß. Fangen Sie deshalb frühzeitig damit an, sich über das Angebot zu informieren. Wir zeigen Ihnen eine erste Auswahl.

3 **Wer im alten Haus ein großzügiges Bad einrichten kann, findet viele außergewöhnliche Designlinien. Hier ein Beispiel mit formal abgestimmtem Möbelprogramm V&B**

Beginnen wir beim Gesamteindruck, der als Summe der vielen Details zu verstehen ist, die ein Bad ausmachen. Er hängt ab von den Sanitärobjekten, von der Raumgröße und vom Raumzuschnitt, vom Licht, von der Betonung der Waagrechten oder Senkrechten oder Diagonalen, von den Verlegeverbänden der Fliesen, also vom Verlauf der mehr oder minder sichtbar abgesetzten Fliesenfugen. Auch von Fliesenbändern, Reliefs, Bordüren, Dekoren, Leisten. Und natürlich von der Farbe und Farbkomposition der einzelnen Elemente. Farbflächen können das Bad vielfältig gliedern und die Raumstimmung erzeugen, die dem Lebensgefühl entspricht, etwa frische, helle Farben in anregenden Farbtönen, die beleben, oder zarte, pastellene Farben, die das Bad in mildes Licht tauchen (Abb. 1+2). Bei der Wahl harmonierender Elemente gibt es Hilfen von Herstellerseite: indem zum Beispiel ein vielfältiges Sortiment an Duschwänden, Wannen, Whirlpools, Spiegelschränken, Wasch-, Pflege- und Stauraumsystemen sowie

4 Oft ist es nicht einfach zu entscheiden, was zueinander paßt. Die Hersteller geben Hilfe. Das Bild zeigt auch, wie man unterteilte Badräume durch Fliesen zu einer Einheit verbinden kann. Duscholux

5 Körpergerechte Badewanne, die mit 190 l Wanneninnenraum Baden für zwei ermöglicht. Koralle-Coretta

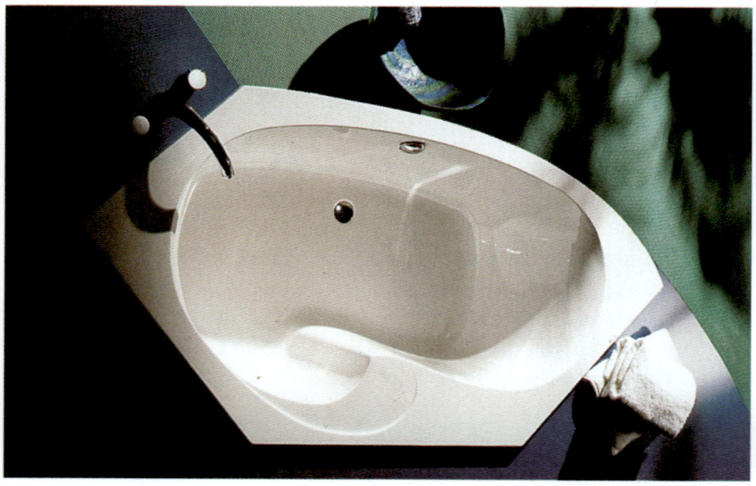

6 Dem alten Badezuber nachempfunden ist diese Wanne von Philippe Starck. Auch mit Duschabtrennung. Hoesch

7 **Ein Bad, das einem Konzept folgt, das sich allen Lebensaltern anpassen läßt. Beispiel: Der in der Höhe verstellbare Waschtisch ist für ein Kinderbad besonders gut geeignet. V&B**

Accessoires, die zusammenpassen, in irgendeiner Form gekennzeichnet ist oder innerhalb eines Konzepts entwickelt wurde. Oder die formgebenden Elemente alle aus der Hand eines bestimmten Designers stammen, so daß sich eine selbstverständliche Einheit ergibt (Abb. 3+4, 13).

Großzügige Wohnbäder sind die Ausnahmen, die meisten deutschen Badezimmer sind klein. So daß Aufgabe bleibt, das Wünschenswerte, das Gewünschte mit dem Machbaren in Einklang zu bringen. Dabei sollte jede Entscheidung dem Ziele untergeordnet sein, den Raum optisch zu vergrößern. Bei den Farben heißt das: möglichst helle Farben an Fußboden, Decken und Wänden und bei den Sanitärobjekten. Auch begrenzende dunkelfarbige Sockel sind hier zu vermeiden. Ein Hilfsmittel, das allerdings sparsam einzusetzen ist, doch in kleinen Räumen gute Raumwirkungen erzielt, ist die Verspiegelung von Wänden oder Wandteilen.

Raumersparnis bringen Elemente, die mehrere Funktionen vereinen, zum Beispiel Heizkörper als Handtuchtrockner oder Heizkörper als Rückwand einer Ruhebank. Kurz: Das gestalterische Instrumentarium, über das der Planer verfügen kann, um zu geringe Grundflächen und ihre Nachteile zu überspielen, ist erstaunlich groß.

Gesichtspunkte für die richtige Wahl der Badewanne: Sie hängt ab von der Fläche, die der Raum dafür bietet, von dem Ort, an dem die Montage platzsparend möglich ist, zum Beispiel in der Ecke, hängt ab von der Gestalt und Farbe, die mit dem Stil des Badezimmers harmonieren muß. Und schließlich von den Ansprüchen an Komfort und Sicherheit des Badens. Gerade Ablagen, Sitzflächen, Kopfstützen, Fußstützen usw. sind zu den kleinen Details mit überraschend großem Nutzen zu zählen (Abb. 5-9).

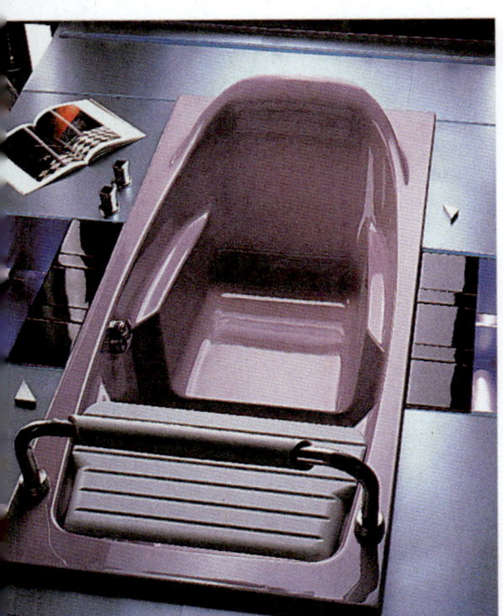

8 **Gepolsterter Griffbogen als Rückenlehne und Einstiegshilfe, Kopfstütze, erhöhter Sitzbereich: das ist Komfort. Hoesch**

9 **Zwei kleine Flächen als Armaturenbank, Ablage, Sitzfläche oder gar Frühstücks-Plateau. Hoesch**

Auch Serien wie Architec, die unter stark hygienischem Aspekt konzipiert wurden, dieses Waschbecken hat zum Beispiel kein Überlaufloch, eignen sich für das Privatbad. Duravit **10**

Praktisch durch Ablagefläche und Stauraum, ästhetisch durch die Gestaltung. Hüppe **11**

Kombination: Bade- und Duschwanne. Das schmal zulaufende Fußende der Wanne spart viel Raum und Wasser. Kaldewei **12**

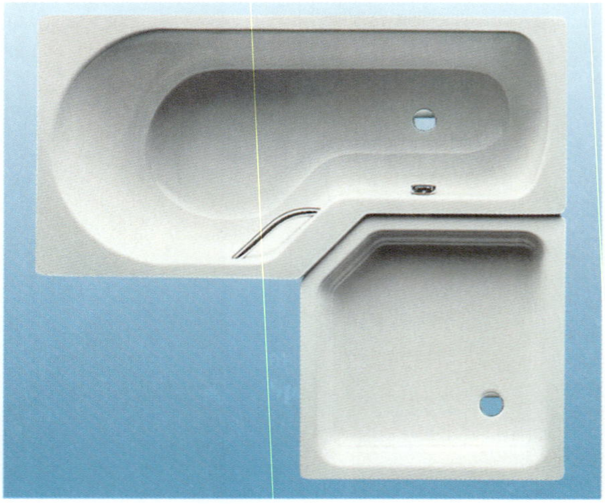

13 **Nochmals eine Komplettserie, die Sanitärkörper und Zubehör aus einem Guß bietet. Passende Luxuswannen und Duschen liefert ein anderer Hersteller. Duravit**

14 **Das reiche Angebot an Duschwannen schließt auch Lösungen ein, deren Form überrascht und zugleich nützlich ist: hier mit Sitz- und Stützfläche fürs Fußewaschen. Hoesch**

Abbildung 10 zeigt, daß auch hygienische Aspekte berücksichtigt werden können. Wirkungsvoll als Gestaltungselement und zugleich von hohem Gebrauchsnutzen sind die Duschabtrennungen, die es heute in großer Vielfalt gibt. In kleineren Bädern sind die transparenten Ausführungen vorzuziehen, da sie optisch den Raum nicht verkleinern. Duschabtrennungen lassen sich freistehend im Raum, an der Wand, in der Ecke oder neben der Badewanne installieren. Sie können auf Badewannen montiert werden, wo kein Platz für eine Dusche ist (Abb. 11 + 12, 14). Moderne Sanitärtechnik hat das Duschen als vollgültige Alternative der Körper- und Gesundheitspflege neben das Wannenbad gestellt. So wurde es auch zum Plus für kleinere Bäder: Auf den Wannen-Einbau zu verzichten, muß keine Einbuße an Badbehaglichkeit bringen.

So gewiß eine schöne Küche aus kostbaren Materialien ein Schmuck ist für die Wohnung und das Staunen der Gäste: Grenze und Maß setzt stets, ob sie praktisch zu nutzen ist und im täglichen Gebrauch den persönlichen Bedürfnissen in allen Punkten genügt.

Die neue Küche: betont praktisch

Ein erfahrener Küchenplaner kennt die Tücken eines älteren Hauses. Der Raum ist vorgegeben, er muß sich mit seiner Arbeit den Gegebenheiten anpassen. Und: Nicht immer gibt es soviel Platz wie hier Quelle: Milewski

Eine Küche ist und bleibt in erster Linie Arbeitsraum. Doch ist heute das Angebot der Küchenhersteller so breit und so ausgestaltet, daß der Küchenraum darüber weder zu einem nüchternen Laboratorium werden noch zu einer kalten, freudlosen Kochwerkstatt absinken muß. Und das, auch wenn der Geldbeutel nicht so üppig gefüllt ist. Was den individuellen Zug angeht, der eine Küche zur eigenen Küche macht: Er steht auch bei einer maßgeplanten Küche späteren Veränderungen nicht entgegen, wie sie beim Umzug in eine größere Wohnung oder in ein anderes Haus nötig werden. Denn auch Einbau-Küchenschränke sind Einzelschränke. Erst die Arbeitsplatte verbindet sie zu einer geschlossenen Einheit. Sie lassen sich beliebig neu kombinieren, verkleinern oder aus dem gleichen Programm ergänzen.

Sorgfältige Planung erhöht den Nutzen

Wichtig: Man muß beim Kauf auf Markenküchenmöbel achten, die man in der Regel viele Jahre nachkaufen kann.

Wie groß ist der Raum für die Küche? Davon hängt ab, ob man sich den Wunsch nach einem Eßplatz zum Frühstücken oder für den kleinen Imbiß dient, erfüllen kann. Oft ist es dieser Eßplatz, der sich zum behaglichen Familientreff entwickelt. Doch Vorsicht: Der Eßplatz sollte die Funktionsfähigkeit der Küche keinesfalls behindern. Nichts ärgerlicherer als eine Küche, in der man sich beim Arbeiten überall stößt. Der Neubau bietet hier den Vorteil, daß man die Küchengröße noch bestimmen kann. Vielleicht bleibt sogar Platz für eine Speisekammer und einen Hauswirtschaftsraum. In bestehenden Häusern dagegen sind die Grundrisse vorgegeben. Tür, Fenster, Installationen sind Fixpunkte, aus denen eine geschickte Planung das beste machen muß.

Die Lage der Küche kann von Bedeutung werden, wenn sie als Familientreff genutzt wird: Dann wird die Ausrichtung nach Osten oder nach Westen günstiger sein als nach Norden.

Größe und Proportion des Raumes bestimmen auch die nächste Entscheidung: Welche Küchenform nutzt den Raum am besten aus? Bleibt Platz nur für eine Küchenzeile oder reicht es für eine zweizeilige Küche? Ist L-Form günstiger als eine U-Form, oder ist Platz genug für die Inselform? Grundsätzlich sind für eine funktionsfähige Küche 7 Meter Stellfläche erforderlich. Neigt man zu gegenüberliegenden Einbauten, dann muß die Küche mindestens 2,40 Meter breit sein, damit bei zwei Schranktiefen von je 0,6 Meter 1,20 Meter Bewegungsraum bleibt. Bei einem Freiraum von mehr als 1,80 Meter zwischen den Schränken eröffnet sich die Möglichkeit, die Raummitte ebenfalls als Stellfläche zu nutzen. Optisch attraktiv kann es sein, Spül- und Kochzentrum über Eck einzupassen; das lockert die Strenge der Küchenzeilen auf. Die Auflockerung, mit der man selbst eine kleine Küche offener gestalten kann, so daß sie größer wirkt, macht sich vor allem in Wohnküchen gut. Oberschränke, unterschiedlich hoch, verschieden gestaltet als Regale, Glastürschränke, geschlossene Schränke, halbhohe Hochschränke, die sich als Raumteiler oder zur Abgrenzung von Bereichen eignen, lassen viele Wünsche Wirklichkeit werden. Und selbst ein alter Schrank kann zur Individualität einer modernen Einbauküche beitragen.

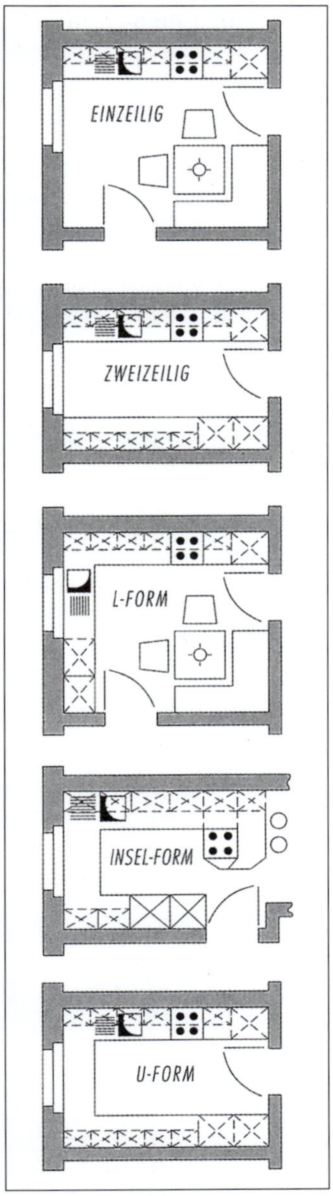

Die Maße und Proportionen des Raumes bestimmen die Anordnung der Küchenmöbel und Geräte.

Die Küchenelemente – vielfältig ausgestattet

Mit den Unterschränken läßt sich jeder Zentimeter Küche praktisch nutzen. Es gibt sie in fast allen Breiten. Neben der üblichen Tiefe von 60 Zentimeter gibt es auch Sondermaße für besondere Einbausituationen.

Auszüge erleichtern die Küchenarbeit und schonen den Rücken. Arbeitserleichterung bringen der Topfauszug unter oder neben dem Herd, der Auszug mit den wichtigsten Alltagslebensmitteln am Vorbereitungszentrum, ein Müllauszug im Spülenbereich, praktische Spezialauszüge für Küchenmaschinen, Allesschneider, Brot und Flaschen. Und: Auszüge als Tischplatte und Geschirrtuchhalter. Eine Schließautomatik zieht die Auszüge auf den letzten Zentimeter selbsttätig ein.

Auch Hochschränke sind mit Dreh- und Schwenkmechanismen ausgestattet. So wird die gesamte Schranktiefe in mehreren Ebenen hintereinander vollständig zugänglich. Passend dazu gibt es Eckhochschränke und Regale. Die 30 oder 40 Zentimeter breiten sogenannten Apothekerauszüge, bei denen zusammen mit der Tür der gesamte Schrankinhalt herausgezogen wird, bieten bequem Zugang zu beiden Seiten. Wer hier sorgfältig vorher überlegt, was er in den Schränken unterbringen möchte, kann ihre Innenausstattung völlig darauf abstimmen: So groß ist heute die Auswahl. In Eckschränken sind es Karusselle, kreisförmige Ablageböden, die den Raum vollständig ausnutzen. Bei den Diagonal-Eckschränken verläuft die Tür diagonal zum Raumeck: eine attraktive Lösung, die viel Stauraum bietet.

Diagonalelemente lockern die Küchenkonturen auf. Hier ist das Kochzentrum vorgezogen, bequem von der Seite zugänglich. Quelle: Bauknecht

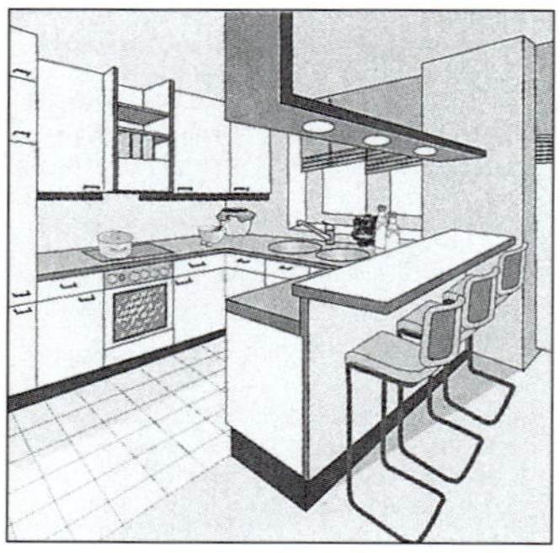

Eßtheken lassen sich in verschiedenen Höhen realisieren.

Alternative: ein platzsparender Ansatztisch. Quelle: AMK

Um die Nischen zwischen Ober- und Unterschrank zu nutzen, gibt es Aufhängesysteme. Nischenschränke, auch mit praktischen Rolläden, eignen sich gut für elektrische Küchengeräte: Mit wenigen Handgriffen sind sie einsatzbereit.

Zu einem funktionsfähigen Kochzentrum gehören Kochfeld, Backofen und Dunstabzug. Wobei sich der Einbau des Backofens in einen Hochschrank empfiehlt; er ist dann bequemer zugänglich. Kochfelder gibt es in Breiten von 45 bis 90 Zentimeter. Neben den traditionellen Kochmulden haben sich heute vor allem Kochfelder aus Glaskeramik durchgesetzt. Sie sind optisch attraktiv und pflegeleicht. Neue Beheizungsarten können dabei die Ankochzeit merklich verringern. Backöfen haben durch den technischen Fortschritt besonders gewonnen: Von den Systemen der automatischen Reinigung bis zu einer Vielzahl von Beheizungsarten, unter den die jeweils beste Garmethode ausgewählt werden kann.

Ein arbeitssparendes Kochzentrum mit speziellen Aufhängesystemen für alles, was man schnell zur Hand haben sollte. Quelle: Alno

TIP

Der Weg zur Küche nach Maß

Informieren Sie sich vor einer Entscheidung gründlich und vergleichen Sie. Suchen Sie Küchenfachgeschäfte und Ausstellungen auf, fordern Sie von den Herstellern, die Sie interessieren, Prospekte an. Falls Sie die Adressen nicht wissen, schreiben Sie an die AMK-Service GmbH, Postfach 240364, 68173 Mannheim, mit der Bitte, Ihre Adresse an den gewünschten Hersteller weiterzugeben, damit er Ihnen entsprechendes Material sendet.

High-Tech hält Einzug in die Küche

Ober- und Unterhitze lassen sich kombiniert oder getrennt einsetzen, ein Infrarotgrill hilft Energie zu sparen, ein Backwagen erleichtert die Arbeit. Mikrowellengeräte haben sich bewährt, wo schnell und schonend gegart oder rasch aufgetaut und aufgewärmt werden soll. Der Einsatz der Mikrowelle kann Zeit sparen, je nach Gericht zwischen 50 und 80 Prozent, und auch Energie. Ein Dunstabzug, mit Abführung des Kochdunstes nach außen, verringert die Belästigung durch Küchengerüche. Ein Dunstabzug sollte möglichst geräuscharm laufen, die Lüfterkapazität angepaßt sein.

Die Spüle hat sich heute zu einem Spül-Zentrum entwickelt: Neben dem Abwasch dient es auch dem Putzen und Vorbereiten des Gemüses, dem Abgießen bis hin zur Abfallentsorgung. Spülen gibt es aus vielerlei Materialien: Edel-

Absenkbare Arbeitsplatten. Im Stehen und im Sitzen gleich bequem zu benutzen. Quelle: Leicht

stahl, Kunststoffe, Keramik, Stahl emailliert.

Fachleute haben ausgerechnet, daß Geschirrspüler rund 40 Prozent kostengünstiger spülen als von Hand und zudem noch Zeit sparen. Sicherungssysteme schützen vor Wasserschäden. Kühl- und Gefriergeräte sollten den Einkaufs- und Kochgewohnheiten entsprechen. Drei oder mehr Kältezonen sind die Regel. Es gibt auch Geräte, bei denen man die relative Luftfeuchtigkeit beeinflussen kann. Wo kein Kühl-Gefrierturm Platz findet, kann man auf Geräte mit Auszügen ausweichen, die unter der Arbeitsplatte installiert werden.

Ergonomie macht Küchenarbeit bequemer

Ergonomie untersucht wissenschaftlich, wie Arbeitsgeräte und Einrichtungsgegenstände den menschlichen Gegebenheiten und Bedürfnissen angepaßt werden können. Sie schlägt sich in Bedienungskomfort, Bequemlichkeit und Sicherheit nieder. Für die Küche stehen rückenschonende Arbeitsbedingungen im Vordergrund. Eine Untersuchung der Technischen Hochschule Darmstadt, durchgeführt im Auftrag der Arbeitsgemeinschaft Die Moderne Küche (AMK) e.V., Mannheim, zeigte, daß bereits eine länger andauernde Rückenbeugung von mehr als 20 Grad (aus der Senkrechten nach vorn) zu einseitiger Bandscheibenbelastung und damit auf Dauer zu Rückenbeschwerden führen kann. Der Schluß, den man daraus zu ziehen hat: Die Arbeitshöhe in der Küche muß unbedingt der individuellen Körpergröße der Benutzer angepaßt werden. Berechnungsgrundlage ist die Größe der Hauptarbeitsperson, doch hat man auch die beste Arbeitshöhe für zwei unterschiedlich große „Arbeitspersonen“ ermittelt.

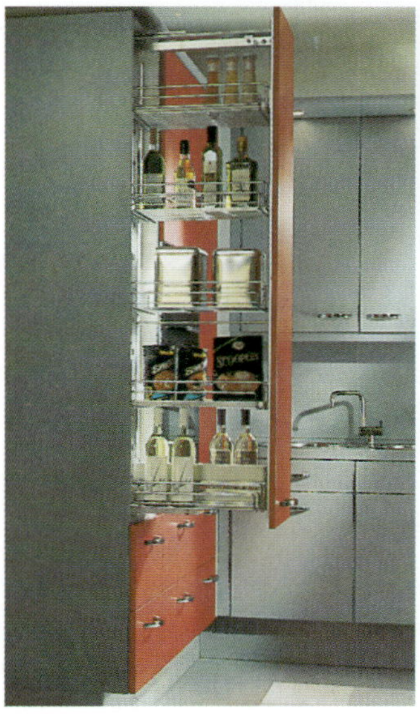

Der Arbeitsplatz Küche läßt sich anpassen

Weitere Empfehlungen, sich die Arbeit zu erleichtern: häufiger Wechsel der Arbeitshaltung, also Stehen und Sitzen. In Hochschränken schwere Gegenstände immer unterhalb der Höhe des Schultergelenks lagern. Häufig genutzte Gegenstände in bequem zugänglicher Höhe bereithalten. Die stehend gut erreichbaren Fachhöhen im Hochschrank liegen rund 15 Zentimeter, im Oberschrank rund 5 Zentimeter über der Körpergröße. Als besonders rückenfreundlich haben sich höhenverstellbare Arbeitsplätze erwiesen.

Daß zur Arbeit ausreichend Licht gehört, ist selbstverständlich: Die Grundbeleuchtung sollte jedoch ergänzt werden durch eine Ausleuchtung der einzelnen Arbeitszentren. Unter den Oberschränken eignen sich Leuchtstoffröhren und röhrenförmige Glühlampen, die hinter einer Blende installiert werden. Spots mit Halogenstrahlern ermöglichen viele Beleuchtungsarten. An Arbeitsplätzen haben sich bewegliche Halogenspots sehr bewährt.

Der oft zu Unrecht vernachlässigte Arbeitsraum Küche, besonders der Gebrauchsnutzen hat großen Anteil am Wohnwert, am Wohnbehagen.

Links: Apotheker-Auszug in der Küche. Sein Vorteil: Er ist von beiden Seiten zugänglich. Quelle: Poggenpohl.
Oben: Kochinsel in der Mitte des Raumes, mit Dunstabzug. Quelle: Neff.
Rechts: Schnell bei der Hand, wo man es braucht: Topfauszug unter dem Kochzentrum. Quelle: SieMatic

Unausgebaute Dachgeschosse, früher meist vernachlässigt, sind heute zu kostbaren Raumreserven geworden. Ihr Ausbau führt zu einem Mehr an preisgünstiger Wohnfläche, kann zu enge Wohnungen vergrößern oder neue Wohnungen schaffen. Zumal Grundstücke knapp und teuer sind.

Dachausbau sicher und fachgerecht

Foto: Braas

Was die Wohnqualität unterm Dach anbelangt, steht und fällt der Nutzen mit der Qualität der Belichtung. Hier übernehmen die die Wirkung des Baukörpers bestimmenden Gauben diese Rolle.

Ob ein Dachgeschoß sich für einen Ausbau eignet, hängt hauptsächlich von dreierlei ab: von der Dachneigung des vorhandenen Daches, der Dachform und der Dachkonstruktion.

Für einen Ausbau am günstigsten sind Dachneigungen von 35 bis 55 Grad. Unter den Dachformen eignet sich vor allem das Satteldach, das eine um so größere Nutzfläche bietet, je steiler das Dach ist. Durch Aufmauern eines Kniestocks, also Anheben des Daches, läßt sich diese Nutzfläche vergrößern. Das Walmdach, dessen vier Dachschrägen die nutzbare Fläche einschränken, läßt sich aber gerade deswegen behaglich ausbauen.

Günstig ist das Mansarddach: Die steile Abschrägung der Dachfläche führt zu viel Raum mit ausreichender Höhe. Unter den Dachkonstruktionen ist das Sparrendach günstig. Das Pfettendach, mit Pfosten im Raume, kann die Nutzung einschränken. Solche Stützbalken aber lassen sich durchaus bei geschickter Planung einbeziehen, optisch kann man sie zurückdrängen, indem man sie weiß streicht. Beim Kehlbalkendach kann der Kehlbalken, der im oberen Dachraum, parallel zum Fußboden, von Sparren zu Sparren verläuft, den Fußboden zum Beispiel für eine Empore abgeben.

Für die Aufteilung des Dachraums ist die geplante Nutzung entscheidend. Sollen zusätzliche Räume für die Wohnung darunter geschaffen werden oder eine vollständige Wohnung entstehen? Bei Verwendung als Atelier zum Beispiel wird sich empfehlen, den Dachraum ungeteilt zu lassen oder zumindest einen großen Hauptraum einzuplanen.

Weitere Nutzungsmöglichkeiten: Schlafraum, Kinderzimmer, Fitneßbereich, Spielzimmer, Gastzimmer, Arbeitszimmer, Hobbyraum.

So wird der Fußboden zur richtigen Grundlage

Der Fußboden, oft eine Holzbalkendecke, verdient besondere Aufmerksamkeit. Die meisten Decken waren ursprünglich nicht für einen Ausbau vorgesehen.

Ausbau aber bedeutet höhere Belastung der Decke. Ein Statiker wird also die Tragfähigkeit der Holzbalkendecke zu überprüfen haben. Danach fällt die Entscheidung, welche Verstärkungen nötig sind: weitere Deckenbalken, Unterzüge, unter Badbereichen Teildecken aus Beton.

Um die Belastung der Decke möglichst niedrig zu halten, empfiehlt sich Ausbau in Leichtbauweise. Um möglichst wenig Feuchtigkeit einzubringen, ist trockene Ausführung ratsam: zum Beispiel Trockenestrich. Er wird, wie Naßestrich auch, aus Gründen des Trittschallschutzes schwimmend verlegt: Die obere Schicht, die den Bodenbelag trägt, ist von den Holzbalken darunter und den raumumschließenden Wänden durch Schalldämmatten und Schalldämmstreifen getrennt.

Wichtig: Dachaufbau und Dachdämmung

Von der ausreichenden und fachgerecht eingebrachten Dämmung hängt es ab, ob ein Dachraum behaglich zu bewohnen ist. Denn das wärmegedämmte Dach trennt den Innenbereich vom Außenbereich, deren Temperaturen und Luftfeuchtigkeit sich, zum Beispiel im Winter, beträchtlich voneinander unterscheiden. Zumal Luftfeuchtigkeit in Form von unsichtbarem Wasserdampf durch Wohnvorgänge wie Baden, Waschen, Kochen und durch Lebensvorgänge wie Atmen, Schwitzen in großen Mengen entsteht. Das Dach muß also so aufgebaut sein, daß es diesen Belastungen standhält, ohne Schaden zu nehmen. Das wird erreicht durch Bauteilschichten, in deren Mittelpunkt die Wärmedämmung steht: in der Regel die bewährten Dämmstoffe Mineralwolle oder Styropor. Wobei die Dicke der Dämmstoffschichten jeweils den Anforderungen der Wärmeschutzverordnung entsprechen muß: Dämmstoffe der Wärmeleitfähigkeitsgruppe 040 (steht jeweils auf dem Etikett) müssen bei nachträglicher Dämmung mindestens 14 Zentimeter dick sein.

Für den schnellen und kostengünstigen Ausbau des Daches haben sich Gipsbauplatten in der Praxis bestens bewährt. Quelle: Knauf

Schema einer Dämmung auf den Sparren, hier ein Auflegesystem mit Styropor-Dämmelementen. Quelle: Industrieverband Hartschaum

Je nach Lage der Wärmedämmschicht lassen sich mehrere Dämmarten unterscheiden:

❑ Dämmung zwischen den Sparren, die einfachste, auch für Selbermacher geeignete und deshalb häufigste Art bei nachträglicher Wärmedämmung. Probleme kann es geben, wenn die Sparrenhöhe nicht ausreicht, um die notwendige Lüftungsschicht aufzunehmen, also 14 plus mindestens 2 Zentimeter ergibt 16 Zentimeter. Dieses Problem zu lösen, gibt es zwei Wege: Entweder man dämmt dann zwischen und unter den Sparren. Dadurch kommt man in den Vorteil, die Sparren als mögliche Kältebrücken auszuschließen, da sie nach innen durch die Dämmung abgedeckt sind. Die zweite Möglichkeit bietet die sogenannte Vollsparrendämmung. Darauf kommen wir sogleich zurück.

❑ Die zweite Dämmart, die Dämmung auf den Sparren, hat den Vorteil, die Konstruktion des Daches völlig zu umschließen, so daß das Holzwerk vor Witterung und Temperaturunterschieden geschützt ist. Dämmung auf den Sparren empfiehlt sich auch, wenn eine rustikale Raumwirkung gewünscht wird, denn die Sparren können dann vollständig sichtbar bleiben. In dieser Dämmart gibt es heute Systeme, die das nötige Umdenken bei nachträglicher Dämmung vereinfachen.

Konstruktion vor Wasserdampf schützen

Kehren wir zur häufigsten Dämmart, der Dämmung zwischen den Sparren, zurück. Sie wird nur dann schadensfrei funktionieren, wenn die Luftfeuchtigkeit des Innenraumes, die in Form von Wasserdampf auftritt, daran gehindert wird, in die Dachkonstruktion einzudringen. Denn der Wasserdampf kühlt dort ab, schlägt sich als Wasser nieder und durchfeuchtet die Wärmedämmung. Feuchte Wärmedämmung aber verliert einen großen Teil ihrer Dämmfähigkeit. Auch zu Schädlingsbefall kann es dann kommen.

Um solche kostspieligen Schäden, die leider sehr zahlreich sind, möglichst auszuschließen, ist an der warmen

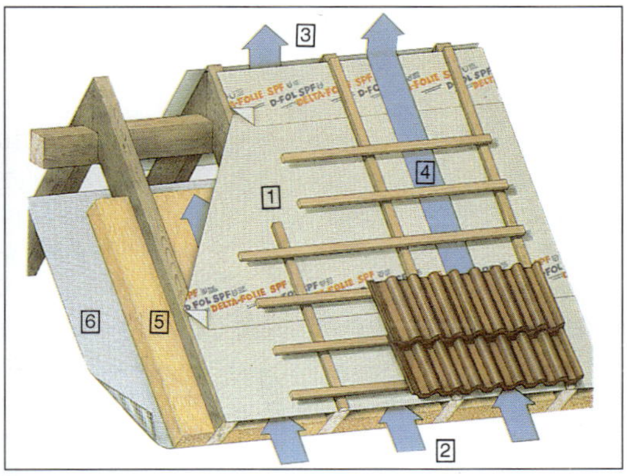

Schema eines lange Jahre von den Fachleuten bevorzugten Dachaufbaus, der mit zwei Hinterlüftungsschichten ausgestattet ist: 1 Unterspannbahn, 2 Lüftungsöffnung an der Traufe, 3 Lüftungsöffnung am First, 4 Unterlüftung der Dacheindeckung, 5 Wärmedämmung, 6 Dampf- und Windsperre. Quelle: Dörken

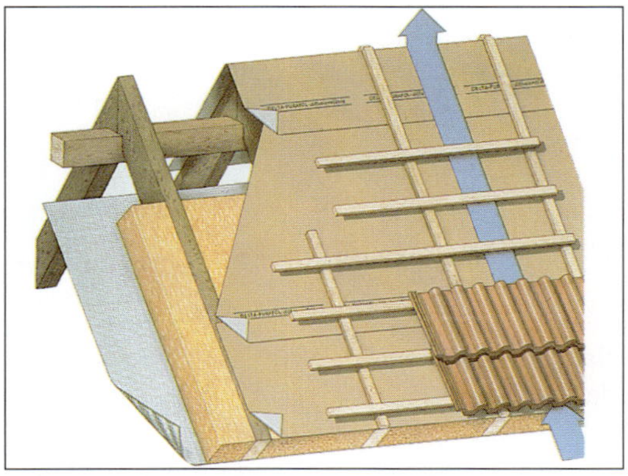

Schema einer Vollsparrendämmung: Die Wärmedämmung reicht, ohne Hinterlüftungsschicht, bis zur extrem dampfdurchlässigen Unterspannbahn. Der Dachfirst wird überspannt. An der Raumseite eine Wind- und Dampfsperre. Die einzige Unterlüftung: zwischen Unterspannbahn und Dacheindeckung. Quelle: Dörken

Ein geeigneter Baustoff, um Trennwände einzuziehen: Porenbeton. Er hält die Belastung in Grenzen und läßt sich leicht verarbeiten. Quelle: Hebel

Raumseite eine Dampfsperre nötig und, um dennoch eingedrungene Feuchtigkeit sicher abzuführen, eine Hinterlüftungsschicht zwischen Oberkante Wärmedämmung und der Unterspannbahn, die auf den Sparren angebracht ist und Eindringen von Feuchtigkeit von außen verhindert.

Bei der Vollsparrendämmung, die wir schon erwähnten, kann auf diese Hinterlüftungsschicht verzichtet werden. Allerdings muß dann die Unterspannbahn auf den Sparren extrem wasserdampfdurchlässig sein. Nun kann Wasserdampf, wie die Praxis zeigt, auf zweierlei Art in die Konstruktion eindringen:
Durch Wasserdampfdiffusion, also Hindurchdringen durch die Bauteilschichten, oder durch Luftlecks, also Ritzen, Fugen, wie sie entstehen, wenn die Anschlüsse bei der Dampfsperre nicht luftdicht ausgeführt werden. Es hat sich gezeigt, daß die Feuchtigkeitsmenge, die durch Dampfdiffusion eindringt gegenüber der Feuchtigkeitsmenge, die durch Luftlecks in die Konstruktion gelangt und sie durchfeuchtet, fast zu vernachlässigen ist. Die Konsequenz: Überlappungen der Dampfsperren müssen sorgfältig abgeklebt werden, Klammern allein genügt nicht. An Kaminen und Giebelwänden muß die Dampf- und Windsperre mit Klemmleisten befestigt werden.

Dampfsperren haben eine wichtige Aufgabe

Vorsicht: Bei Unebenheiten des Untergrunds ist ein dauerelastisches Dichtungsband als Zwischenlage erforderlich. Auch Ortschäume sind wirkungsvoll. Keinesfalls dürfen die Folien beim Einbau beschädigt werden. Doch Vorsicht: Die Aluminium-Papierkaschierung einer Randleistenmatte aus Mineralwolle ist nicht als sichere Dampf- und Windsperre zu betrachten. Vorzugsweise werden dafür heute Kunststoff-Folien mit Aluminiumbeschichtung verwendet. Übrigens: Durch Luftlecks entweicht natürlich auch Wärme. Auch das ist unerwünscht.

Der Sicherheit des Daches dient auch die zweite Hinterlüftungsschicht, nämlich zwischen Unterspannbahn und Dachpfannen. Sie wird erreicht durch die sogenannte Konterlattung längs der Sparren, deren Dicke die Hinterlüftungsschicht gewährleistet. Sie dient dem Schutz der Eindeckung, indem sie eingedrungene oder entstandene Feuchtigkeit abführt.

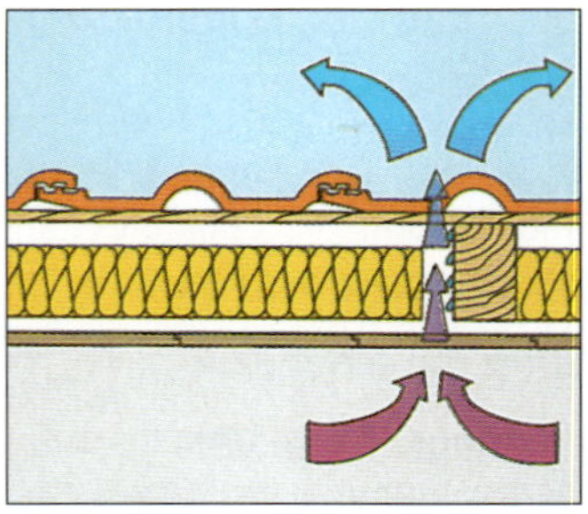

Luftfeuchtigkeit in Form von Wasserdampf kann aus dem Innenraum durch undichte Fugen in die Dachkonstruktion gelangen und sich dort als Tauwasser niederschlagen.

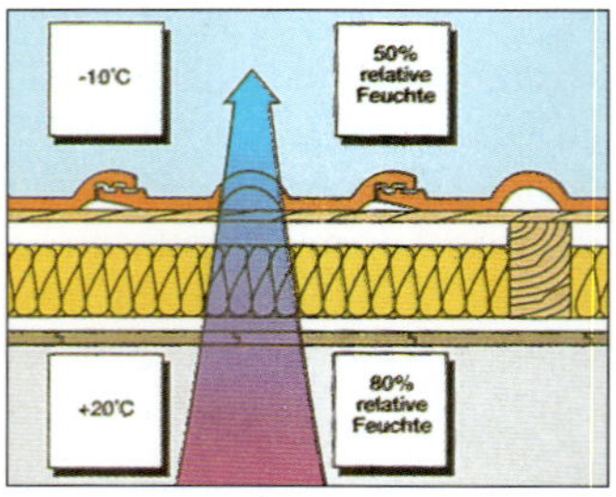

Luftfeuchtigkeit aus dem Innenraum kann auch durch sogenannte Wasserdampfdiffusion durch die Bauteilschichten in die Dachkonstruktion gelangen. Die Antriebskräfte dafür sind das Temperatur- und Dampfdruckgefälle. Quelle: Dörken

Die Dämmung der Außenwände, zum Beispiel der Giebelwände, wird in der Regel, falls das Haus nicht insgesamt gedämmt ist, als Innendämmung auszuführen sein. Da hier, je nach Wanddicke und Baustoff, Tauwasserniederschlag in der Wand möglich ist, sollte man einen Fachmann hinzuziehen. Auch hier wird man, wie beim Dach, feuchte Raumluft am Eindringen in die Konstruktion durch eine Dampfsperre auf der Rauminnenseite des Dämmstoffs oder durch einen dampfhemmenden Dämmstoff hindern.

Für die Raumaufteilung empfehlen sich Leichtbauwän-

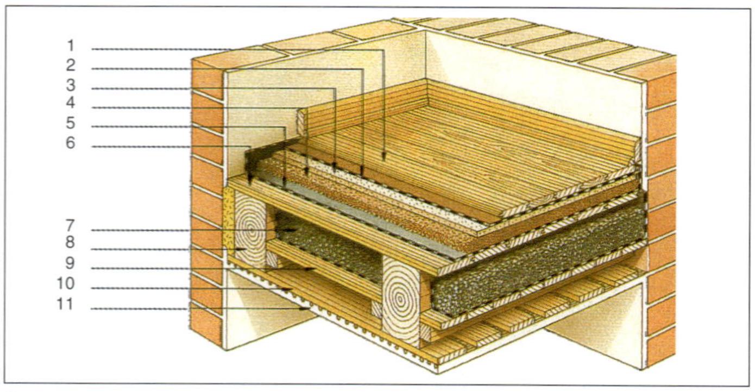

Sanierungsbeispiel einer Holzbalkendecke: 1 Dielen, auf Spanplatte verschraubt, 2 Pappe oder Filzbahnen als Zwischenlage, 3 Spanplatte, 4 Ausgleichsschüttung, 5 Rieselschutz, 6 alter Dielenboden, 7 alte Einschubfüllung (Schotter oder Schlacke), 8 Deckenbalken, 9 Blindboden, 10 Latten mit Putzträger, 11 Putz. Über der Ausgleichsschüttung ist ein Fußbodenaufbau auch mit Trockenestrich aus Gipsbauplatten möglich. Quelle: AG Holz

TIP

Wer hilft bei der Planung?

Am sichersten ist es, wenn Sie auch beim Dachausbau einen althauserfahrenen Architekten einschalten. Er hat Verbindung zu Handwerkern, deren Leistungsfähigkeit er kennt. Er weiß Antworten auf Ihre Fragen. Architektenwahl ist Vertrauenssache. Scheuen Sie sich deshalb nicht, den Architekten, den Sie in die nähere Wahl ziehen, um aussagefähige Referenzen zu bitten.

de, bei denen eine Holzständerkonstruktion oder eine Konstruktion aus Metallständern mit Gipsbauplatten beplankt und mit Mineralwolle als Schall- und Wärmedämmung ausgefüllt werden. Metallständerwände können auch als Installationswände aufgeführt werden, wenn zum Beispiel unterm Dach ein Bad eingebaut werden soll.

Auch Porenbeton hat sich für Innenwände bewährt. Leichte Konstruktionen sind schon deshalb ratsam, um die zusätzlichen Belastungen der Holzbalkendecke möglichst gering zu halten. Doch bieten Leichtbauwände noch einen weiteren Vorteil: Sie lassen sich bei Änderungen der Bedürfnisse verhältnismäßig leicht wieder entfernen. Um Tageslicht unters Dach zu bringen, eignen sich Dachflächenfenster, Gauben oder auch Freisitze in Form von Dacheinschnitten, Loggien, Dachterrassen oder auch Giebelfenster. Das letzte Wort haben hier die Landesbauordnungen, die sich von Bundesland zu Bundesland unterscheiden. Grundsätzlich muß die Fläche der Fenster, mit denen das Dachgeschoß belichtet wird, 1/8 bis 1/10 der Raumgrundfläche betragen, je nach Bundesland.

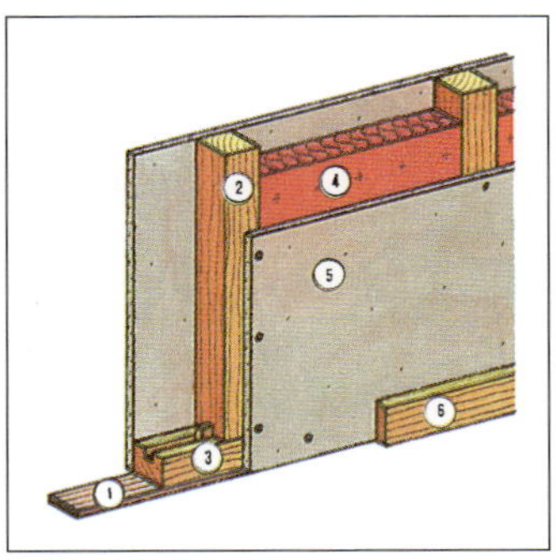

Beispiel einer Innenwand für die Raumaufteilung, hier Holz-Einfachständerwand, einfach beplankt, Dicke 85 Millimeter. 1 Dichtungsfilz, 2 Kantholz, 3 genutetes Anschlußholz mit Keil, 4 Mineralwoll-Dämmstoff, 5 Gipskarton- oder Gipsfaserplatte, 6 Fußleiste.

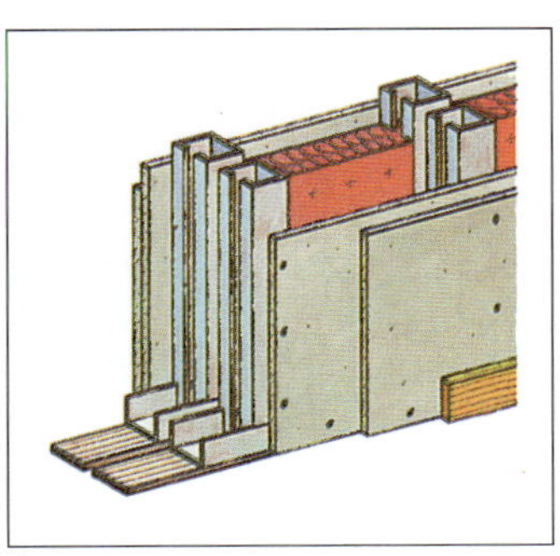

Innenwand, als Metall-Doppelständerwand ausgeführt, doppelt beplankt, bringt gute Schalldämmwerte. Dicke: 165 Millimeter.

Heizung und warmes Wasser auf vielerlei Art

Beheizung und Warmwassererzeugung des ausgebauten Dachgeschosses können entweder über die Zentralheizung des Hauses erfolgen oder über eine Etagenheizung, deren Geräte sich zum Beispiel in die Küchenzeile einfügen lassen. Heizgeräte dieser Art gibt es auch für raumluftunabhängige Betriebsweise. In kleineren Heizkreisen ist die Kombination Heizung-Warmwasser eine wirtschaftliche Lösung. Doch läßt sich Warmwasser auch dezentral mit elektrischem Strom erzeugen. Welche Lösung die günstigste ist, muß von Fall zu Fall entschieden werden.

Wer heute ein Dachgeschoß ausbaut, sollte auch den Brandschutz ernst nehmen. Das ist weniger eine Sache der Kosten als vielmehr der Einsicht, der Planung und der Materialwahl.

Baubehörde rechtzeitig einschalten

Die Bauaufsichtsbehörden haben, auf dem Bauordnungsrecht fußend, beim Dachausbau ein entscheidendes Wort mitzureden. Als Nutzungsänderung sind Dachausbauten in jedem Fall genehmigungspflichtig. Auch wenn ein Bauherr sein Dachgeschoß in Eigenleistung ausbaut. Die Bauaufsicht entscheidet, je nach Bundesland, wieviel Grundfläche eines Dachraums eine bestimmte lichte Höhe aufweisen muß, entscheidet über Fensterfläche, Zugänge, Brandschutz, Veränderungen am Dach, Treppen und vieles andere. Auch die schwierige Frage der Stellplatzpflicht läßt sich so im Vorfeld klären. Aus diesen Gründen empfiehlt es sich, bereits in der Planungsphase die Bauaufsicht zu fragen, welche Maßnahmen möglich sind und welche nicht. So kann man sich Fehlplanungen ersparen.

Erhaltenswerte Bausubstanz, besonders wenn sie so attraktiv ist wie hier, läßt sich zum größten Teil auch beim nachträglichen Dachausbau bewahren. Quelle: Arbeitsgemeinschaft Ziegeldach

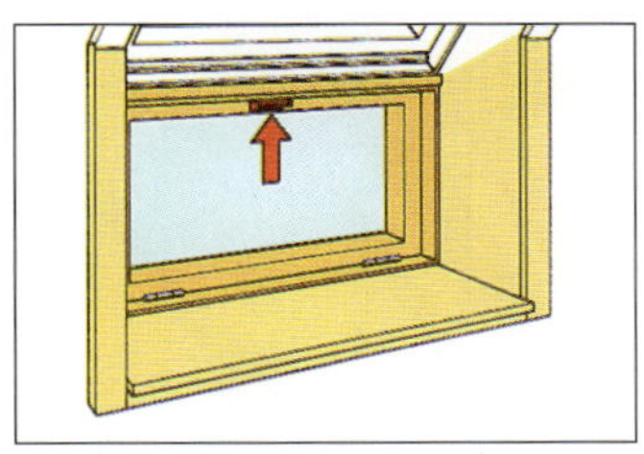

Reicht eine Außenmauer ins Dachgeschoß, dann genügt ein Zusatzelement, um das Dachflächenfenster nach unten zu verlängern.

Der Staat hilft beim Ausbau mit

Vor dem Dachausbau sollten Sie sich erkundigen, ob finanzielle Hilfe vom Staat zu erwarten ist. Denn Steuerbegünstigungen für die Schaffung von neuem Wohnraum, der durch Aus- und Umbaumaßnahmen entsteht, sind denkbar. Oder: Programme von Ländern und Gemeinden, die zumindest einen Teil der Maßnahmen mit Zuschüssen fördern. Fragen Sie auf alle Fälle vor Beginn der Arbeiten bei Ihrer Gemeinde oder bei Ihrer Hausbank nach. Dort kennt man in der Regel die aktuellen Förderrichtlinien.

Das Angebot an Dachflächenfenstern läßt mittlerweile kaum mehr Wünsche offen. Hier ein Schwingfenster mit Obenbedienung.

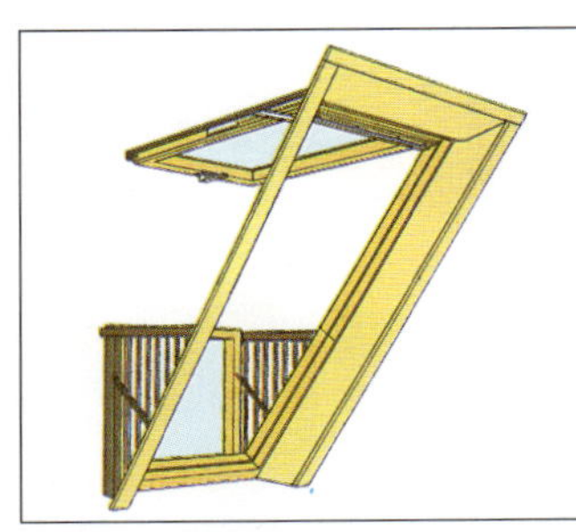

Durch ein System von Fenster- und Türelementen kann ein beliebig breiter, vollbegehbarer Dachbalkon geschaffen werden. Quelle: Velux

Das Dachgeschoß ist der rechte Platz für Raumgestaltung ganz nach Wunsch, für Spiele mit den Farben, für überraschende Atmosphäre. Doch zu einem überzeugenden Ergebnis wird man nur kommen, wenn man beachtet, daß Dachräume durch die Schräge auch besonderen Bedingungen unterliegen.

Ganz oben wohnt es sich am schönsten

Foto: Ostermann & Scheiwe

Oben links: Großzügigkeit unterm Dach: Weiß macht weit. Oben rechts: Warme Holztöne, sichtbare Sparren schaffen behagliche Atmosphäre.

Farbenspiel: Hell-Dunkel-Effekte gliedern den Raum, doch wirken sie streng, kühl.

Großzügigkeit trotz Raumunterteilung durch Wände in halber Breite. Haupt-Belichtung über Dachterrasse.

Dachgeschoß in einem Großstadthaus, genutzt wie ein Vollgeschoß. Weiß drängt Konstruktion und begrenzende Wände optisch zurück.

Raumgestaltung im Dach durch mehrere Ebenen, Durchblicke, Treppen. Der Dachraum kann so verschiedenen Funktionen dienen ohne Raumtrennwände.

Soviele Nutzungen für die Räume unterm Dach auch denkbar sind, am häufigsten werden Dachgeschoßräume als Wohnbereich genutzt. Manchmal auch als zweiter Wohnbereich, der nur der Familie vorbehalten ist. Dabei kommt die Behaglichkeit der schrägen Wände am besten zur Wirkung. Doch spricht noch ein zweites Argument dafür: Die Möglichkeit, den Dachraum ungeteilt oder weitgehend ungeteilt zu nutzen. Man kann sich damit den Wunsch nach Großzügigkeit erfüllen, der im Vollgeschoß meist verwehrt ist. Diese Großzügigkeit ist nicht nur Sache der Quadratmeter: Man kann sie verstärken, indem man (Abbildung 1) Weiß als bestimmende Farbe für Boden, Wand und Decke wählt. Weiß löst die begrenzenden Flächen optisch auf. Auch verglaste Türen tragen zur Großzügigkeit bei. Das Giebeldreieck betont geschickt das Schrägdach und seine Behaglichkeit.

Farben bringen Leben unters Dach

Wie sehr die Raumwirkung von der Farbe und der Form des Farbträgers abhängt, wird in den Abbildungen 2 und 3 augenfällig. Hier der warme Holzton der kräftigen Sparren, dort die durch dunkle Farbe hervorgehobenen Sparren und Balken der Dachkonstruktion, mit weiß gestrichenen Feldern dazwischen. Daß der Gegensatz hell/dunkel hier bewußt als Stilelement eingesetzt wurde, wird durch seine Wiederholung an der verglasten Giebelwand deutlich. Der gestalterische Rat, nichts dem Zufall zu überlassen, sondern Räume als Einheit zu gestalten, ist hier befolgt.

Großzügigkeit bei Unterteilung ist zu erreichen, durch Trennwände in halber Raum-

Oben links: Trotz weniger Quadratmeter – Platz für eine gemütliche Single-Küche ist allemal. Freilich braucht es Phantasie. **Oben rechts:** Farben ganz nach Wunsch: Ein Schlafraum unterm Spitzboden. **Rechts:** Die Öffnung des Dachraums zum Spitzboden hin nimmt alle Enge. Die Dachkonstruktion ist geschickt zur Raumgliederung eingesetzt.

Der Wechsel zwischen hellen und dunklen Hölzern bewirkt optisch eine Erhöhung und Streckung des Raumes.

Kleine, verwinkelte Badräume lassen sich durch großflächig eingesetzte Spiegel vergrößern.

breite, durch die Öffnung des Raumes in ganzer Länge, durch den einheitlichen Bodenbelag und die gleiche Gestaltung der Dachuntersicht (Abbildung 4). Die Belichtung, häufig ein Problem, kann durch die Verglasung der Dachterrasse gewährleistet werden. Je nach Lage ist allerdings dann für ausreichenden Sonnenschutz zu sorgen.

Die hohen Dachgeschosse in den Mehrfamilienhäusern vieler Großstädte lassen sich häufig wie ein Vollgeschoß nutzen. Je nach Bestimmung des Raumes (Abbildung 5) wird man mit den sichtbaren Teilen der Konstruktion verfahren. Soll sie optisch zurückgedrängt werden, ist Weiß als Farbe zu empfehlen, zumal das Holzwerk ohnehin aus Gründen des Brandschutzes mit Feuerschutzplatten umkleidet werden muß.

Eine zweite Ebene unterm Dach: die Empore

Das Spiel mit mehreren Ebenen, das zu reizvoller Raumspannung führen kann, läßt sich unterm Dach besonders gut spielen: Deckendurchbrüche, Emporen, Treppen bringen mannigfaltige Effekte, wie Abbildung 6 auf der vorherigen Seite deutlich zeigt.

Kein Dachraum kann so verwinkelt sein, daß er nicht zu nutzen wäre. Wenn Grundbedingungen wie Höhe, Belichtung, Dachneigung stimmen, dann läßt sich mit Phantasie zu hübschen Lösungen kommen. Selbst auf wenig Quadratmetern (Abbildung 7) ist Raum für eine Küche mit Eßtheke, kann vom Wohnraum noch ein Teil als Eßraum genutzt werden.

Unter schrägen Wänden ist auch gut schlafen. Man kann bei der Gestaltung dieses Bereichs seine Lieblingsfarben wählen (Abbildung 8) oder

Oben links: Eine Trennung des Dachraums, die viel nützliche Regalfläche einbringt und attraktiv wirkt. Oben rechts: Abgerundete Kanten der Bau- und Ausstattungsteile führen zu besonderer Wirkung. Das Bett besteht aus Porenbeton. Rechts: Kinder fühlen sich unterm Dach wohl, empfinden Geborgenheit.

seiner Neigung zu graphisch wirkenden Lösungen folgen, mit denen sich aparte Raumwirkungen erzielen lassen (Abbildung 9). Hier ist auch die Regel beachtet: dunklere Töne nach unten, hellere Töne nach oben.

Holz ist in jeder Form als Klassiker beliebt

Holz, als Bekleidungsmaterial konsequent eingesetzt, macht Bäder behaglich. Dabei kann (Abbildung 10) der Wechsel von hellen und dunklen Hölzern raumerhöhend, raumstreckend wirken. Ergänzen lassen sich solche optischen Wirkungen der Paneele oder Profilbretter durch bewußt eingesetzte Spiegelflächen, wie sie Abbildung 11 zeigt.

Die Gegebenheiten eines Dachgeschosses einfallsreich zu nutzen kann zu willkommenen Wirkungen führen. Es gilt: Nichts dem Zufall überlassen, sondern jede Gegebenheit als Chance begreifen. Dafür stehen die letzten fünf Bildbeispiele (Abbildungen 12 bis 16) auf dieser Seite.

Gestalterische Reize schaffen: Das dem Dachverlauf angepaßte Regal macht aus einem einfachen Raum ein unverwechselbar gestaltetes Zimmer.

Einfallsreiche Nutzung einer Gaube als Arbeitsplatz. Prinzip: möglichst große helle und dunkle Flächen.

Die dunklen Verschläge, die mit halbvergessenen Dingen vollgestellten Räume im Keller, wie sie früher fast in jedem Haus zu finden waren, gelten uns heute als Platzverschwendung. Denn auch solche Räume lassen sich nach entsprechenden Umbaumaßnahmen zweckmäßig nutzen. Sie erhöhen den Wohnkomfort.

Mehr Raum durch Kellerausbau

Hausarbeitsraum: ansprechende Lösung bei trockenem Keller, mit guter Belüftung und Belichtung.

Quelle: Korzilius, EBA, Pfaff, Bauknecht, Hansa, Korte.

Wer das Kellergeschoß seines Hauses so ausbauen möchte, daß er die Räume lange und schadensfrei nutzen kann, muß sich, noch vor jeder Ausführungsplanung, über den Zustand des Kellergeschosses Klarheit verschaffen. Natürlich wäre der sicherste Weg, durch einen Fachmann eine Gebäudeanalyse erarbeiten zu lassen, als verläßliche Grundlage für alle künftigen Planungen. Doch in der Regel wird der erfahrene Architekt oder Handwerker zunächst nach Augenschein entscheiden, es sei denn, vorhandene Schäden zwingen zu gründlicher Untersuchung und Beseitigung. Ob der Keller trocken oder feucht sei, wird die erste Frage sein. Ursache einer Mauerwerksfeuchtigkeit bei älteren Häusern kann die fehlende senkrechte Abdichtung der Kelleraußenwand gegen das Erdreich sein, auch deren Schadhaftigkeit. Häufig fehlt auch die waagerechte Abdichtung, die das Aufsteigen von Feuchtigkeit im Mauerwerk unterbindet. Oft fehlt aber auch die Dränung. Wo solche Mängel Ursache der Feuchtigkeit sind, muß man den Fachmann rufen, der erfolgversprechende, auch wirtschaftliche Maßnahmen vorschlagen kann. Von Selbsthilfe ist hier abzuraten, es sei denn, ein Fachmann leitet dabei an. Doch darf man sich nicht täuschen lassen. Es muß nicht immer Feuchte aus dem Erdreich sein, wenn der Kellerfußboden naß ist.

Es kann auch sogenannte Kondensation die Ursache sein, zu der es immer dann kommt, wenn feuchtigkeitsgesättigte Luft auf kalte Gegenstände oder Flächen trifft. Tritt ein Brillenträger aus winterkalter Außenluft in einen warmen Raum: dann beschlägt die Brille. Das ist Kondensation.

Auf das richtige Klima kommt es an

Im Keller kommt es häufig im Sommer zu Kondensation. Das Erdreich hat im Mittel eine Temperatur von rund 10 Grad Celsius. Ein ungedämmter Kellerfußboden erwärmt sich auch im Sommer höchstens auf 12 bis 14 Grad Celsius. Streicht nun, zum Beispiel vor Gewittern, feuchtwarme Sommerluft durch die geöffneten Fenster in den Kellerraum, dann kondensiert die Feuchtigkeit auf dem kalten Fußboden oder an den erdberührenden Wänden. Ob es sich bei feuchtem Kellerboden um Feuchte handelt, die aus dem Erdreich aufsteigt oder um Feuchte, die durch Kondensation entsteht, läßt sich einfach klären: Man legt im Frühjahr eine Glasplatte auf den Fußboden. Sammelt sich darunter Feuchtigkeit an, innerhalb kurzer Zeit, kommt die Feuchte aus dem Erdreich. Wird die Glasplatte im Sommer auf der Oberfläche feucht, dann ist es Kondensat, das sich der Glasplatte mitteilt, dort niederschlägt. Mitunter können auch beide Ursachen zutreffen. Denn Erdreich, selbst sandiger Boden, hat immer eine bestimmte Erdfeuchte, die entweder durch die Kapillaren, die feinen Röhrchen in den Baustoffen, transportiert wird, doch auch in Form von Wasserdampf die Baustoffe passieren kann, sofern diese nicht dampfsperrend wirken. Von der Ursache der Feuchtigkeit hängen dann die Maßnahmen zur Abdichtung und Wärmedämmung ab. Um kein Mißverständnis aufkommen zu lassen: Diese stetige Erdfeuchte, die bei tonigen Böden bis zu 28 Volumen-Prozent betragen kann, ist zu unterscheiden von der Druckwasserbelastung, wie sie bei Hanglagen durch Oberflächen- und Sickerwasser anfallen kann.

Bauphysikalische Maßnahmen also werden darauf abzielen müssen, das Entstehen von Nässe im Keller weitgehend auszuschließen. Dazu gehört, neben der bereits erwähnten Abdichtung und Wärmedämmung, wirkungsvolle Lüftung, sorgfältig ausgeführte Bekleidung der Wände und Decken. Auch beim Mobiliar wird das Ziel, keinen Stau von feuchter Raumluft zuzulassen, im Auge zu behalten sein: Von Wandschränken ohne Hinterlüftung ist ebenso abzuraten wie davor, normale Schränke ohne ausreichenden Abstand vor die Wand zu stellen.

Die Nutzung bestimmt die Maßnahmen

Für die Wahl der einzelnen Maßnahmen ist die vorgesehene Nutzung entscheidend. Kurz gesagt: In der Regel will man durch Ausbauen Räume gewinnen, die beheizbar sind. Was für deren Ausbau als Richtschnur gilt, kann natürlich nicht auch für Kellerräume gelten, die als Wirtschafts-

Gleichmäßige Temperaturen sind für die Lagerung des Weins wichtig.

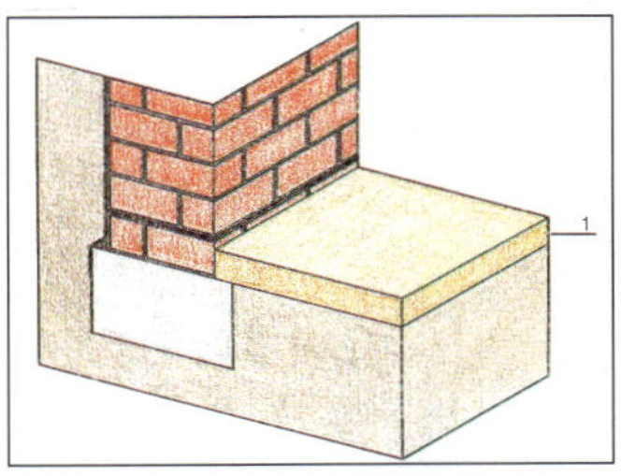

Fußbodenaufbau für Obstkeller: 10 cm Estrich aus gestampftem Lehm. Vorhanden: Senkrechte Abdichtung außen und waagrechte Abdichtung im Mauerwerk (1).

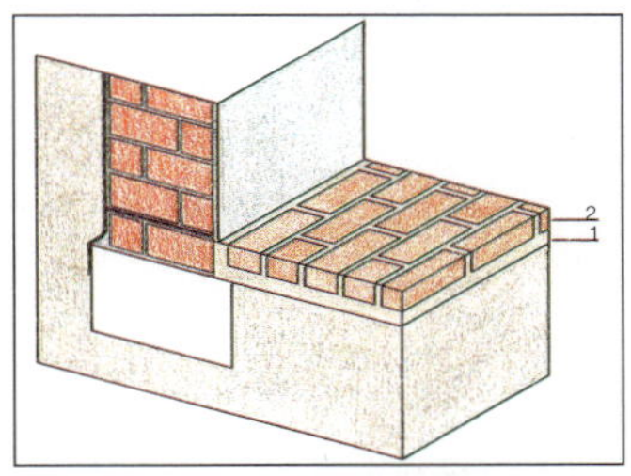

Fußbodenaufbau für den Weinkeller mit Ziegelpflaster: 5 cm Sandbett (1), Ziegel (Dünn- o. Normalformat, frostbeständig gebrannt), Fugenabstand von 5 mm einhalten (2).

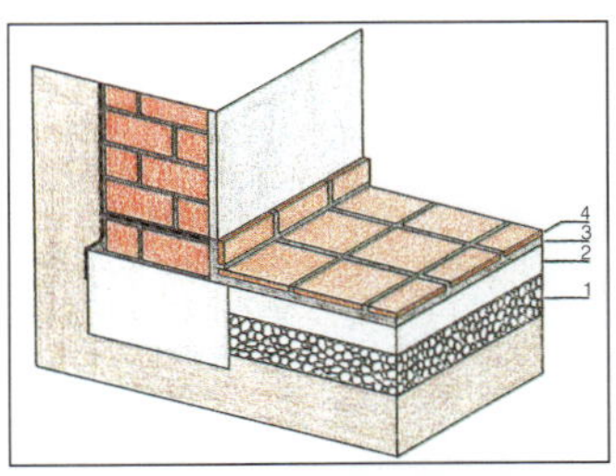

Kellerfußboden im Wirtschaftskeller, mit Zementestrich oder Fliesenbelag möglich: 8 cm Dränageschicht (1), 10 cm Stampfbeton (2), 2 cm Verbundestrich (3), Fliesenbelag im Dünnbettmörtel (4).

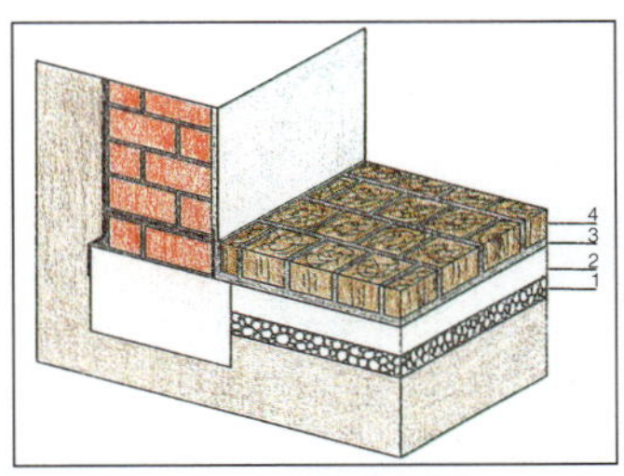

Fußbodenaufbau für eine Werkstatt im Keller: 8 cm Dränageschicht (1), 12 cm Stampfbeton (2), 20 - 25 mm Asphaltestrich als Abdichtung (3), 8 - 10 cm hohes Hirnholzpflaster mit ausgegossenen Fugen (4).

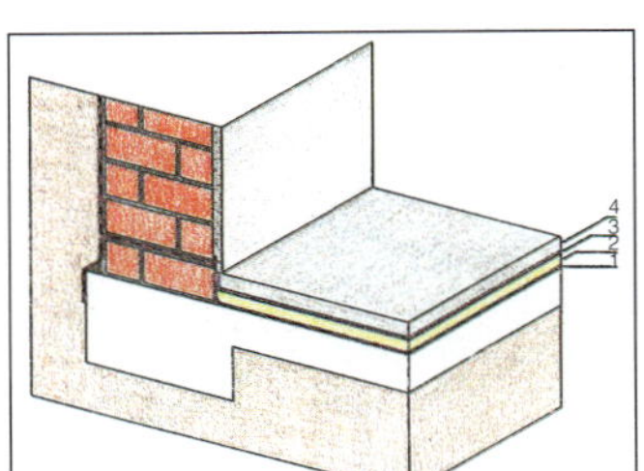

Fußbodenaufbau für Kellerräume, beheizt: Bitumendichtungsbahn, wannenförmig so weit hochgezogen, daß die Horizontalabdichtung überdeckt wird (1), belastbare Wärmedämmplatte (2), Abdeckfolie (3), 50 mm dicker Zementestrich (4).

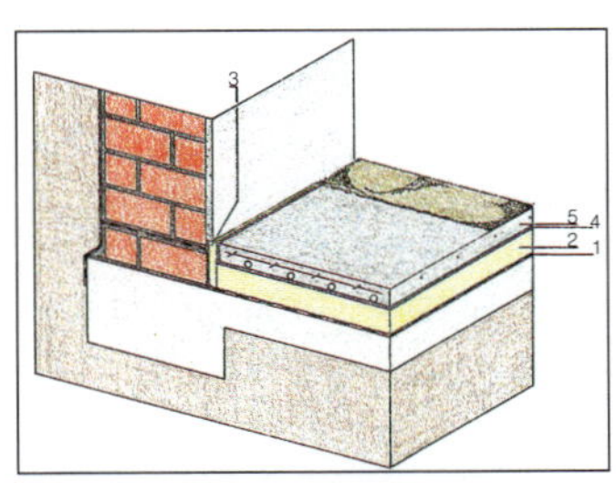

nach Balkowski

Schichtaufbau für Kellerräume mit Fußbodenheizung: Bitumendichtungsbahn (1), mind. 80 mm dicke, belastbare Wärmedämmschicht (2), Randstreifen aus 20 cm Mineralwolle (3), Abdeckfolie (4), Fußbodenheizung mit Speicherplatte (5).

und Lagerkeller, als Obst- und Gemüsekeller oder als Weinkeller genutzt werden sollen. Hier ist vor allem der Kellerboden, soll er zweckmäßig sein, anders aufzubauen. Doch bleiben wir bei den beheizbaren Räumen.

Dabei ist noch etwas zu beachten, um die Planung sicher zu machen: Ausbauten im Keller können unter Nutzungsänderung fallen. Nutzungsänderungen aber sind in der Regel genehmigungspflichtig, wobei, je nach Bundesland, die Forderungen der Landesbauordnungen sich unterscheiden. Ein frühzeitiges klärendes Gespräch mit dem Baurechtsamt, also der örtlichen Behörden, kann die Mindestanforderungen klären und späteren Ärger vermeiden. Wobei, verständlicherweise, dem Ausbau des Kellers zu dauerndem Aufenhalt die strengsten Forderungen entgegenstehen: Ohne bauliche Veränderungen ist kaum mit einer Genehmigung des Ausbaus zu rechnen.

So wird der Fußboden fachgerecht aufgebaut

Als erstes Problem stellt sich die Raumhöhe dar. Sie sollte eine mittlere Höhe von 2,50 Meter bis 2,60 Meter erreichen. Rechnet man für den Fußboden, je nach Nutzung, eine Aufbauhöhe von 10 bis 30 Zentimetern, dann bleibt meist nur der Weg, den Erdboden zwischen den Fundamenten auszuheben. Doch ist, je nach Situation, darauf zu achten, daß dadurch die Standsicherheit der Fundamente nicht gefährdet wird. Das kann geschehen, wenn der Aushub zu tief greift. Zumal bei alten Häusern, wo der Aufbau der Fundamente häufig zu wünschen übrig läßt. Hier sollte man besser einen Fachmann hinzuziehen. Auch durch die Wahl geeigneter Bauteilschichten kann

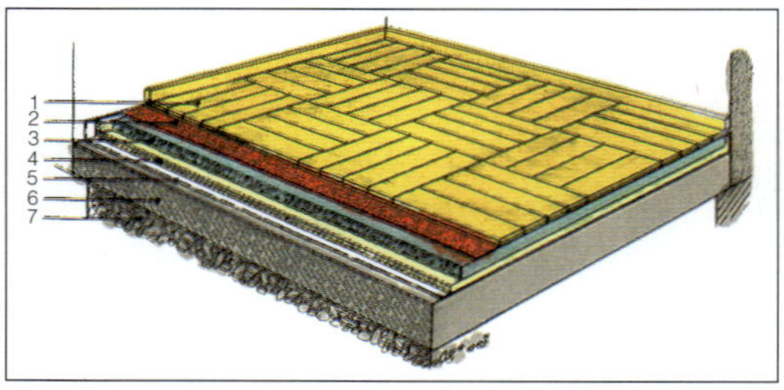

Fußbodenaufbau im Detail: Stabparkett als Oberbelag (1), Kleber (2), schwimmender Estrich , durch Randstreifen von Wand getrennt (3), Wärmedämmung (4), Feuchtigkeitssperre, an Wand wannenförmig hochgezogen (5), Unterbeton, Bodenplatte (6), Schotter (7).

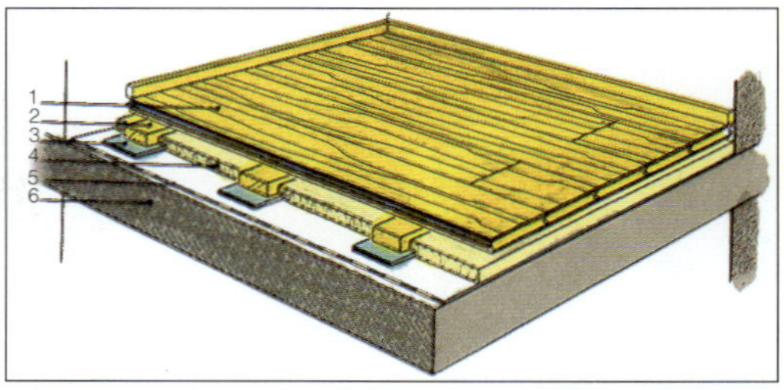

Fußbodenaufbau im Detail: freitragende Fertigparkettdielen als Oberbelag (1), verlegt auf Lagerhölzern (2), bituminierte Filzstreifen als Schallschutz (3), Wärmedämmung zwischen den Lagerhölzern (4), Feuchtigkeitssperre, an Wand hochzuziehen (5), Bodenplatte (6).

Holz ist gerade bei nachträglichen Ausbauten ein beliebter Baustoff. Aber beachten: Nur ein sorgfältiger Fußboden- und Wandaufbau garantiert in umgenutzten Kellerräumen eine zukunftssichere Lösung. Quelle: AG Holz

man an Aufbauhöhe sparen: indem man statt eines 50 Zentimeter dicken Zementestrichs einen 22 Millimeter dicken Trockenestrich einbaut. Denkbar sind auch unterschiedlich hohe Fußbodenebenen, die mit einer Schwelle überbrückt werden können. An der Treppe ist dann für einen vollen Stufenausgleich zu sorgen.

Eines allerdings sollte man nicht tun: auf einen fachgerechten Fußbodenaufbau verzichten. Als unterste Schicht für einen Fußbodenaufbau im Kellergeschoß wird, über einer Kiesschicht oder über dem trockenen Erdreich, eine Bodenplatte aus Beton oder aus Stampfbeton vorhanden sein. Oder, nach Vertiefung durch Bodenaushub, neu gegossen werden müssen. Der erste Schritt ist die Sicherung des Fußbodenaufbaus gegen eindringende Feuchtigkeit: Dazu erhält die Rohdecke, die Betonplatte, einen Bitumenvoranstrich, und darüber wird eine Bitumendichtungsbahn vollflächig verklebt, zum Beispiel eine beidseitig bituminierte Aluminium-Folie. Diese Dichtungsbahnen, die an Fuge und Stoß mindestens 10 Zentimeter überlappen müssen, werden an den umliegenden Wänden, auch an den Innenwänden, so hochgezogen, daß sie eine Wanne bilden und die waagrechte Abdichtung im Mauerwerk, soweit vorhanden, überdecken. Zumindest aber so hochgezogen sind, daß sie auch über den Estrich hinausreichen. Über diese Feuchtigkeits- und Dampfsperre wird die Wärmedämmung verlegt. Man wählt dafür Hartschaumdämmplatten oder Mineralwolleplatten, die belastbar sind, sich also für einen Einsatz unter Estrich eignen.

Sie sollten mindestens 40 Millimeter dick sein. Zum Beispiel Styropor des Güteschutztyps PS 20 SE, der sich zum Verlegen unter druckverteilenden Böden ohne Trittschallanforderung eignet, schwarz/rot gekennzeichnet ist und mit versetzten Stößen verlegt wird.

Darüber kommt eine Abdeckung aus Bitumenpapier oder Polyäthylenfolie. Sie verhindert auch, daß Estrichmörtel, denn der Estrich stellt die nächste Schicht dar, in die Fugen der Dämmplatten dringt. Der Zementestrich wird nun in einer Dicke von 40 bis 50 Millimeter aufgebracht. Oder auch ein Trockenestrich, aus Trockenunterboden-Elementen, die aus bis zu drei Lagen Gipskarton- oder Gipsfaserplatten bestehen.

Die Elemente, mit Nut und Feder versehen, eignen sich auch zum Verlegen über Fußbodenheizungen. Ratsam ist, vor allem wenn Fußbodenheizung gewählt wird, den Estrich schwimmend zu verlegen. Das bedeutet: der Estrich ist von den Umgebungswänden durch einen Randstreifen aus mindestens 20 Millimeter dickem Wärmedämmstoff getrennt. Dadurch wird auch die Schalldämmung wesentlich verbessert. Als vollkommen wasserdicht läßt sich auch ein Gußasphaltestrich aufbringen.

Fußbodenheizung in Kellerräumen möglich

Bevor wir uns den Bodenbelägen zuwenden: Reicht die Raumhöhe aus, ist der Einbau einer Fußbodenheizung zu erwägen. Das erfordert allerdings einen leicht veränderten Aufbau: Die Wärmedämmschicht wird zu verstärken sein, mindestens auf 80 Millimeter Dicke. An die Stelle des Estrichs beim normalen Fußbodenaufbau tritt die Speicherplatte der Fußbodenheizung, ebenfalls schwimmend verlegt, daß heißt, durch einen Dämmstoffstreifen von den umschließenden Wänden getrennt. Hier hat die schwimmende Verlegung das Ziel, den Abfluß von Wärme aus der Speicherplatte in die Wände zu unterbrechen. Die Entscheidung für eine Fußbodenhei-

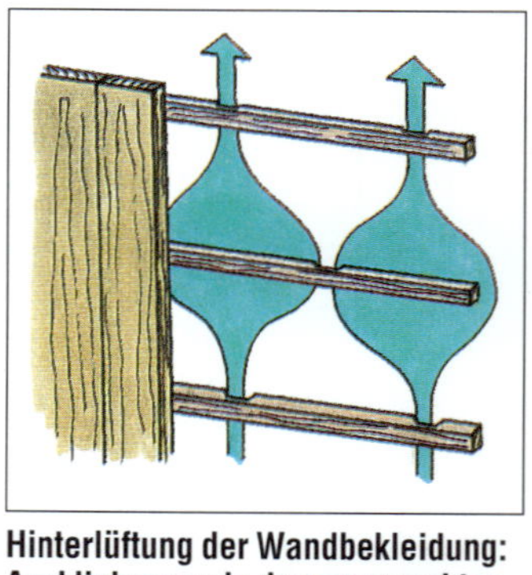

Hinterlüftung der Wandbekleidung: Ausklinkungen in den waagrechten Traglatten ermöglichen Luftdurchzug und damit den Abtransport anfallender Feuchtigkeit.

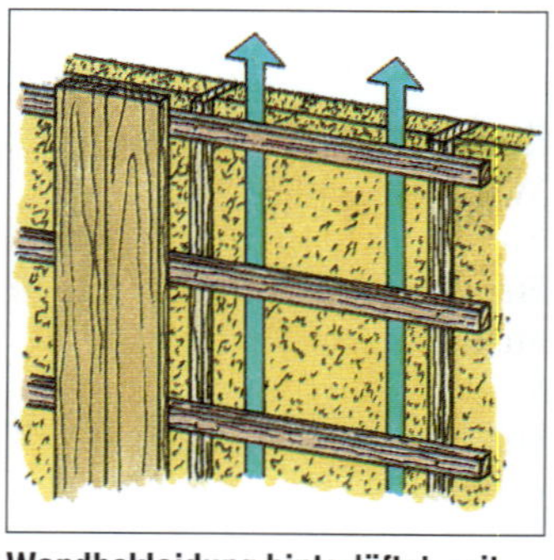

Wandbekleidung hinterlüftet, mit Wärmedämmung zwischen der senkrechten Lattung. Die Verkleidung ist an den waagrecht verlaufenden Konterlatten befestigt.

zung beeinflußt auch die Wahl der Bodenbeläge. Sie müssen temperaturbeständig sein und geringen Wärmedurchlaßwiderstand aufweisen. Besonders gut eignen sich keramische Fliesen und Platten. Fällt die Wahl auf Fliesen, dann wird die Oberfläche des schwimmend verlegten Estrichs oder der Speicherplatte glatt und eben abgezogen, und darauf werden die keramischen Fliesen im Dünnbettverfahren verlegt. Da sich Untergrund und Belag bei Erwärmung unterschiedlich ausdehnen, ist hier ein Spezial-Fliesenkleber einzusetzen.

Ist der Fußbodenaufbau dicht, so daß Feuchtigkeit, auch kapillar aufsteigende Feuchtigkeit, in gefährdender Menge nicht zu erwarten ist, dann eignet sich auch Fertigparkett, können auch Teppiche eingesetzt werden. Da Kunststoffbeläge keine Feuchtigkeit, auch in Dampfform nicht, hindurchlassen, ebensowenig wie versiegeltes Parkett, wird man den Aufbau über Randleisten mit Öffnungsschlitzen entlüften müssen. Natürlich gibt es auch Varianten des Fußbodenaufbaus. Welcher Bodenbelag schließlich gewählt wird, mit welchen Aufbaudetails, das hängt vom Geschmack, aber auch von den örtlichen Gegebenheiten ab.

Anforderungen an Wände und Decken

Alle Maßnahmen, die man an Wänden und Decken in Kellerräumen plant, unterliegen zwei Bedingungen: Sie müssen so ausgeführt sein, daß Feuchtigkeit, die möglicherweise von außen in den Keller eindringt, ebenso sicher abgeführt werden kann, wie Feuchtigkeit, die zum Beispiel beim schnellen Aufheizen eines Kellerraums als Kondenswasser an kalten Wandstellen anfällt.

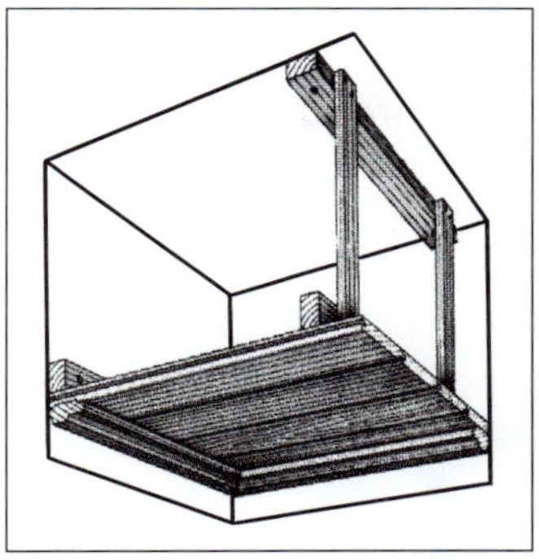

Abgehängte Decke. Wichtig: Hinterlüftung. Eingelegte Mineralwolle-Matten verbessern die Schalldämmung, an der Decke verklebte Dämmplatten die Wärmedämmung.

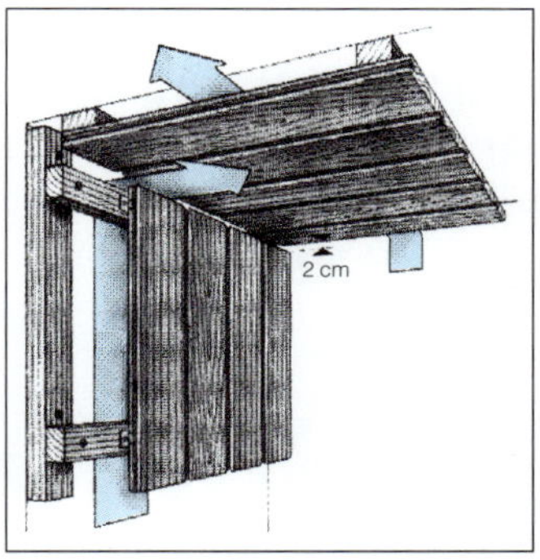

Korrekte Hinterlüftung bei Wand- und Deckenbekleidung, schematisch. Entscheidend: Zu- und Abluftöffnungen, um Luftbewegungen zu ermöglichen. Quelle: AG Holz

Der sicherste Weg ist, sofern man sich nicht auf dampfdurchlässigen Putz beschränkt, sämtliche Bekleidungen an Wand und Decke hinterlüftet auszuführen. Die Bekleidungsmaterialien, zum Beispiel Profilbretter oder Paneele, werden dabei durch eine Unterkonstruktion aus Holzlatten im Abstand zur Wand gehalten, so daß Luft von unten nach oben hinter der Verkleidung hindurchstreichen kann. Hinterlüftete Bekleidung ist auch mit Wärmedämmung möglich. Nach gleichem Prinzip ist an der Decke zu verfahren, wo die Unterkonstruktion als Abhängung dient. Um die Probleme zu verdeutlichen, die hier auftreten können, müssen wir noch einmal auf das Thema Abdichtung und Wärmedämmung zu sprechen kommen. Der Idealfall wäre freilich: Abdichtung von außen, Wärmedämmung von außen. Doch zeigt die Praxis, daß dieser Idealfall oft nicht zu schaffen ist. Zum Beispiel, weil wegen eines Nebenhauses Abgraben nicht möglich ist. Bleibt Innenabdichtung, Wärmedämmung innen.

Eine Innenabdichtung aber durch dichten Putz kann dazu führen, daß die Feuchtigkeit im Mauerwerk weiter nach oben steigt, Salze ausblühen. Auch die Wärmedämmung von innen ist nicht unproblematisch. Machen wir uns die Probleme einer Innendämmung an den Vorteilen einer Wärmedämmung von außen klar: Die Wand bleibt warm, Spannungen treten nicht auf, Installationen frieren nicht ein, es gibt keine Kondenswasserbildungen. Um die Probleme der Kellerabdichtung und der Wärmedämmung von innen fest in den Griff zu bekommen, ist es nötig, einen Fachmann hinzuzuziehen. Er kann auch entscheiden, ob eine dampfsperrende Folie nötig ist. Die Wärmedämmung der Decke dagegen ist verhältnismäßig einfach zu lösen. Man kann die Wärmedämmung in die abgehängte Decke einbringen, oder, wenn die Decke eben ist, Dämmstoffplatten an die Decke direkt kleben.

Grundrißkorrekturen mit neuen Zwischenwänden

Um Kellerräume nach Wunsch nutzen zu können, ist es oftmals nötig, neue Zwischenwände einzuziehen. Hierfür kann man sich, um spätere Veränderungen nicht auszuschließen, auf Leichtbauwände beschränken. Sie bestehen aus Metallprofilen oder aus Holzbalken, die beidseitig beplankt werden: mit Gipsbauplatten oder mit Naturholz. Die Hohlräume zwischen den Bekleidungen werden mit Wärmedämmung ausgefüllt. Doch kann man solche Zwischenwände, vor allem, wenn ein großer Kellerraum zu unterteilen ist, auch zum Beispiel in Porenbeton ausführen. Diese Wände können dann verputzt oder bekleidet werden.

Der Ausbau von Kellerräumen kann den Wohnkomfort erhöhen, wenn man eine fachgerechte Lösung sucht.

WAS FÜR DIE PLANUNG ZU ÜBERLEGEN IST

- ☐ Raumhöhe vor Ausbau?
- ☐ Raumhöhe nachher?
- ☐ Vorgeschriebene Mindesthöhe?
- ☐ Feuchtigkeit wo?
- ☐ Feuchtigkeitsabdichtung vorhanden?
- ☐ Wärmedämmung vorhanden?
- ☐ Keller ausreichend zu belichten?
- ☐ Keller gut zu belüften? (Vorsicht: Auspuffgase!)
- ☐ Geplanter Fußbodenaufbau?
- ☐ Geplante Wandgestaltung: Putz, Bekleidung?
- ☐ Geplante Deckengestaltung?
- ☐ Installationen : Heizung, Sanitär, Elektro?
- ☐ Trennwand?
- ☐ Türen?
- ☐ Schallschutz, Einbruchschutz?
- ☐ Fachleute zu Rate ziehen? Architekten, Statiker, Fachingenieure, Handwerker?
- ☐ In Eigenleistung?
- ☐ Ausbau genehmigungspflichtig?
- ☐ Ist Wirtschaftlichkeit des Ausbaus zu erreichen?

Lärm ist ein ernstes Umweltproblem und bedroht die Gesundheit. Außenlärm und Innenlärm. Lärmig oder still: Das entscheidet heute über den Wohnwert eines Hauses oder der Wohnung. Dennoch werden die Beeinträchtigungen noch immer unterschätzt.

Ohne Schallschutz geht es heute nicht

Foto: G+H

Die Gesellschaft für Lärmbekämpfung zeigt in ihrer Lärmfibel, was Sie gegen ständige Lärmbelästigung unternehmen können.

Lautstärken bekannter Geräusche*

110 dB(A)	laute Hifi-Anlagen
100 dB(A)	Preßlufthammer
80 dB(A)	starker Straßenverkehr, laute Rundfunkmusik
70 dB(A)	geräuscharme Schreibmaschine, Unterhaltungssprache in Gaststätte
60 dB(A)	Staubsauger, mittlerer Straßenverkehr
50 dB(A)	Geschäftsräume, ruhige Gaststätten
40 dB(A)	ruhige Wohnstraße
30 dB(A)	ruhige Wohnung
20 dB(A)	leichtes Blätterrauschen
0 dB(A)	Hörgrenze

* Aussagekräftig in Relation zur oberen Hörgrenze (Schmerzempfindung) von 130 dB(A).

Wer neu baut, meint alle Probleme loszusein, wenn in dem Bauvertrag die Klausel „Schallschutz nach DIN" steht. Doch handelt es sich bei der DIN 4109 lediglich um Mindestanforderungen, die längst nicht ausreichen. In bestehenden Häusern aber stellt sich oft das Problem nachträglichen Schallschutzes. Problem deshalb, weil die Zahl erfolgversprechender Maßnahmen hier sehr begrenzt ist. Mancher geschickte Selbermacher mußte schon erleben, daß viele Stunden Arbeit das Übel nicht besserten, sondern verschlimmerten. Schuld daran tragen meist die Schallnebenwege, ein kompliziertes physikalisches Problem.

Auch Handwerker und Architekten sind hier in der Regel überfordert. Helfen kann zuletzt nur der Beratende Ingenieur für Bauakustik – oder abraten. Belastungen durch Schall können von außen kommen oder durch Mitbewohner des Hauses. Bei Außenlärm erweisen sich als schalltechnische Schwachpunkte eines Hauses das Außenmauerwerk, Fenster und Türen, das Dach, Lüftungsöffnungen, Schornsteinzüge, Nebenräume und Nebenwege. Schwachpunkte im Inneren des Hauses sind: Wände, Decken, Türen, Installationsleitungen. An den Schwachstellen setzen in der Baupraxis die Maßnahmen an: entweder Schalldämmung, Schalldämpfung, Schallschluckung oder Verminderung der Schallüberleitung, also Unterbrechung der Schallnebenwege.

Grundsätzlich kennt man zwei Schallarten: Luftschall und Körperschall. Luftschall breitet sich von einer Schallquelle, zum Beispiel einer Stereo-Anlage, in der Luft aus und kann feste Körper wie zum Beispiel Wände und Decken zum Schwingen bringen (Schallübertragung).

Schall wird oft zum störenden Lärm

Ein Schlag mit dem Hammer gegen die Wand erzeugt Körperschall. Körperschallanregung von Geschoßdecken wird auch als Trittschall bezeichnet. Die Unterscheidung der einzelnen Schallarten ist schon deshalb wichtig, weil sie unterschiedliche Bekämpfungsmaßnahmen erfordern. Auch zwischen Schall und Lärm müssen wir unterscheiden: Schall ist ein physikalischer Begriff und meßbar, auf den Menschen wirkt Schall als störender Lärm, wobei die Menschen sich in der Störempfindlichkeit beträchtlich unterscheiden. Reine Meßwerte sagen also nichts über das Lärmempfinden des Menschen aus. Und nichts über die erlittene Störung.

Die Maßeinheit für die Lautstärke eines Schalls, des Schalldruckpegels, ist das Dezibel (dB). Diese Dezibel-Skala mußte logarithmisch aufgebaut werden, weil es anders nicht möglich war, die riesige Spanne der Schallintensität vom relativen Wert 1 (Hörschwelle) bis zum Wert 10 Billionen (Schmerzgrenze) zu er-

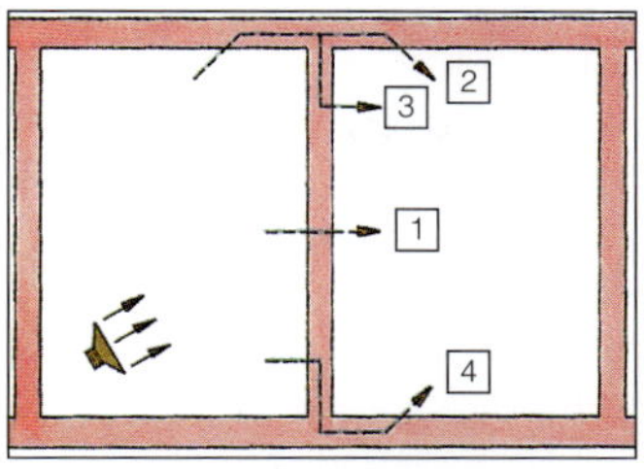

An Schallübertragungswegen zwischen zwei Räumen sind zu unterscheiden: 1 Weg durch die Trennfläche, 2 entlang der flankierenden Wände oder Decken, 3 von der flankierenden Wand über die Trennfläche, 4 von der Trennfläche auf die Längswände.

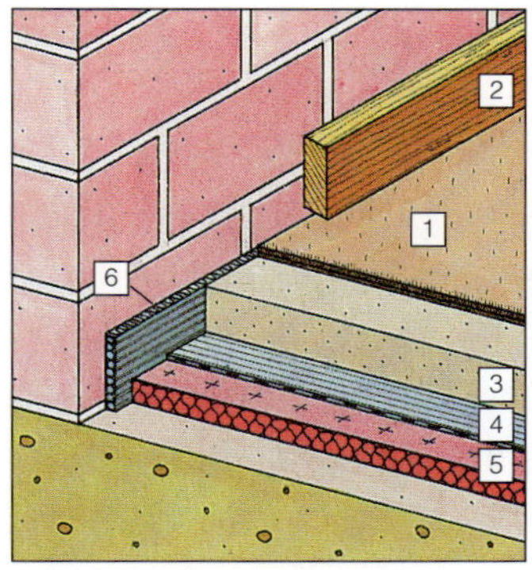

Trittschalldämmender, schwimmend verlegter Estrich auf einer Betondecke: 1 weicher Bodenbelag, 2 Sockelleiste (Holz oder PVC), bei hartem Bodenbelag unbedingt auf Luftspalt achten!, 3 Estrich, 4 Abdeckung, 5 Trittschalldämmatte, 6 Randstreifen.

fassen. Man legte also Werte von 0 bis 130 dB zugrunde. Der logarithmische Aufbau führt allerdings zu Rechenregeln, die oft Verwirrung stiften. Erhöht man zum Beispiel einen Schallpegel um 10 dB, so entspricht das einer Verzehnfachung der Schallintensität. Addiert man Schallpegel, so ergeben 50 dB + 50 dB eben nicht 100 dB, sondern 53 dB. Eine Erhöhung oder Verminderung des Schallpegels um 3 dB entspricht einer Verdoppelung oder einer Halbierung der Schallintensität.

Daß das menschliche Ohr nicht für alle Frequenzen, Tonhöhen, gleich empfindlich ist, wird bei Messungen des Schalls durch Bewertungskurven nachvollzogen. International wird die Kurve A angewandt, also dB(A). Das alles sei nur erwähnt, um vor Mißverständnissen und Fehleinschätzungen zu bewahren. Damit umzugehen, ist in jedem Fall Sache der Fachleute.

Schalltechnische Schwachstellen

Zur Außenwand: Die Luftschalldämmung ist bei einschaligen Bauteilen um so besser, je schwerer sie sind. Die mehrschalige Bauweise erreicht die gleiche Schalldämmung mit weniger Gewicht. Die Verbesserung ist um so größer, je biegeweicher die einzelnen Schalen sind, je freier und unabhängiger sie voneinander schwingen können und je größer der Abstand voneinander ist.

Beispiel: Eine 24 Zentimeter dicke Ziegelwand und eine zweischalige, dazu schalldämmend ausgeführte Gips-Holzständerwand, 20 Zentimeter dick, erreichen die gleiche Schalldämmung: 50 dB.

Fenster: Undichte Fenster mit Einfach- oder Isolierverglasung haben häufig nur eine Schalldämmung um 25 dB, damit ist sie 1000mal geringer als die einer guten Außenwand von 55 dB. Fenster sind hinsichtlich der geforderten Schalldämmung in Schallschutzklassen eingeteilt. Die höchste Forderung liegt bei 50 dB (Gebäude an großstädtischen Hauptstraßen). Forderungen an Schallschutzfenster: möglichst großer Scheibenabstand (zum Beispiel Kastenfenster), möglichst dicke Scheiben, Flügelrahmen und Blendrahmen möglichst getrennt, Fugendichtung möglichst mehrfach, hohlraumfreier, luftdichter Einbau der Fensterkonstruktion in den Baukörper, eventuell schallschluckende Leibungswandung, zusätzlich Lüftung des Raumes mit speziellen schallgedämmten Lüfterkonstruktionen, regelmäßige Wartung der Fenster. Vorsicht: Auch Rolladenkästen sind Schwachstellen. Ähnliche Forderungen sind an Außentüren zu stellen.

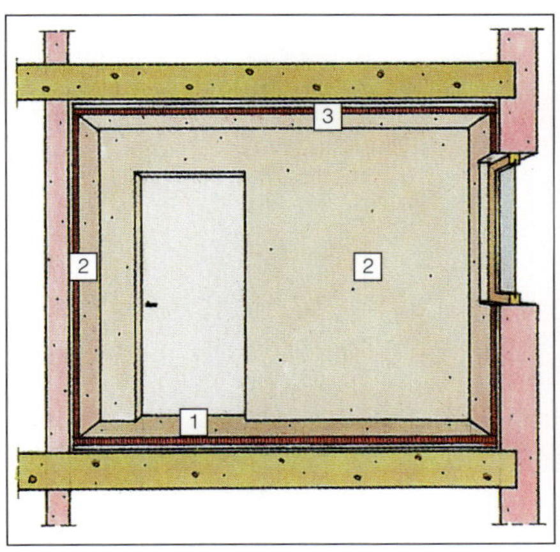

Schalldämmung eines Raumes gegen Störungen aus umliegenden Wohnungen: 1 zusätzlicher, weichgelagerter, schwimmender Estrich (z.B. 40 mm Spanplatten auf 25 mm Mineralwolleplatten), 2 elastisch gelagerte Vorsatzschale, 3 elastisch abgehängte Unterdecke (z.B. aus Gipskartonplatten mit einer Füllung von mindestens 25 mm Mineralwolleplatten).

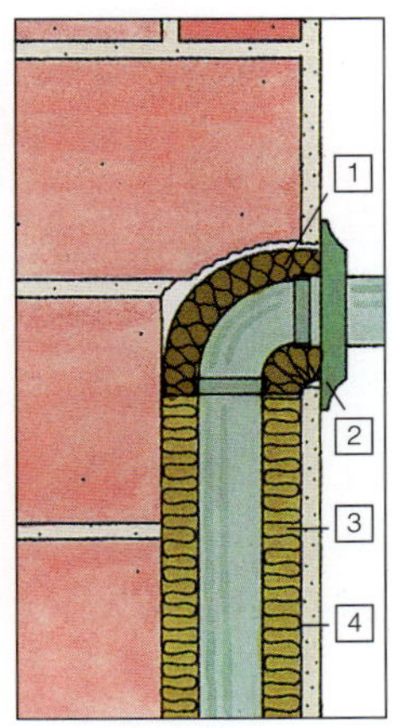

Wer modernisiert, sollte die Möglichkeiten nachträglicher Schallisolierung prüfen. Beispiel Wasserrohr: 1 Bandage aus Isolierband, 2 Gummischeibe, 3 Mineralwolle, 4 Putz.

Dach: Bei einer Verkehrsbelastung zum Beispiel von 10 bis 50 Fahrzeugen pro Stunde und einer Entfernung von unter 25 Meter von der Fahrbahnmitte raten Fachleute, ein Schalldämmaß von mindestens 35 dB anzustreben. Unter 10 Meter Entfernung sollten es 40 dB sein, bei über 50 Autos pro Stunde 45 dB. Mit Gipskartonplatten, zementgebundenen Spanplatten, dichter Dachdeckung, zum Beispiel in Mörtelbettung, Verbretterung, Mineralwollematten und Folien, fachgerecht ausgeführt, sind diese Werte zu erreichen. Trittschall: Als Maßnahme, Störungen durch Trittschall zu mindern, eignet sich der schwimmende Estrich, der als Naß- oder als Trockenestrich ausgeführt werden kann. Wesentlichster Punkt: Der Aufbau ist von den Umgebungswänden durch einen schalldämmenden Randstreifen und von der Rohdecke durch Dämmatten getrennt, so daß Schallbrücken vermieden werden. Bei Holzbalkendecken sind weitere Maßnahmen: hohlraumdämpfende Mineralwollefüllung und biegeweiche Unterdecke aus Gipskartonplatten auf Lattung.

Der Schallpegel in der Wohnung leiser Nachbarn liegt bei 70 bis 80 dB(A), bei lauten Nachbarn bei 80 bis 95 dB(A). Demgegenüber soll in unserem Schlafzimmer ein Schallpegel von 25 bis 30 dB(A), in unseren Wohnräumen von 30 bis 35 dB(A) nicht überschritten werden. Maßnahmen je nach Situation: schallschluckende, hochflorige Teppiche, Schallschlucktapeten, schalldämmende Vorsatzschalen zum Beispiel aus Gipskartonplatten, schalldämmende, schallschluckende abgehängte Decken. Der Rat des Fachingenieurs kann hier vor Enttäuschungen schützen. Die Verminderung der Lärmstörungen durch geeignete Maßnahmen zählt zu den schwierigsten bauphysikalischen Aufgaben. Jeder Fall liegt anders. Das trifft vor allem für nachträgliche Maßnahmen zu. Und: Nicht alle Probleme sind lösbar, leider.

Eines der Ziele des Innenausbaus sind behagliche Räume mit gesundem Raumklima. Ausreichende Dämmwerte der Außenwände sind dafür Voraussetzung. Bauphysikalisch bleibt die nachträgliche Dämmung außen die günstigste Lösung. Wo sie nicht möglich ist, bietet sich in der Innendämmung eine gangbare Alternative.

Innendämmung – fachgerecht ausgeführt

Welche Vorteile bietet eigentlich eine Innendämmung? Eine ganze Reihe: Bei nachträglichem Einbau ist keine Baugenehmigung erforderlich. Fassaden, wie zum Beispiel Naturstein-, Klinker- oder Fachwerkfassaden, bleiben erhalten; die Dämmung kann Raum für Raum oder Stockwerk für Stockwerk vorgenommen werden; die Oberflächentemperatur an der Innenseite der Außenwand wird dadurch höher, das verbessert auch die thermische Behaglichkeit des Raumes; Innendämmung ist preisgünstig; Feuchteschäden lassen sich künftig vermeiden.

Diesen Vorteilen stehen Nachteile gegenüber, die indes durch fachgerechte Maßnahmen meist auszugleichen sind. Der Wärmeschutz der sogenannten einbindenden Wände und Decken wird durch Innendämmung nicht mitverbessert. Das kann zu Wärmebrücken führen. Sie lassen sich verhindern, wenn man die einbindenden Innenwände und die Decken ebenfalls dämmt, mit einem Dämmstoffkeil, der sich in der Dicke nach innen zu verjüngt. Diese Wärmedämmschichten zu beiden Seiten der Querwand sollten mindestens 0,5 Meter breit sein. Ein weiterer Nachteil: Die Speicherwirkung der Außenwand wird zunichte; das bedeutet Frostgefahr zum Beispiel für Kaltwasserrohre in der Außenwand. Sie sind deshalb möglichst auf eine Innenwand zu verlegen.

Innendämmung durch freitragende Vorsatzschale aus Metall-Profilen, die mit Dämmstoff ausgelegt und mit Gipsbauplatten beplankt werden. Knauf

> **TIP**
>
> Innendämmung lohnt sich
>
> **Innendämmung muß fachgerecht ausgeführt sein. Deshalb sollten Sie die Arbeit einer Fachfirma übertragen oder sich zumindest im Einzelfall von einem Fachmann beraten lassen. Darüber nachzudenken lohnt in jedem Fall: Denn schon mit einer 5-6 cm dicken Dämmschicht (Wärmeleitfähigkeitsgruppe 040) können Sie ausreichende Dämmwerte erreichen.**

Daß die Wärmespeicher-Funktion der Außenwände durch die Innendämmung verlorengeht, spielt für den Heizenergieverbrauch aber so gut wie keine Rolle. Denn die speicherfähige Masse der Außenbauteile ist sehr gering, verglichen mit dem speicherfähigen Innenbereich, zum Beispiel den Innenwänden. Lediglich zwei Nachteile, die ihre Ursache in der Verkleinerung der Grundfläche haben, sind durch Maßnahmen nicht direkt abzufangen: So kann es durch die nachträglich angebrachte Innendämmung zu Problemen bei Einbau-Systemen führen. Und ein zweiter Nachteil: Bei Mietwohnungen kann dadurch die Kalkulation des Mietzinses beeinflußt werden.

Innendämmung wird günstig vor allem dann auszuführen sein, wenn der Putz ohnehin ausgebessert werden muß, die Fenster zu sanieren sind oder Tapezieren ansteht.

Welche Möglichkeiten der Innendämmung gibt es?

Zwei Systeme haben sich als Innendämmung bewährt: Vorsatzschalen und Wärmedämmverbundplatten. Bei Innendämmung mit Vorsatzschalen werden Gefachkonstruktionen aus Holzrahmen oder Metallprofilen mit Mineralwolle oder Styropor ausgelegt und zum Beispiel mit Gipsbauplatten beplankt. Beachten: In den meisten Fällen werden zwischen Dämmung und Beplankung Dampfsperren nötig sein.

Das zweite System: Wärmedämmverbundplatten. Sie bestehen aus Gipskarton- bzw. Gipsfaserplatten oder Holzwolle-Leichtbauplatten mit einer Schicht aus Styropor oder Mineralwolle. Zwischen dem Dämmstoff und der Bauplatte kann eine Dampfsperre eingezogen sein, zum Beispiel eine Aluminium-Folie.

Auf ebenen Wandflächen werden die Verbundplatten einfach mit Fugenfüllern angesetzt. Unebene Flächen erfordern mehr Aufwand. Sie werden zunächst durch waagrecht und senkrecht angebrachte und eben ausgerichtete Plattenstreifen aus Gipskarton begra-

Montage der Gipsbauplatten auf Federschienen, die auf Grundlattung oder Holzständerwänden befestigt sind, verbessert auch die Schalldämmung der Vorsatzschalen. Ausfachen der Felder zwischen den Federschienen mit Wärmedämmstoff erhöht zusätzlich die Wärmedämmung.

Innendämmung durch Verbundplatten, hier mit Styropor als Dämmung und Alufolie als Dampfsperre. Ansetzen der Platten durch Spezialmörtel, der oben und unten streifenförmig, im Feld batzenweise angebracht wird.

Heizkörpernischen sind häufig Wärmebrücken. Ihre Dämmung durch ein einbaufertiges Brüstungselement und eine fachgerechte Dämmung der Fensterleibung sind wichtige Details der Innendämmung. Fotos: Knauf

digt. Darauf setzt man die Verbundplatten mit Spezialmörtel an. Die Übertragung von Trittschall läßt sich verhindern, wenn man zwischen Platte und Fußboden durch untergelegte Keile oder Materialstreifen für Distanz sorgt. Dieser Zwischenraum wird später durch die Sockel-Leiste verdeckt.

Problem Dampfsperre läßt sich leicht lösen

In bewohnten Innenräumen entsteht durch Wohn- und Lebensvorgänge (unsichtbarer) Wasserdampf. Aus physikalischen Gründen strömt dieser Dampf meist nach außen und dringt dabei in die Wand ein. Das kann zu sogenanntem Tauwasserausfall im Wandinneren oder an den Wandoberflächen führen.

Zum besseren Verständnis: Bei einer Raumlufttemperatur von + 20 Grad Celsius und einer relativen Luftfeuchtigkeit von 70 Prozent beträgt die zu beachtende Taupunkttemperatur + 14,4 Grad Celsius. Werden diese + 14,4 Grad Celsius unterschritten, zum Beispiel an Außenecken oder den Wärmebrücken in Außenwänden, dann schlägt sich an den Oberflächen der Wände Tauwasser nieder; Schimmelpilze können sich bilden.

Eine fachgerecht ausgeführte Innendämmung kann solche Schäden verhindern. Voraussetzung: Eine luftdichte Dampfsperre auf der Innenseite muß die Wasserdampfwanderung weitgehend unterbinden. Ob eine Sperre nötig ist, hängt von den Wandbaustoffen, den Dämmstoffen, der dampfdichten oder dampfdurchlässigen Beschichtung auf der Innenseite und dem Feuchtigkeitsanfall durch die Nutzung ab.

Undichtigkeiten oder Beschädigungen in dampfsperrenden Schichten oder undichte Anschlüsse an angrenzende Bauteile sind also in jedem Fall zu vermeiden. Stöße und Anschlüsse müssen mit Folien überdeckt und verklebt werden. Wird Mineralwolle als Dämmstoff eingesetzt, sollte man keinesfalls auf eine Dampfsperre verzichten. Bei Verbundplatten mit Styropor ist eine Dampfsperre dann nicht erforderlich, wenn es sich bei den Außenwandbildnern um dampfdurchlässige Baustoffe handelt: zum Beispiel um Bims, Porenbeton, Kalksandlochstein, Hochlochziegel. Der Grund ist: Styropor selbst setzt dem Wasserdampfdurchgang Widerstand entgegen, wirkt also in diesem Fall wie eine Dampfsperre.

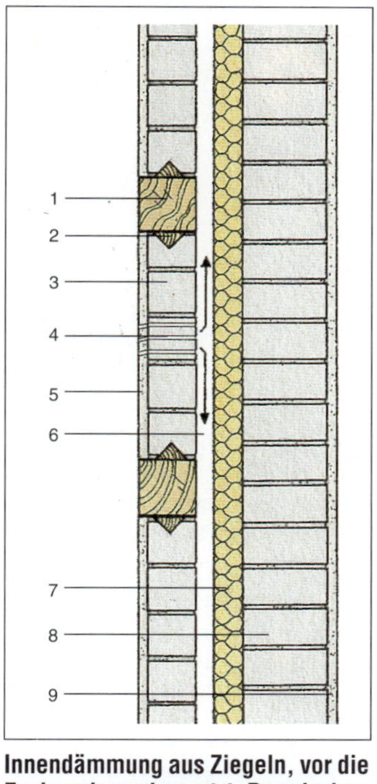

Innendämmung aus Ziegeln, vor die Fachwerkwand gesetzt. Dazwischen Wärmedämmung und Hinterlüftungsschicht: 1 Eiche, 2 Dreikantleiste, 3 Ausfachung, 4 Lüftungsstein, 5 Putz, 6 Hinterlüftung, 7 Dämmung, 8 Ziegelschale, 9 Innenputz.

Atmende Wände gibt es nicht

Anders bei dichten Wandbaustoffen wie zum Beispiel Klinker, Kalksandstein-Vollsteine, Natursteine und Beton. Dort ist eine zusätzliche Dampfsperre einzuplanen. Vielfach hört man gegen Dampfsperren den Einwand, die „Atmungsfähigkeit" der Wand würde dadurch gestört. Aber Wände atmen nicht. Gemeint ist damit ihre Wasserdampfdiffusionsdurchlässigkeit. Tatsache ist: Der Feuchtehaushalt des Gebäudes und damit das Raumklima werden durch den Einbau einer Dampfsperre kaum beeinflußt. Deshalb ist die Dampfsperre nur wichtig, um Schadensbildung im Bauteil selbst zu verhindern. Die Raumluftfeuchtigekit zu regulieren, überschüssige Feuchtigkeit also abzuführen, muß Sache des richtigen Lüftens sein.

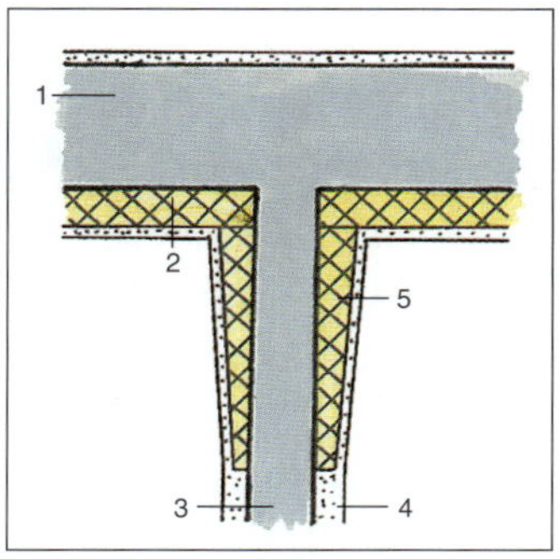

Wärmebrücken bei einbindenden Innenwänden oder Decken lassen sich ohne weiteres vermeiden, und zwar durch keilförmige Wärmedämmplatten: 1 Außenwand, 2 Innendämmung, 3 Querwand, 4 Innenputz, 5 Dämmstoffkeil.

Für Hausmodernisierung, Innenausbau gibt es eine ganze Reihe von vernünftigen Zielen. Drei Ziele fehlen darunter selten: Behaglichkeit, Wohnkomfort, gesundes Raumklima. Um sie zu erreichen, ist auch eine funktionssichere, moderne Heizung unverzichtbar.

Heizen: umweltbewußt, sparsam & bequem

Grundsätzlich kann man sagen: Heizkessel, die älter als 15 Jahre sind, arbeiten energiefressend, unwirtschaftlich und erzeugen zuviel Schadstoffe. Spartips, so gut gemeint sie sein mögen, helfen bei überalterten Heizungsanlagen wenig.

Ob eine vorhandene Heizungsanlage noch den heute notwendigen Anforderungen an Wirtschaftlichkeit und Umweltfreundlichkeit genügt, davon kann sich jeder selbst auf einfache Weise überzeugen: Hohe Raumtemperaturen im Heizungskeller, häufiger Stillstand des Brenners, Heizwassertemperaturen zwischen 70 und 90 Grad sind ungünstige Zeichen. Denn Wärme sollte nur dort abgegeben werden, wo sie benötigt wird. Und häufige Brennerstarts führen zu erhöhten Schadstoffemissionen, kurze Kessellaufzeiten zu hohen Stillstandsverlusten, hohe Heizwassertemperaturen zu Energieverschwendung.

Es gibt einen Wert, der auch den Laien ermöglicht, die Leistungsfähigkeit einer Anlage zu erkennen: der Jahresnutzungsgrad. Er gibt an, wieviel Prozent des eingesetzten Brennstoffes im Laufe des Jahres in nutzbare Wärme umgesetzt werden. Moderne Anlagen erreichen inzwischen Jahresnutzungsgrade von 80-90 Prozent und mehr.

Zwei Kesseltypen stehen generell zur Wahl: der technisch weiterentwickelte klassische Heizkessel und der Niedertemperaturkessel. Moderne Kessel des klassischen Typs werden heute mit einer Vorlauftemperatur bis 75 Grad Celsius betrieben und einer Rücklauftemperatur um etwa 60 Grad Celsius. Dem rücklaufenden Heizwasser wird über eine Rücklaufbeimischung jeweils soviel warmes Wasser aus dem Kessel zugeführt, daß er die Vorlauftemperatur erreicht, die dem Wärmebedarf angemessen ist. Dabei steuert ein Außenthermostat Kesseltemperatur und Rücklaufbeimischung.

Die Wärmeabgabe in die einzelnen Räume des Hauses wird bei Heizkörpern über Thermostatventile geregelt, die zwingend vorgeschrieben sind.

Moderne und preisgünstige Kessel des klassischen Typs entsprechen dem Stand der Technik und erfüllen alle Anforderungen der gültigen Heizungsanlagen-Verordnung.

TIP

Infos vor der Planung

Vor Einbau einer neuen Feuerstätte, ob Heizkessel oder Kachelofen, empfiehlt es sich, den Rat des Bezirks-Schornsteinfegermeisters kostenlos einzuholen. Die Adresse ist unter dem Stichwort „Stadtverwaltung“ im Fernsprechbuch zu finden. Auch das Bauordnungsamt oder das örtliche Versorgungsunternehmen können seine Adresse nennen.

Niedertemperaturkessel, gasbefeuert, mit leisem Brenner, da ohne Gebläse. Vormischung des Brennstoffs sorgt für weniger Schadstoffe. Weishaupt

Stand der Technik: Niedertemperaturkessel

Die zweite Heizkesselart, und was die allgemeinen Einsatzmöglichkeiten betrifft, der flexibelste Wärmeerzeuger, ist der sogenannte Niedertemperaturkessel. Die Unterschiede und der Nutzen sind leicht einzusehen: Der moderne klassische Heizkessel erzeugt Heizwasser in überwiegend engen Temperaturgrenzen und erreicht die gewünschten Temperaturen durch Beimischung. Der Niedertemperaturkessel dagegen kann gleitend in einem Temperaturbereich zwischen 35 und 75 Grad Celsius gefahren werden. Je nach Außentemperatur und erwünschter Heizleistung der Anlage. Seine Betriebstemperatur liegt also nicht viel höher, als für die Raumerwärmung nötig ist. Wärmeverluste wer-

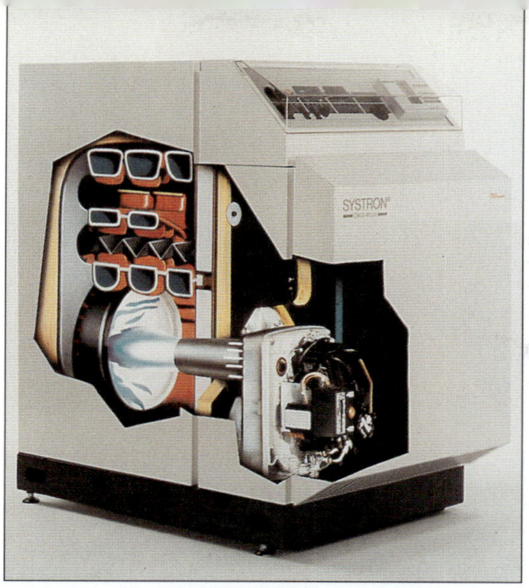

Heizkessel aus einer Serie aufeinander abgestimmter Geräte für Öl, Gas, Sonne, Luftwärme. Elco Klöckner

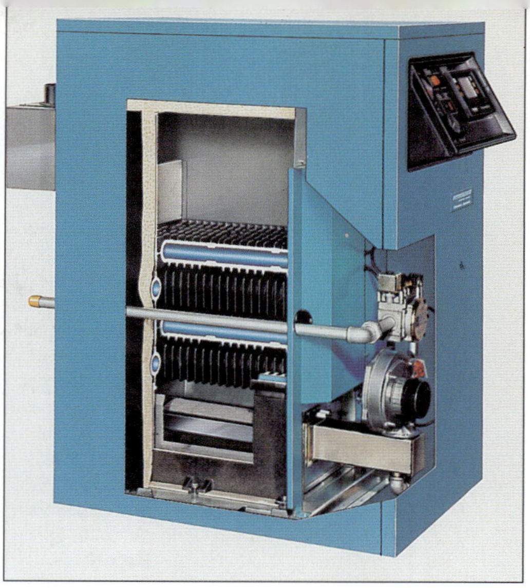

Gas-Spezialheizkessel mit zweistufigem Heizbetrieb und moderner Mikroelektronik. Hydrotherm

den so vermieden. Anders gesagt: Kessel- und Vorlauftemperatur sind beim Niedertemperaturkessel gleich.

Eine Niedertemperaturheizung läßt sich auch, bei Bedarf, in Zukunft von Öl oder Gas auf Wärmepumpe oder Solaranlage umstellen. Die niedrigeren Vorlauftemperaturen der Niedertemperatur-Anlagen erfordern auch größere Heizflächen. Bei einer Temperaturverminderung von früher 90/70 Grad Celsius auf eine Temperatur von 50/40 Grad Celsius muß die Heizfläche auf das Dreifache vergrößert werden. Womit natürlich nicht die Baugröße gemeint ist, sondern die vergrößerte Heizleistung des Heizkörpers.

Fußbodenheizung auch nachträglich möglich

Als Heizflächen für Niedertemperaturheizungen stehen auch Fußbodenheizungen zur Verfügung. Da bei dieser Heizungsart die Heizfläche noch größer ist, kann die Temperatur des Heizwassers noch weiter gesenkt werden. Die Entscheidung für eine Fußbodenheizung sollte bei nachträglichem Einbau in ein älteres Haus erst nach einer genauen Wärmebedarfsrechnung gefällt werden. Es muß sicher sein, daß die Wärmeabgabe der Fußbodenheizung ausreicht. Da bei Niedertemperaturkesseln natürlich auch die Abgastemperatur sinkt, besteht für den Schornstein die Gefahr der Durchfeuchtung beziehungsweise die Gefahr der Versottung. Seine Konstruktion wird also angepaßt werden müssen.

Noch höhere Kesselwirkungsgrade und damit auch höhere Jahresnutzungsgrade sind durch Brennwertkessel zu erreichen. Bei diesen Konstruktionen ist dem Brennraum ein Wärmetauscher nachgeschaltet, der den heißen Abgasen einen großen Teil ihrer Wärme entzieht. Diese Wärme wird benutzt, um die Temperatur des Wassers im Heizungsrücklauf vor Eintritt in die Brennkammer zu erhöhen. Die niedrigen Abgastemperaturen beim Brennwert-System führen zur Bildung von Kondensat. Beim Einsatz von Gas als Brennstoff ist es nur schwach sauer, bei der Verbrennung

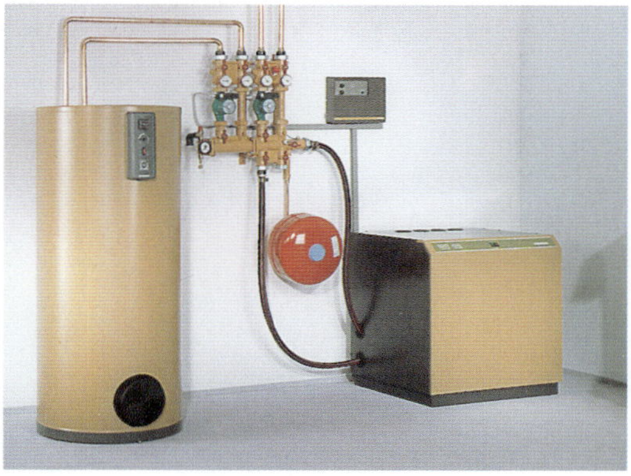

Wärmepumpen nutzen die Wärme von Luft, Boden oder Wasser. Dabei sollte die Wärmequelle eine möglichst konstante, hohe Temperatur liefern. Siemens

von Heizöl dagegen erhält man schweflige Säure. Dieses kondensierende Wasser muß nach den Vorschriften der Wasserwirtschaftsämter entsprechend abgeleitet werden.

Ein weiterer Vorteil, den Gas bei Brennwertkesseln bietet: ein höherer Wärmegewinn im Vergleich zum Öl. Fazit: Dieser relativ neuen Technik ist bei entsprechenden Rahmenbedingungen, die Ihr Heizungsfachmann sicherlich fundiert beurteilen kann, Priorität einzuräumen. Nicht zu leugnen sind die Probleme, die es nach wie vor mit kleinen ölbetriebenen Anlagen gibt.

Zentrale oder dezentrale Heizungsanlage?

Bei der Planung einer modernen Heizungsanlage stellt sich auch die Frage, was günstiger ist: Der Einbau einer Zentralheizung, bei der ein Kessel sämtliche Wohnungen mit Wärme versorgt, oder der Einbau von dezentralen Anlagen, Etagenheizungen also, bei denen jede Wohnung ihren eigenen Heizkessel hat. Heizkessel für Etagenheizungen können ohne weiteres in die Küchenunterschränke mit einbezogen werden, passen fast an jeden anderen unauffälligen Platz.

Für eine dezentralisierte Wärmeversorgung mit ihren kleineren Heizkreisen spricht, daß sie besser an den tatsächlichen individuellen Wärmebedarf anzupassen sind. Die kürzeren Heizungsrohre vermindern die Leitungsverluste bei der Wärmeverteilung. Darüber hinaus vereinfacht sich die Verbrauchsabrechnung des Brennstoffs. Eine Heizungsanlage, bei der die Entfernung zwischen Wärmeerzeuger und bedarfsgerechter Wärmeabgabe gering ist, läßt sich besser regeln. Das hat auch Konsequenzen für die Warmwasserbereitung. Dazu später mehr.

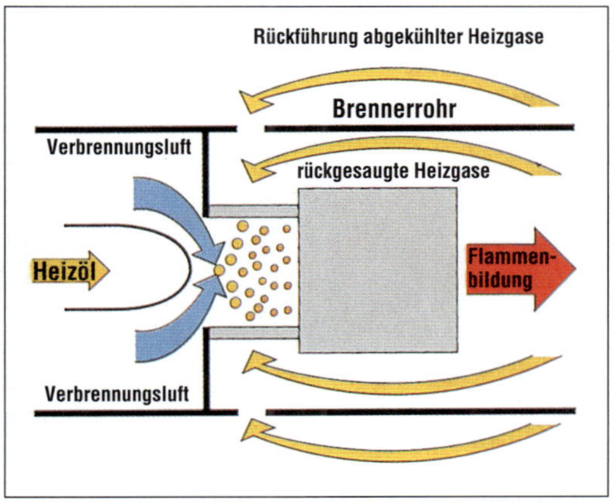

Umweltfreundliche Verbrennungstechnik: Durch Rückführung der Heizgase werden die Öltropfen vor der Verbrennung vollständig vergast, ohne daß Reste von Kohlenstoff in fester Form zurückbleiben. Buderus

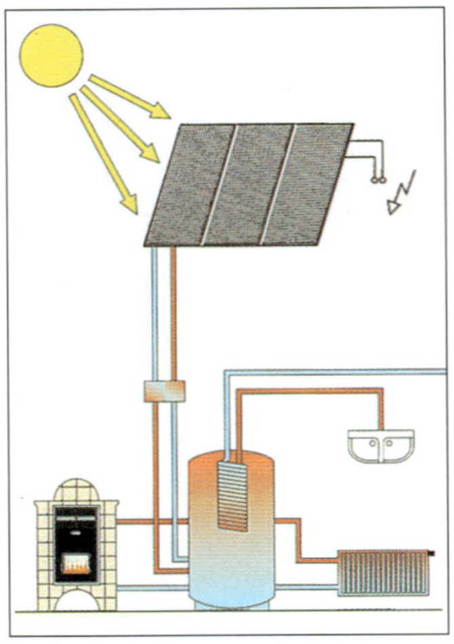

Schema eines Heizsystems, bei dem, in Verbindung mit einem Zentralspeicher, ein holzbefeuerter Kachelofen und Sonnenkollektoren die Wärme für Heizung und Warmwasser erzeugen. Herrmann

Mit Hilfe der Sonnenenergie läßt sich das Brauchwasser in der Regel problemlos erwärmen. Achatz

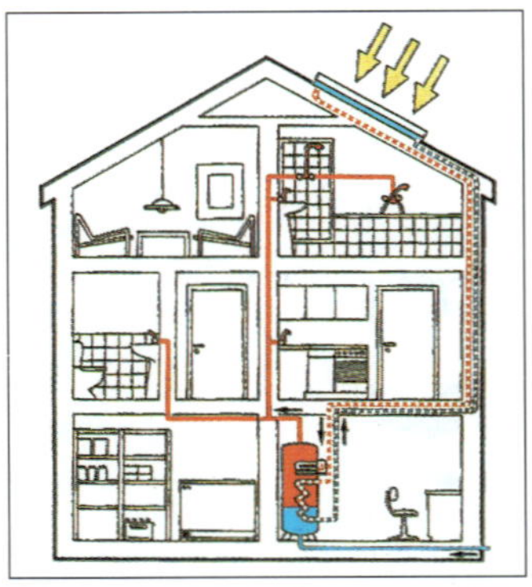

Schräg einfallende Sonnenstrahlen werden auch genutzt. Stiebel Eltron

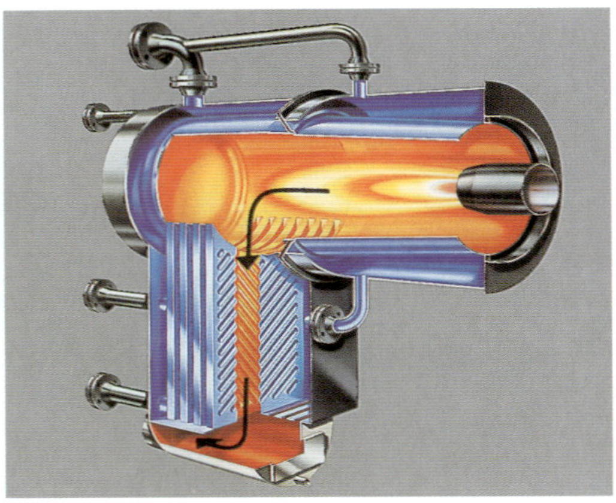

Gas-Brennwertkessel fürs Mehrfamilienhaus. Große Wärmetauscherfläche durch ein Netz von gegenläufig sich kreuzenden Einpressungen. Die Abgastemperatur sinkt auf bis zu 30 Grad Celsius ab. Viessmann

Um in der Frage zentral oder dezentral zu einer langfristig gültigen Entscheidung zu kommen, sollte man das Für und Wider in Ruhe abwägen. Denn es spielen viele Faktoren eine Rolle, die von Gebäude zu Gebäude verschieden sind. Eine allgemeingültige Regel gibt es nicht.

So funktioniert das Steuern und Regeln

Eine Heizungsanlage steuern heißt: sie durch die Außentemperatur führen zu lassen. Dazu wird ein Außentemperaturfühler angebracht, in der Regel an der windigen Nordwest-Ecke des Hauses. Der Fühler mißt die Außentemperatur und meldet sie einem Steuergerät, das bei Bedarf den Brenner einschaltet oder die Beimischung steuert, die dem zurücklaufenden Heizwasser zugeführt wird. Hinweis: Kleinere Heizungsanlagen benötigen meist keine Außentemperatur-Steuerung. Sie lassen sich allein durch Regelung wirtschaftlich betreiben.

Zum Unterschied zu der Steuerung, die eine Heizungsanlage je nach Außentemperatur beeinflußt, dient Heizungsregelung dazu, die Anlage auf den tatsächlichen individuellen Bedarf abzustellen und auch Fremdenergie zu berücksichtigen. Scheint zum Beispiel im Winter die Sonne in den Raum, so wird eine gut geregelte Anlage die Heizleistung zurückfahren.

Mit der Heizungsregelung haben die Bewohner ein Instrument in der Hand, das wirkungsvoll Energie und damit auch Geld sparen kann. Das bekannteste Regelgerät ist der Heizkörperthermostat. Seine einfache Ausführung dosiert die örtliche Wärmeabgabe am Heizkörper über die Heizwasserzufuhr. Doch gibt es auch Thermostate mit Mikrocomputer-Steuerung, mit Zeitschaltungen, Abschaltungen bei Fensterlüftung, Einfrierschutz und Funktionsselbstkontrolle. Durch eine vernünftige Zeitregelung der Heizungsanlage läßt sich Energie sparen, ohne die Behaglichkeit des Wohnens zu vermindern. Zeitregelung heißt: Nachtabsenkung, Absenkungen unter Tage, bei Berufstätigkeit, Absenkung bei längerer Abwesenheit, am Wochenende, im Urlaub, bei Geschäftsreisen. Allerdings: Zu starke Abkühlungen müssen vermieden werden. Einmal, um Feuchtigkeitsschäden auszuschließen, aber auch, um die erneute Aufheizung im wirtschaftlichen Rahmen zu halten.

Bauweise beeinflußt das Raumklima

Wie gut sich eine Heizungsanlage innerhalb eines Behaglichkeitsrahmens regeln läßt, hängt auch von der Bauweise des Hauses ab: Häuser schwerer Bauart sind schwieriger zu regeln als Häuser mit weniger Masse. Auch die Wärmedämmung eines Hauses spielt dabei eine entscheidende Rolle.

Wer vor der Entscheidung steht, eine neue Heizung einzubauen, sollte Elektro-Speicherheizgeräte nicht von vornherein ausschließen. Eine Modellrechnung des Münchner IFO-Instituts für Wirtschaftsforschung, die sich auf ein Ein-

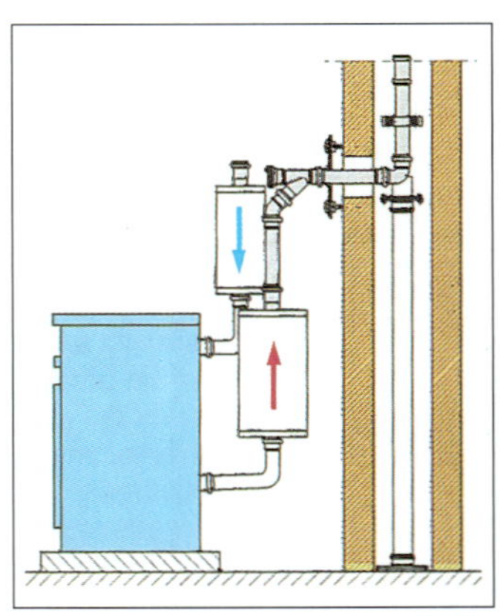

Zeichnung einer Heizanlage, die auf eine raumluftabhängige Abgas-Zuluft-Installation setzt. Hydrotherm

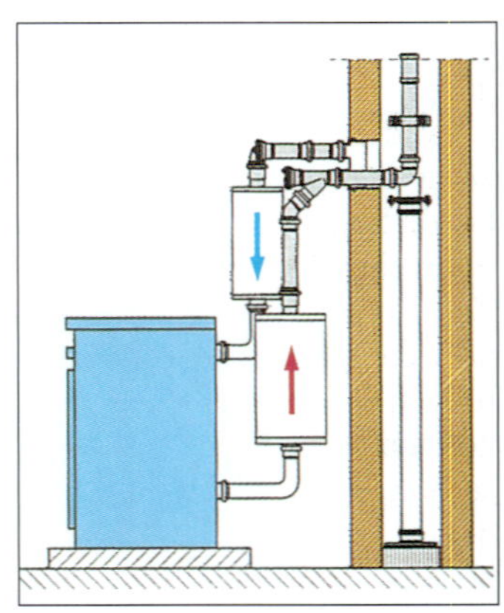

Unabhängig von den räumlichen Gegebenheiten sind hier die Wege von Abgas und Zuluft geklärt.

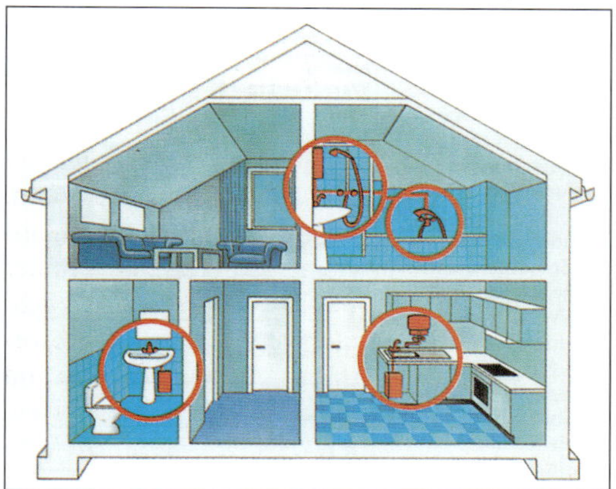

Dezentrale Warmwasserversorgung: Gute Anpassung an Bedarf, kurzer Leitungsweg, sofort Warmwasser. Stiebel

Für den nachträglichen Dachausbau gut geeignet: eine Gas-Etagenheizung mit raumluftunabhängigem Betrieb. Hier: Thermoblock turbo mit waagrechter Dachdurchführung. Vaillant

familienhaus bezieht, ergab günstige Jahresgesamtkosten pro Quadratmeter Wohnfläche. Bei den Speicherheizgeräten wird ein Speicherkern elektrisch aufgeheizt, ein Ventilator saugt die kühle Raumluft an, sie erwärmt sich und strömt wieder in den Raum zurück. Elektro-Versorgungsunternehmen geben Auskunft.

Kachelofen: Wärmequelle für die Übergangszeit und ästhetischer Akzent. Neben Holz lassen sich bei entsprechendem Heizeinsatz auch Öl und Gas als Brennstoffe verwenden. Wodtke

Heizung und Warmwasser in Kombination

Bei den dezentralisierten Heizungsanlagen wie der Etagenheizung empfiehlt es sich, die Warmwassererzeugung mit der Heizung zu kombinieren. Die Vorteile solcher kleinen Heizungsanlagen, nämlich genaue Anpassung an den tatsächlichen Bedarf und kurze Leitungsrohre, kommen somit auch der Warmwassererzeugung zugute.

Anders bei zentralen Heizungsanlagen. Der schwankende Bedarf an Warmwasser, die weit auseinanderliegenden Zapfstellen und die dadurch notwendigen langen Rohrleitungen durchs Haus lassen eine zentrale Warmwasserversorgung in Verbindung mit dem Heizkessel der Zentralheizung als wenig wirtschaftlich erscheinen. Hier ist dezentrale Warmwasserversorgung über elektrische Geräte günstiger. Die dezentrale Warmwasserversorgung kennt zwei Möglichkeiten: die Einzelversorgung oder die Gruppenversorgung. Bei der Einzelversorgung ist an jeder Entnahmestelle ein Gerät installiert. Bei der Gruppenversorgung werden mehrere Entnahmestellen einer Wohnung über ein gemeinsames Warmwassergerät versorgt.

Die dezentrale Versorgung eignet sich gut zur nachträglichen Installation. Die Entscheidung, ob zentral oder dezentral, muß von Fall zu Fall getroffen werden.

Montagesysteme machen das Verlegen von Heizungsrohren leicht. Perfekte Rohrführung. Polytherm

Behagliches Wohnen: Kachelofen

Der Kachelofen, häufig als Übergangsheizung genutzt, ist für viele zum Inbegriff der Behaglichkeit geworden. Kachelofenwärme wird wegen des hohen Anteils an Strahlungswärme als angenehm empfunden. Urform des Kachelofens ist der sogenannte Grund-Kachelofen. Er ist ein Speicherofen und besteht überwiegend aus keramischem Material. Eine technische Weiterentwicklung ist der Warmluft-Kachelofen. Er hat einen Heizeinsatz aus Gußeisen oder Stahl. Wird der Grundofen nur mit Holz befeuert, so wird der Warmluftofen auch mit Briketts, Öl oder Gas betrieben.

Kachelöfen bringen zusätzliche Lasten auf die Decken. Gehen Sie auf Nummer Sicher, befragen Sie vor dem Kauf einen Architekten oder Statiker.

Was kostet eine neue Heizung?

Heizkessel einschließlich Regelung:	6000 - 10000 Mark
Rohrleitungen und Pumpen einschließlich Wärmedämmung:	6000 - 8000 Mark
Heizkörper mit Armaturen und Zubehör (bei Fußbodenheizungen teurer):	4000 - 8000 Mark
Sonstiges (Elektroinstallation, Inbetriebnahme und anderes):	1000 - 2000 Mark
Gesamtkosten ca.	17000 - 28000 Mark

Für eine Wärmepumpen- oder Sonnenkollektoranlage können je nach Ausführung Mehrkosten von 30000 Mark gegenüber einer konventionellen Anlage entstehen.
Sanierungsarbeiten am Schornstein kosten ungefähr 150 - 230 Mark/m² Schornstein. Diese Arbeiten kann nur eine Fachfirma ausführen.

Quelle: Bundesbauministerium

Alle 2,5 Minuten wird in Deutschland in eine Privatwohnung eingebrochen. Bei steigender Tendenz. Angst schützt davor nicht. Die Polizei ist überfordert. So bleibt nur: Jeder muß selber, nach seinen Möglichkeiten, Haus und Wohnung absichern.

Vorsorge für sicheres Wohnen

Stand der Technik: Ein Alarmgerät könnte verhindern, daß ein Einbrecher überhaupt bis zum Fenster vordringen kann. Diehl

Was kostet Sicherheit?

Einbruchhemmende Tür:	2500 - 4000 DM
Mechanischer Grundschutz einer Wohnung in Obergeschossen:	6000 - 10000 DM
Einbruchmeldeanlage, Überwachung durch Bewegungsmelder:	5000 - 10000 DM
Nachrüstung Sicherheitsbeschlag:	180 DM
Zylinderschloß, Zusatzschloß, Sicherheitsbeschläge und Sicherheitsschließblech :	550 -1000 DM
Rolladen-Sicherung:	40 DM
Gitterrost für Kellerschacht:	60 DM
Abschließbarer Fenstergriff:	ca. 70 DM
Einbruchhemmendes Glas (pro m²):	200 DM

Wer baut oder modernisiert, braucht viel Geld: Für Sicherheit ist da selten eine Mark übrig. Nur so wird verständlich, daß 85 Prozent der Haus- und Wohnungstüren, wie die Polizei schätzt, ungenügend gesichert sind. Bei vielen Wohnungstüren genügt schon die Hebelwirkung eines einfachen Schraubenziehers, um sie aufzuknacken. Doch auch andere Schwachstellen machen den Einbrechern das Leben leicht: Keller-Außentüren und andere Nebentüren, Balkontüren, Terrassentüren, Kellerfenster und Lichtschächte, Dachfenster und Dachluken, ungesicherte, gar gekippte Fenster, und ungesicherte Rolläden und Klappläden. Manchmal hört man das Argument, Sicherheit sei so teuer, daß man sie sich nicht leisten könne.

Natürlich gibt es elektronische Sicherungsanlagen mit allen technischen Raffinessen, die viel Geld kosten. Doch kennt man zahllose Möglichkeiten der Sicherung, die auch für den normalen Bürger bezahlbar sind. Dazu sollte man freilich nicht in Heimwerker- und Baumärkte gehen. Sicherheit braucht Fachwissen. Ein Gespräch mit einer kriminalpolizeilichen Beratungsstelle oder einem anerkannten Sicherheits-Fachgeschäft ist hier vorzuziehen. Die Täter bevorzugen ganz eindeutig heute Objekte, die ihnen den geringsten Widerstand entgegensetzen. Der Schluß daraus kann nur heißen: Treffen Sie vor allem solche Sicherheits-Maßnahmen, die möglichst große, zeitraubende Hindernisse für Einbrecher schaffen.

Bei der Nachrüstung von Türen ist darauf zu achten, daß die Zargen (Türrahmen) im Mauerwerk verankert sind, ein massives, stark verankertes Schließblech den Schloßbereich schützt. Notwendig sind auch Schlösser, die schwer zu knacken sind. Der Schließzylinder sollte außen bündig mit der Türaußenseite beziehungsweise mit dem von innen verschraubten Beschlag abschließen.

Auch kleine Maßnahmen helfen weiter

Auch zusätzliche Schlösser in der Tür haben sich bewährt und Sperrbügel und Sperrketten, die verhindern, daß sich die spaltbreit geöffnete Tür

TIP

Auf geprüfte Produkte achten

Produkte, die der Sicherheitstechnik dienen, werden von staatlich anerkannten Prüfinstituten begutachtet. Sie entsprechen damit einem bestimmten kriminaltechnischen Anforderungskatalog. Diese Produkte sind in sogenannten KVK-Listen aufgeführt. Sie werden von der Kommission vorbeugende Kriminalitätsbekämpfung in regelmäßigen Abständen herausgegeben. Der Verband der Sachversicherer (VdS, Riehler Straße 36, 50668 Köln) gibt Verzeichnisse von VdS-geprüften Sicherheitsprodukten heraus.

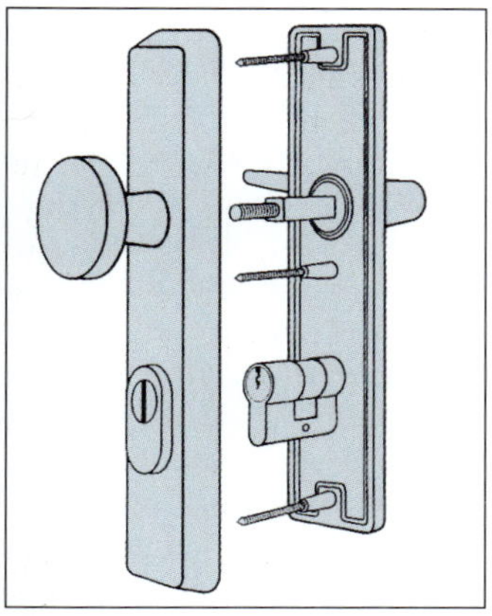

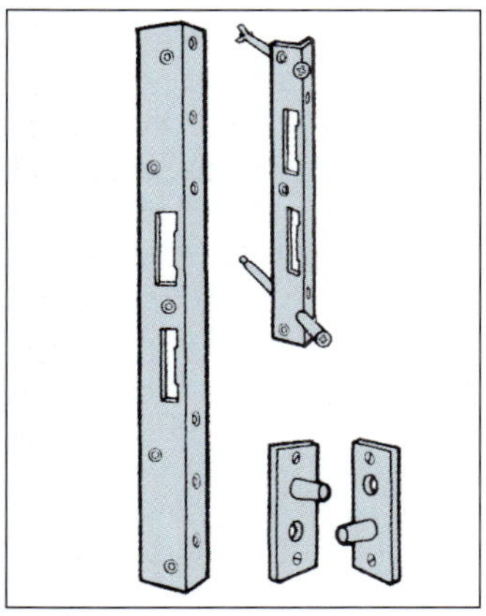

Schlösser und Schutzbeschläge, die erhöhten Anforderungen genügen: mindestens 6 Zuhaltungen und Schutzbeschlag bei Schlössern mit Schließzylindern. Gut verankerte Schließbleche und Hintergreifhaken bringen ein Mehr an Sicherheit.

ganz aufstoßen läßt. Auch der Einbau von Hintergreifhaken oder Hintergreifzargen, der bei geschlossener Tür Türblatt und Zarge fester verbindet, kann Aufbrechen erschweren. Allerdings: Nicht jedes Türblatt ist zur Nachrüstung geeignet. In solchen Fällen ist es besser, Türblatt und Zarge zu erneuern. Mehr als anderswo machen sich Halbheiten in der Sicherheitstechnik nicht bezahlt. Ein Gespräch mit dem Sicherheits-Fachmann kann hier Klarheit schaffen und zu brauchbaren Lösungen führen. Zu sichern sind auch Fenster, die leicht zu erreichen sind. Abschließbare Beschläge, Sicherheitsgriffe für Fenster und Balkontüren haben sich bewährt. Denn oft schneiden Diebe nur eine kleine Öffnung ins Glas, um durchzugreifen und das Fenster von innen zu öffnen. In vielen Fällen helfen auch stabile Gitter. Sie müssen so angebracht werden, daß sie von außen nicht entfernt oder aufgebogen werden können. Müssen die Fenster ohnehin ausgetauscht werden, ist zu überlegen, ob man nicht von vornherein einbruchhemmende Fenster einbaut, wie sie heute angeboten werden.

Ohne viel Aufwand Einbruch erschweren

Welche Sicherheitsvorkehrungen erfolgsversprechend und notwendig sind, kann nur im Einzelfall entschieden werden. Neben den Hauptschwachstellen gibt es noch eine ganze Reihe kritischer Punkte, die in die Überlegungen einbezogen werden sollten. Mauern oder Zäune zum Beispiel kann man mit einem Überkletterschutz versehen. Türsprechanlagen und kleine Video-Anlagen lassen kontrollieren, wer eintreten möchte. Unübersichtliche Bepflanzungen direkt am Haus sind zu vermeiden. Außenlicht kann Einbrecher abschrecken. Es sollte aber so installiert sein, daß es im Haus an- und ausgeschaltet, außen aber nur eingeschaltet werden kann. Vorsicht bei Außensteckdosen; sie sollten von innen abschaltbar sein, damit Einbrecher keine Elektrowerkzeuge anschließen können. Alle diese

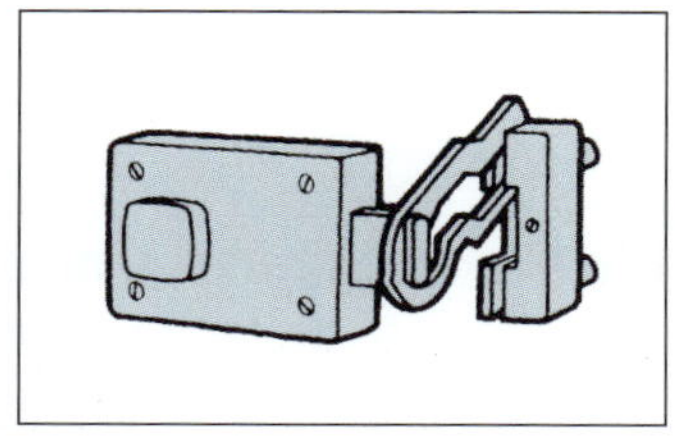

Stahlbügel als Türspaltsperre, auch Ketten sind geeignet. Ein Weitwinkel-Spion (mindestens 170 Grad), dazu eine Beleuchtung vor der Tür, die sich von innen einschalten läßt, helfen, ungebetene Gäste von vornherein außen vor zu lassen.

mechanischen Sicherungen dienen dazu, einen Einbruch zu erschweren.

Eine elektronische Einbruchmeldeanlage kann die Sicherheit noch erhöhen. Man unterscheidet zwischen Alarmanlagen, die die Außenhaut überwachen und Anlagen, Bewegungsmelder, die den Innenraum kontrollieren. Der Alarm selbst kann optisch-akustisch sein und Nachbarn beziehungsweise Polizei alarmieren. Als sogenannter stiller Alarm informiert er eine hilfeleistende Stelle, ohne daß der Täter es merkt.

Bei der Entscheidung, ob eine Einbruchmeldeanlage in Ihrem Falle ratsam sei, kann Ihnen die kriminalpolizeiliche Beratungsstelle gute Dienste leisten.

Die beste Sicherung nützt nichts, wenn die Bewohner eines Hauses, einer Wohnung die eingebauten Sicherheiten nicht durch ihr Verhalten stützen: Durch sorgfältiges Abschließen der Türen auch bei kurzzeitigem Verlassen des Hauses, durch Schließen der Fenster, denn auch gekippte Fenster sind eine Versuchung für Einbrecher. Nachts, wenn man im Hause ist, sollten alle Außen- und Wohnungstüren zweimal abgeschlossen werden. Das rät die Kriminalpolizei.

Wo ist Nachholbedarf an Sicherheit? Eine Checkliste

- ☐ Taugliche Zylinderschlösser an den Außentüren?
- ☐ Sicherheitsbeschlag an der Tür? Ist er von außen nicht abzuschrauben?
- ☐ Feste Verbindung von Türrahmen und Mauerwerk?
- ☐ Sind Türbändersicherungen angebracht?
- ☐ Ist ein Kastenschloß mit Sperrbügel installiert?
- ☐ Ist ein Weitwinkelspion eingebaut?
- ☐ Sind die Glasfüllungen der Türen vergittert oder wurde einbruchhemmendes Glas eingebaut?
- ☐ Sind die Außentüren massiv (mind. 4 cm)? Oder sind sie wenigstens von innen durch Stahlblech gesichert?
- ☐ Sind Hebetürsicherungen an den Balkon- und Terrassentüren vorhanden?
- ☐ Sind Fenster durch abschließbare Griffe, Gitter oder einbruchhemmendes Glas gesichert?
- ☐ Sind Rolladensicherungen installiert?
- ☐ Sind die Dachfenster abschließbar?
- ☐ Sind Hinter- und Kellertüren gesichert?
- ☐ Sind Kellerfenster vergittert?
- ☐ Sind Gitterroste der Kellerlichtschächte gegen Aushebeln gesichert?
- ☐ Sind die Garagenfenster gesichert?
- ☐ Ist die Verbindungstür zwischen Garage und Haus gesichert?

Diese Fragen sollten Sie auf einem Rundgang durchs Haus für sich beantworten: Die Antworten sind eine gute Grundlage für das Gespräch mit dem Sicherheits-Fachmann oder der Kriminalpolizei.

Wir alle wollen so bauen, ausbauen, modernisieren und wohnen, daß wir uns wohlfühlen und unsere Gesundheit nicht beeinträchtigt wird. Heute, bei den erprobten Baustoffen, sind diese Ziele zu erreichen – wenn wir die Voraussetzungen dafür schaffen.

Gesundes Wohnen ist durchaus planbar

Welche Voraussetzungen sind es, die zu gesundem Raumklima führen? Der Bau muß fachgerecht und bauphysikalisch richtig ausgeführt oder modernisiert sein und darf keine Schäden, vor allem keine Feuchtigkeitsschäden aufweisen. Doch wird auch der erfahrenste Fachmann keine Gewähr für ein gesundes Raumklima geben können, wenn der Bauherr, der Bewohner nicht seinen Part ernstnimmt: durch bewußtes Wohnverhalten die bewußt geschaffenen Bedingungen gesunden Wohnens zu bewahren. Was genau damit gemeint ist, wird am schnellsten deutlich, wenn wir uns zwei Fragen beantworten: Was heißt gesundes Raumklima? Worin besteht eigentlich bewußtes Wohnverhalten?

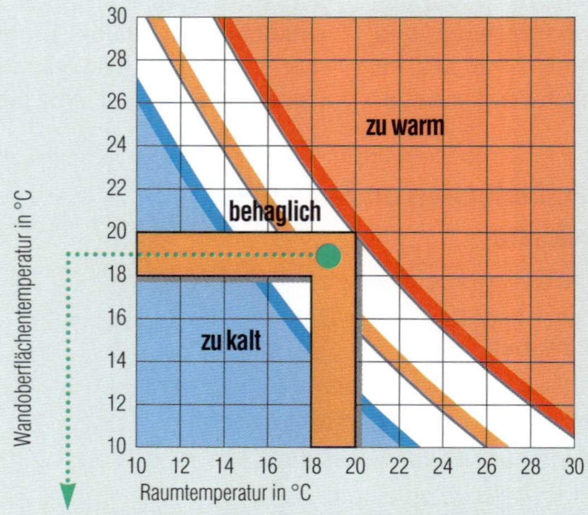

Bei gleichen Wandoberflächen und Raumtemperaturen von 18-20°C wird Behaglichkeit erreicht und gleichzeitig Energie gespart. Also je größer die Temperaturdifferenz, desto unbehaglicher das Raumklima.

Quelle: Bedfort/Bachmann; Knauf

RAUMLUFT

Temperatur	relative Luftfeuchtigkeit
-7°C	100%
0°C	50%
+10°C	25%
+15°C	20%
+20°C	13%
+23°C	11%

In einem Kubikmeter Luft sind z.B. 2 g Wasser in Form von Dampf enthalten. Die Tabelle zeigt, wie hoch die relative Luftfeuchtigkeit bei dieser Wassermenge bei den verschiedenen Temperaturen liegt.

Darauf kommt es an: Das gesunde Raumklima

Wie wohl sich ein Mensch in einem Raum fühlt, hängt im wesentlichen von der Beschaffenheit der Raumluft ab: von der Grundbelastung der Innenraumluft, wie sie durch die Verunreinigungen der Außenluft mit Schadstoffen und Mikroorganismen gegeben ist, von den Belastungen durch Wohn- und Lebensvorgänge und durch Baustoffe, wobei besonders Formaldehyd, Lösemittel und das natürliche Radon von sich reden machten. Dabei rührt die bedenklichste Belastung der Innenraumluft vom Menschen her, vom Wohnen, Kochen, Baden, Atmen, Schwitzen und von seinen Aktivitäten. Die Folge sind Geruchstoffe, organische Gase und Dämpfe, Bakterien, Pilze und Viren. Abriebe von Kleidung, Teppichen, Sitzmöbeln, Gardinen, Abschilferungen der Haut. Auch Tiere oder die Topferde von Zimmerpflanzen tragen zur Belastung bei. Durch Lebensvorgänge entsteht ferner Kohlendioxid, ein Gas, das nur in schwachen Konzentrationen unschädlich ist. Und schließlich hängt die Qualität des Raumklimas von der Menge an Feuchtigkeit ab, die Raumluft in Form von unsichtbarem Wasserdampf enthält. Dieser Wasserdampfgehalt bestimmt im Zusammenspiel mit der Raumlufttemperatur die relative Luftfeuchte und damit eine wesentliche Voraussetzung behaglichen Wohnens.

Entscheidend für unser heutiges Verhältnis zu Fragen der Raumluft ist vor allem die Tatsache, daß der Zwang zum Energiesparen notwendig zu wärmegedämmten und damit dichten Fenstern führen mußte. Der früher unvermeidbare stetige Luftaustausch durch undichte Fensterfugen ist jetzt unterbunden. Hier wird einsehbar, warum die Wahl gesundheitlich unbedenklicher oder bei fachgerechter Verarbeitung unbedenklicher Baumaterialien, warum neue Heizungstechnologie durch bewußtes Wohnen ergänzt werden müssen und das heißt vor allem: durch richtiges Heizen und richtiges Lüften.

Wichtiger Gesichtspunkt: bewußtes Wohnverhalten

Da die gegenüber früher dichten Fenster Schadstoffbelastung und den Feuchtigkeitsgehalt der Raumluft höher und schneller ansteigen lassen, kommt der Lufterneuerung, der Lüftung, lebenswichtige Bedeutung zu. Als einfachste Lüftungsweise bietet sich die Stoßlüftung an, wirkend als Lüftung quer durch die Wohnung oder über Eck. Man öffnet dabei die Fenster so, daß pro Stunde ein vollständiger Luftwechsel bewirkt wird. In der Praxis wird das natürlich

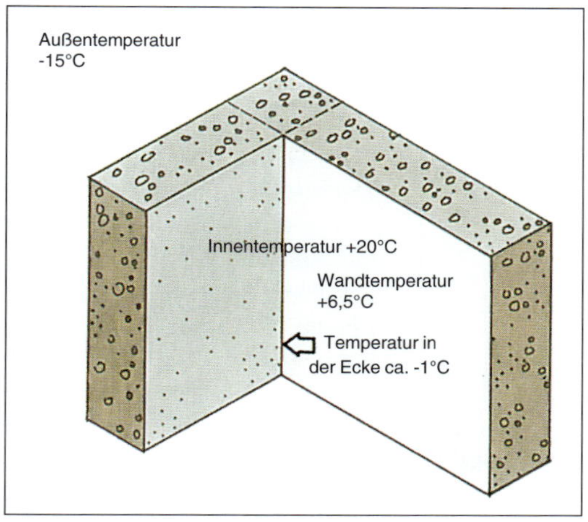

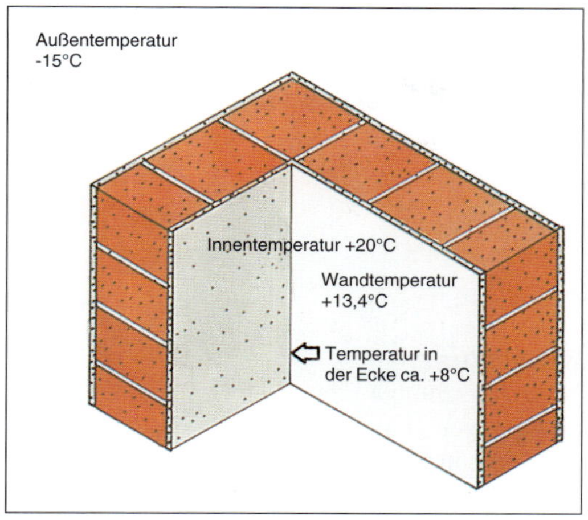

Zum Verständnis des Problems: Diese Temperaturunterschiede können an Raumecken auftreten. Sie sind ein Beweis dafür, daß Wärmedämmung eine notwendige Voraussetzung günstigen Raumklimas ist. Oben: ungedämmte Mauerwerkswand, links: ungedämmte Stahlbetonwand. Quelle: AM-Archiv

Wärmeschutzgläser mit einer hauchdünnen Edelmetallschicht haben einen Wärmedämmwert (k-Wert), der gegenüber einem herkömmlichen Isolierglas um 60% besser ist. Der g-Wert ist eine sekundäre Kenngröße.

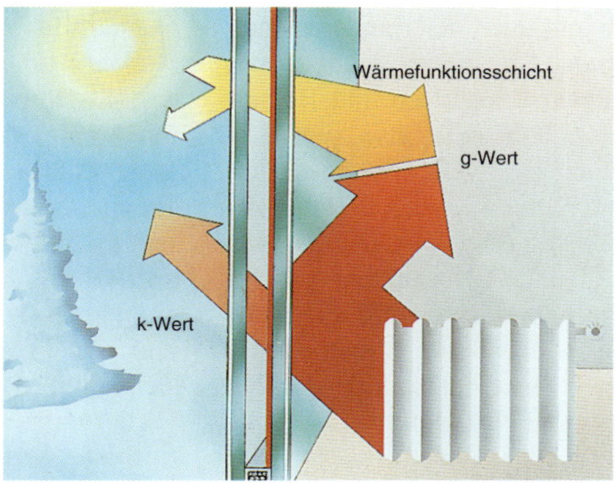

Gilt auch für die Scheibenoberfläche: Ihre Temperaturen sollten sich von der Raumlufttemperatur nicht allzusehr unterscheiden. Interpane

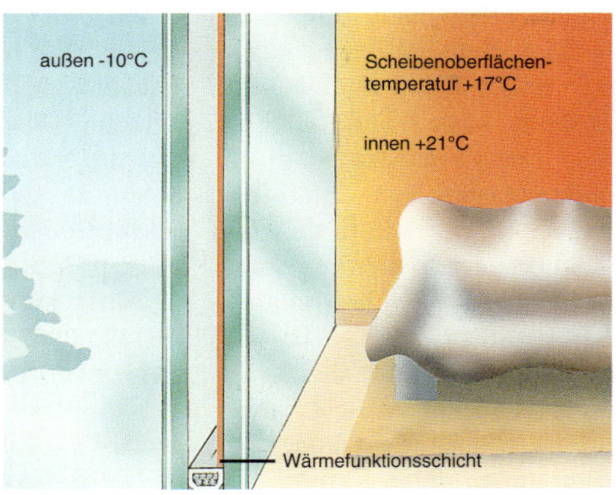

auf einen Erfahrungswert hinauslaufen, der durch subjektives Empfinden bestimmt ist. Allerdings ist auch beim Lüften die Hauptforderung der Zeit zu beachten: das Energiesparen. Von stundenlanger Spaltlüftung, wie man sie auch heute noch im Hochwinter häufig beobachten kann, ist dringend abzuraten: Nicht nur die Behaglichkeit wird dadurch beeinträchtigt, weil die Wandoberflächentemperaturen dabei häufig zu tief absinken und Zugerscheinungen verursachen: Auch der Lüftungswärmeverlust wird zu groß. Und ersetzen muß man diese verlorene Wärme, denn der Temperaturunterschied zwischen Wandoberflächentemperatur und Raumlufttemperatur ist ein entscheidender Fakt für das Wohlbefinden. Solche Temperaturunterschiede sind auch zwischen der Scheibenoberfläche der Fenster und der Raumluft zu vermeiden oder zumindest möglichst klein zu halten. Aus den gleichen Gründen wie bei den Wandoberflächen. Hier wird auch die Bedeutung gut wärmegedämmter Fenster für das Raumklima deutlich.

Einfluß unterschätzt: Richtiges Lüften

Wärme, also kostbare Heizenergie, geht auch bei Stoßlüftung verloren. Den Verlust in Grenzen zu halten, ist eine der Aufgaben bewußten Lüftens. Hilfreich ist die Wärmespeicherfähigkeit, vor allem der raumumschließenden Wände. Sie wirken ausgleichend. Ziel sollte sein, die relative Luftfeuchtigkeit im Behaglichkeitsbereich zu halten. Er liegt zwischen 40 und 60 Prozent. Die Kontrolle der Luftfeuchtigkeit ist aber auch wichtig, um dem Entstehen von Schimmelpilzen, meist in Raumecken oder bei sogenannten Wärmebrücken (mitunter auch Kältebrücken genannt) vorzubeugen. Schimmelpilze bedeuten ihrerseits gesundheitliche Gefährdung, können zum Beispiel durch ihre Sporen lästige Allergien hervorrufen.

Da die Temperatur in dem Geflecht von Einflußfaktoren, die das Raumklima ergeben, eine entscheidende Größe darstellt, wird auch das bewußte Heizen zur Forderung. Moderne Steuer- und Regelgeräte, verbunden mit einer Niedertemperaturheizung bei Wärmeabgabe durch moderne Radiatoren oder Fußbodensysteme führen zu günstigen Voraussetzungen für ein gesundes Raumklima. Bei Nachtabsenkungen der Temperatur und auch Absenkungen bei Abwesenheit, mit dem Ziel, Energie zu sparen, sollte der Temperaturunterschied zwei bis drei Grad Celsius nicht überschreiten. Die Behaglichkeit leidet sonst darunter, und das Aufheizen kostet wie stets, wenn die Wände zu sehr auskühlen, zuviel Energie.

TIP

Unbedenkliche Baustoffe

Gesundheitlich unbedenkliche Baustoffe zählen zu den Voraussetzungen günstigen Raumklimas. So dürfen für Maßnahmen im konstruktiven Bereich, für Maßnahmen des Wärmeschutzes, des Schallschutzes, Brandschutzes, der Haustechnik nur bauaufsichtlich zugelassene Baustoffe und Produkte verwendet werden, die das Ü-Zeichen des Instituts für Bautechnik tragen. Der Bauherr hat damit Gewähr, Baustoffe einzukaufen, die qualitativ nicht nur dem Stand der Technik entsprechen, sondern bei fachgerechtem Gebrauch und fachgerechter Verarbeitung auch die Gesundheit nicht beeinträchtigen. Auch RAL-Gütezeichen bieten Sicherheit. Bei Prüfzeichen privater Institute allerdings ist Vorsicht geboten.

Kurz informiert

In den einzelnen Abschnitten dieses Buches werden zahlreiche Sachverhalte verdeutlicht und in ihren Zusammenhängen aufgezeigt. Hinweise darauf finden Sie im Register „Wo steht was?“. Dennoch erscheint es hilfreich, darüber hinaus einige entscheidende Punkte, die für ein Gelingen des Innenausbaus wichtig werden können, am Schluß kurz zusammenzufassen und zu erläutern. Als Ergänzung, Gewichtung, Anstoß.

Baugenehmigung
Innenausbaumaßnahmen sind in der Regel genehmigungsfrei. Nicht dagegen der Dachgeschoßausbau als Nutzungsänderung, der Kellerausbau und natürlich Wohnflächenvergrößerungen wie Aufstocken und Anbauen. Die Anforderungen sind in den Landesbauordnungen geregelt. Sie können sich von Bundesland zu Bundesland unterscheiden. Zu empfehlen ist, frühzeitig, noch während der Planung, das Gespräch mit der Unteren Bauaufsichtsbehörde zu suchen. Bauaufsichtsbehörden sind je nach Bundesland dem Bezirks- oder Ortsämtern, den Kreis-, Amts- und Stadtverwaltungen oder auch Stadtteilbehörden und Landratsämtern zugeordnet. Sind bestimmte Baumaßnahmen genehmigungspflichtig, dann gilt dies auch, wenn die Maßnahme in Eigenleistung durchgeführt wird. → Dachausbau, → Kellerausbau, → Wärmeschutzverordnung.

Beleuchtung
Nach Forschungen des Wohnphysiologen Grandjean sind von Bedeutung: Die Stärke der Beleuchtung, die Blendungsfreiheit, die örtliche Gleichmäßigkeit der Lichtverteilung, die zeitliche Gleichmäßigkeit des Lichtes. Grundsätzlich sollten in keinem Wohnraum Leuchten ohne Abschirmung verwendet werden. Entscheidend für das Wohlbefinden ist aber auch die Tageshelligkeit von Innenräumen: sie hängt vom direkten Himmelslicht ab, von der Außenreflexion und von der Innenreflexion. Der Himmelslichtanteil ist durch die Entfernung zum nächsten Gebäude gegeben. Faustregel: Die Entfernung sollte doppelt so groß sein wie die Höhe des gegenüberliegenden Gebäudes. Fensterhöhe und Fensterbreite spielen ebenfalls eine Rolle: Hohe Fenster sind wirksamer als breite. Günstig: Wenn in jedes Fenster direktes Himmelslicht fällt. Sonnenstrahlung entkeimt die Wohnräume, erwärmt die Gebäude und ruft auch günstige psychologische Wirkungen hervor.

Brandschutz
Das Brandverhalten von Baustoffen und Bauteilen zählt mit zu den Voraussetzungen gesunden Bauens und Wohnens. Auch dort, wo die Landesbauordnungen und andere Vorschriften keine besonderen Anforderungen stellen, sollte man, angesichts der jährlichen Milliardenschäden, dem vorbeugenden Brandschutz mehr Beachtung schenken. Wie

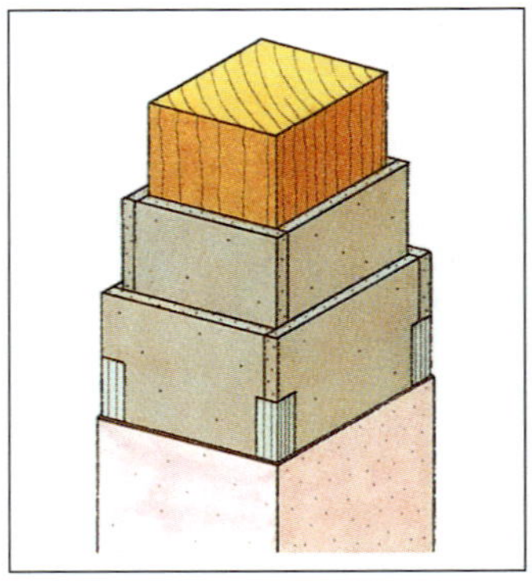

Mit einer Ummantelung läßt sich die Feuerwiderstandsdauer erhöhen

Baustoff und Bauteile hinsichtlich ihres Brandverhaltens zu beurteilen sind, regelt die DIN 4102. Durch sie gewinnt auch der Bauherr Kriterien. Sie unterscheidet zwischen Baustoffen und Bauteilen. Baustoffe, also zum Beispiel Holz, Dämmstoffe, Steine, Platten werden in Baustoffklassen eingeteilt. Die Klassen A1 und A2 bezeichnen nichtbrennbare Baustoffe, die Klasse B brennbare Baustoffe. B1 = schwer entflammbar, B2 = normal entflammbar. Baustoffe der Baustoffklasse B3 (leicht entflammbar) dürfen grundsätzlich nicht eingebaut werden. Bauteile dagegen, also zum, Beispiel Decken, Treppen oder Wände werden in Feuerwiderstandsklassen unterschieden: von F30 bis F180, wobei die Zahl die Minuten bedeutet, während derer das Bauteil unter bestimmten Bedingungen dem Feuer widersteht. Je größer die Zahl, desto größer also die Chance für Bewohner, dem Feuer zu entkommen. Die Kennzeichnungen müssen auf den Baustoffen oder auf den Verpackungen deutlich angegeben sein. Unser Bild: Die Ummantelung einer Holzstütze der Dachkonstruktion mit Gipskarton-Feuerschutzplatten verlängert die Feuerwiderstandsdauer.

Dachausbau
Ob sich ein Dachgeschoß wirtschaftlich ausbauen läßt, hängt ab von der Dachkonstruktion, der Dachform und der Dachneigung. Durch Aufmauern eines → Kniestocks kann das Dach angehoben werden. Dadurch vergrößert sich die Fläche, die ausreichende Stehhöhe bietet. Auch muß die Standsicherheit gewährleistet sein, muß die Decke, zum Beispiel die Holzbalkendecke, die Lasten sicher tragen können, die durch einen Ausbau entstehen. Deshalb ist der Standsicherheitsnachweis Teil des Bauantrags, der für jeden Dachausbau zu stellen ist. Außer weiteren Fakten, die den Dachraum selbst betreffen, können für eine Genehmigung entscheidend sein: Die Treppenbreite, der Nachweis von PKW-Stellplätzen, wobei auch die Naturschutzbehörde manchmal Forderungen stellt und nachbarrechtliche Gesichtspunkte zu beachten sind. Forderungen nach Mindestflächen für Abstell- und Trockenräume sind möglich. Auch die Gestaltungssatzung der Gemeinde kann einer Dachveränderung Grenzen setzen. Deshalb: Frühzeitig mit der Bauaufsicht sprechen, schon um eventuelle Ausnahmeregelungen nutzen zu können. → Baugenehmigung, → Wärmeschutzverordnung.

Dämmstoffe
Das Angebot umfaßt: Mineralwolledämmstoffe (Marktanteil ungefähr 58 Prozent), expandierte Polystyrol-Hartschaum-Dämmstoffe (EPS, Marktanteil bei ca. 29 Prozent), Polyurethan-Hartschaum-Dämmstoffe (ca. 4 Prozent), extrudierte Polystyrol-Hartschaum-Dämmstoffe (XPS, ca. 3 Prozent), dämmende Leichtbauplatten (ca. 1 Prozent), sonstige Dämmstoffe (ca. 5 Prozent). Anforderungen an

Dämmstoffe, je nach Verwendungszweck: Standsicherheit und Dauerhaftigkeit, Wärme- und Schallschutz, Schutz gegen Feuchtigkeit, Brandschutz. Für die Wahl eines Dämmstoffs ist nicht nur die Art und Dicke maßgebend, sondern auch die Wärmeleitfähigkeitsgruppe. Je höher diese Zahl ist, desto dicker muß der Dämmstoff sein, um die gleiche Wirkung zu erzielen. In Deutschland dürfen nur Dämmstoffe eingebaut werden, die vom Deutschen Institut für Bautechnik zugelassen sind und das Ü-Zeichen (siehe Seite 125) tragen. → Überwachung von Baustoffen.

Dampfdiffusion
Durchgang von Feuchtigkeit in Form von unsichtbarem Wasserdampf durch Bauteile. Entscheidend für die richtige Folge von Bauteilschichten, zum Beispiel bei wärmedämmendem Dachaufbau oder bei Innendämmung. Dort auf jeden Fall zu unterbinden durch dampfsperrende Schichten, zum Beispiel Folien.

Dampfsperre, Windsperre
Schicht (Folie, Anstrich, dampfdichtes Baumaterial), die Dampfdiffusion, also Durchgang von Wasserdampf durch Bauteile unterbindet und möglichen Feuchtigkeitsausfall an der Bauteiloberfläche oder im Innern des Baustoffs vermindert und damit auch Schäden. Sperren dieser Art sind beim wärmegedämmten Dach auch nötig, um Luftlecks zu unterbinden, durch die Raumluftfeuchtigkeit in die Konstruktion dringen und sie durchfeuchten kann. Bilder:

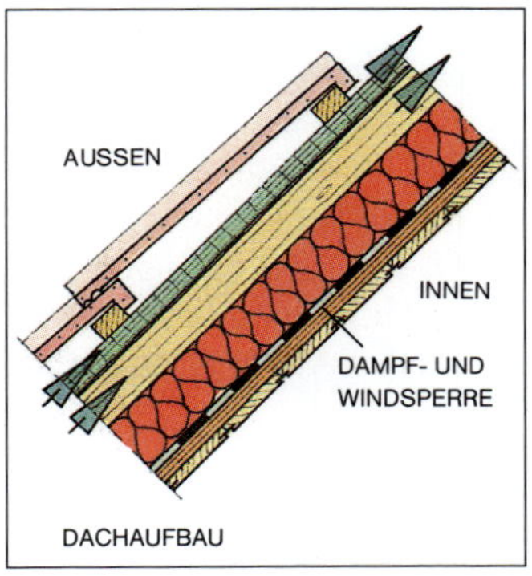

Schnitt durch Dachausbau mit Dampf- und Windsperre sowie gitterarmierte Dampf- und Windsperre mit eingebetteter Alu-Schicht. Dörken.

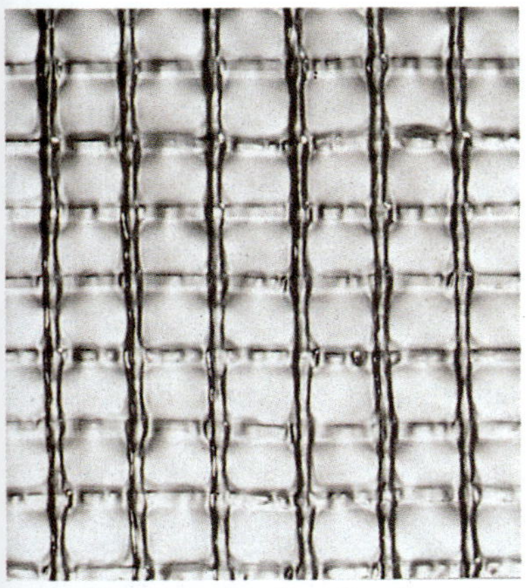

Oberflächenstruktur einer Dampf- und Windsperre. Quelle: Dörken

Estrich, schwimmend
→ Fußbodenaufbau

Fenster
Als Teil der Außenwand entscheidend auch für ausreichenden Wärme- und Schallschutz. Die geltende Wärmeschutzverordnung fordert für Fensterbauteile bei Fenstertausch einen k-Wert von 1,8 W/(m^2 K). Verdeutlichen wir uns die Anforderung: Einfachglasfenster weisen einen k-Wert von rund 5,2 auf, Isolierverglasungen von 2,6. Der jetzt geforderte k-Wert ist durch spezielle Wärmeschutzgläser zu erreichen, von denen es eine ganze Palette gibt. Gläser mit Wärmefunktionsschichten und Edelgasfüllungen zum Beispiel erreichen bei der Verglasung k-Werte von 1,3 oder 1,1 oder gar 0,9 und günstiger, unterschreiten also die Forderung der neuen Wärmeschutzverordnung bei weitem.

Feuchteabfuhr
Durch Wohnen und Lebensvorgänge entsteht Feuchtigkeit in den Innenräumen, meist in Form von Wasserdampf. Da das Raumklima durch die Luftfeuchtigkeit beeinflußt wird, darf der Feuchtegehalt in Innenräumen ein bestimmtes Maß nicht überschreiten. Durch → Dampfdiffusion wird nur sehr wenig Feuchte abgeführt, so daß kontrollierte Lüftung für die Feuchteabfuhr entscheidend ist. Der Begriff „atmende Wände" oder gar „atmungsaktive" Wände führt in die Irre. Wände atmen nicht.

Fußbodenaufbau
Ziel ist, für den Oberbelag (Teppichboden, Parkett, Fliesen usw.) eine steife, ebene Fläche zu schaffen und den Trittschall zu vermindern. Auf den Betonboden oder auf Holzbalkendecken, auch auf die alte Dielung, wird ein Estrich aufgebracht (Naßestrich, Fließestrich oder Trockenunterboden-Elemente), und zwar in schwimmender Verlegung. Schwimmen heißt: Der Estrich ist von der Konstruktion darunter und von den Umgebungswänden durch Schalldämm-Streifen und -Platten getrennt. Fußbodenaufbau auch mit Wärmedämmung, zum Beispiel bei Fußboden über Erdreich.

Gips
Seit Jahrtausenden bewährter Baustoff, von großer Bedeutung zum Beispiel für die Herstellung von Gipsbauplatten für den Trockenausbau, von Fließestrich und Innenputz. Wirkt regulierend auf das Raumklima: Gips kann überschüssige Feuchtigkeit aus der Raumluft schnell aufnehmen und ebenso schnell wieder abgeben, wirkt also ausgleichend.

Heizung
Neben der ausreichenden Wärmedämmung ist für die Einsparung von Energie und Verminderung der Schadstoffe wie CO_2 eine sparsam arbeitende Heizungsanlage von Bedeutung. Bewährt haben sich Niedertemperaturkessel mit gleitender Kesseltemperatur von 35-75 Grad Celsius, auch Brennwertkessel, die den Abgasen Wärme entziehen, um das Wasser im Heizungsrücklauf vorzuwärmen und die Schornstein-Abgastemperaturen zu senken. Witterungsgeführte Steuerung und nutzergerechte Regelung sowie zeitgemäße Wärmeabgabe durch großflächige Heizkörper oder durch Fußbodenheizung sind weitere Kriterien. Heizung und Wärmedämmung stehen über den Heizwärmebedarf in enger Beziehung: Eine gute Wärmedämmung senkt ihn. Jede Änderung der Heizungsanlage macht auch eine Anpassung des Schornsteins hinsichtlich Querschnitt, Wärmedämmung und Technik nötig.

Hinterlüftung
Überall dort einzuplanen, wo Feuchtigkeit in flüssiger Form eindringen oder sich Wasserdampf als Feuchtigkeit niederschlagen kann: Bei den meisten Dachkonstruktionen, bei der vorgehängten Fassade, hinter Holzverkleidungen in Bädern. Wichtig für gutes Funktionieren der Feuchteabfuhr: ausreichende Zuluftöffnungen unten und Abluftöffnungen oben.

Holz
Holz ist, bauphysikalisch richtig eingesetzt, fachgerecht verarbeitet und zweckmäßig geschützt, als Baustoff ein entscheidender Beitrag zu gesundem Wohnen: bewährt in der Holzarchitektur, bei Einbauten, Fenstern und Türen oder in der Innenraumgestaltung als

Profilholz, unbesäumte Bretter, Parkett- und Holzdielen. Bei witterungs- und feuchtigkeitsbelasteter Anwendung, zum Beispiel auf Terrassen oder in Bädern, sind die Grundsätze baulichen Holzschutzes zu beachten: Feuchtigkeit ist nach Möglichkeit fernzuhalten oder zumindest ein schnelles Ablaufen oder Verdunsten zu gewährleisten. Stauende Nässe vor allem ist zu vermeiden. Die richtigen Maßnahmen: Abschrägen der Bauteile, Abstand zur Spritzwasserzone, Hinterlüftung bei Verkleidungen, bauphysikalisch richtiger Aufbau des Daches. Baulicher Holzschutz beugt dem Befall durch holzzerstörende Pilze und Insekten vor. Chemischer Holzschutz ergänzt ihn in gefährdeten Bereichen. Nötig auch bei Bekämpfung von Schädlingsbefall.

Holzschutz
→ Holz

Installationswände
Vorgefertigte Leichtbauwände in Metallständerkonstruktion. Sie nehmen alle Ver- und Entsorgungsleitungen sowie die Halterungen für alle zu montierenden Sanitäreinrichtungen auf. Mit Gipsbauplatten beplankt und zum Beispiel verfliest. Das bietet viele Gestaltungsmöglichkeiten.

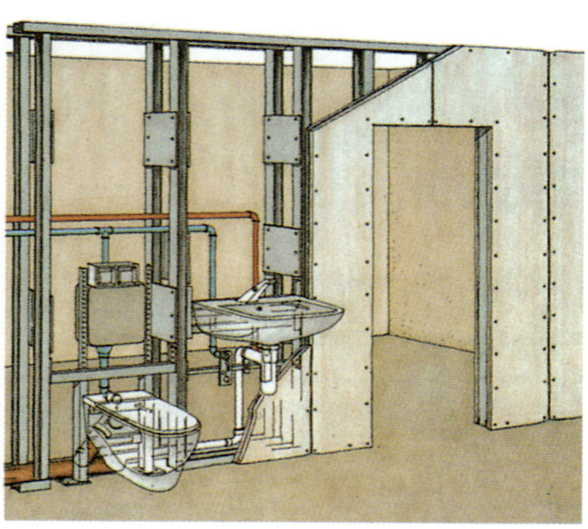

WC-Becken, Waschtische usw. werden sicher an Ständern aus verzinkten Stahlprofilen installiert. Quelle: Knauf

Kellerausbau
Erste Voraussetzung: trockene Wände. Der Fußbodenaufbau hängt von der Nutzung ab. Bei Nutzung als Aufenthaltsraum sind Feuchtigkeitssperre und Wärmedämmung nötig. Bauvorschriften beachten: Mindesthöhe, Belichtung, Belüftung. Rechtzeitig bei Bauaufsicht anfragen.

Kniestock
Teil der Außenwand, der über das Niveau des Dachgeschoßfußbodens emporragt. Kann auch nachträglich aufgemauert werden, um den Dachstuhl anzuheben und die Grundfläche mit nutzbarer Höhe zu vergrößern.

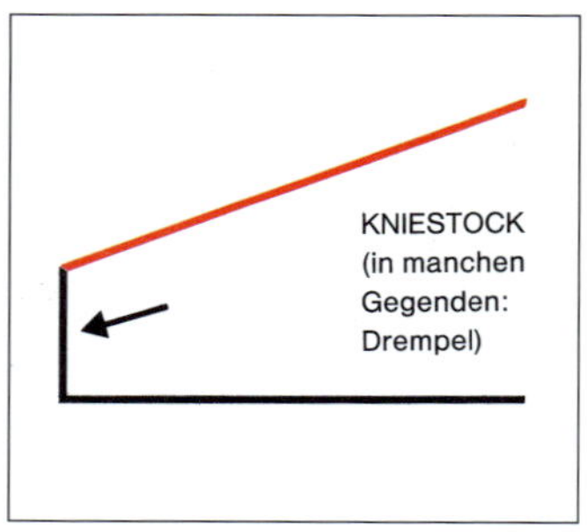

Leichtbauwände
Im Trockenbau eingesetzte Systeme mit Metallständerwerk oder Holzständern, die mit Dämmstoff ausgefacht und mit Gipsbauplatten beplankt werden. Vorteile: schnelle Montage, geringeres Gewicht, wenig Arbeitslärm und Schmutz, kein Feuchtigkeitsanfall. Im Neubau angewandt wie auch bei Grundrißkorrekturen oder Ausbauarbeiten im Altbau.

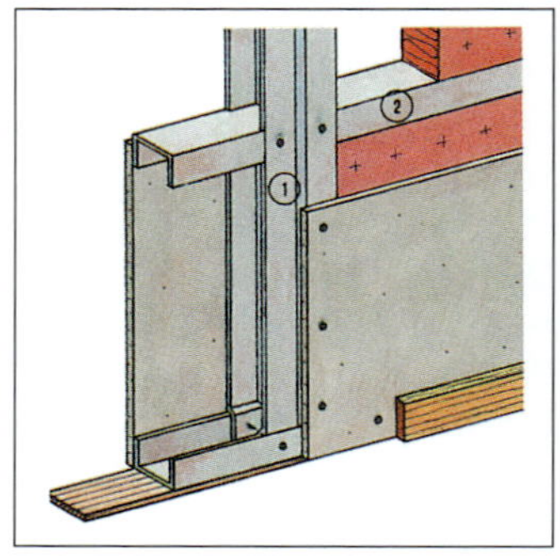

Einfachriegelwand: 1 C-Profil als Ständer, 2 U-Profil als Riegel.

Lüftung
→ Raumklima

Porenbeton
Vielseitig anwendbarer, feinporiger Beton aus Zement und/oder Kalk, feingemahlenem Quarzsand, Wasser und einem Treibmittel. Je nach Einsatzgebiet in unterschiedlichen Festigkeitsklassen und Gewichten gefertigt. Geeignet für Anbauten, tragende und nichttragende Innenwände, Tür- und Fensteröffnungen, Treppen, unterschiedliche Fußbodenebenen, Badwannenverkleidungen, Aufmauerungen jeder Art und Küchenmöbel etc.

Raumklima
Entscheidende Voraussetzung gesunden, behaglichen Wohnens. Hängt ab von: Lufttemperatur, Luftfeuchtigkeit, Luftgeschwindigkeit, Temperatur der Raumumschließungsflächen, Unterschieden der Raumtemperatur und Wandoberflächentemperatur und dem Gehalt an Fremdstoffen in der Raumluft. Die heutigen wärmegedämmten Innenräume mit dichten Fenstern machen bewußtes Wohnen nötig: Abführung der Luftfeuchtigkeit und der vielen Fremdstoffe und Schadstoffe durch regelmäßiges Lüften und Einsatz von klimaregulierenden Baustoffen wie zum Beispiel Gips oder Holz. Das subjektive Empfinden des Raumklimas ist abhängig von Lebensalter, Gesundheitszustand und Kleidung.

Schallschutz
Luftschall wird von Schallquellen (zum Beispiel Stereo-Anlagen) erzeugt und breitet sich wellenförmig in der Luft aus. Körperschall breitet sich in festen Stoffen, zum Beispiel in Wänden und Leitungsrohren aus. Luftschall kann sich in Körperschall verwandeln. Aufgabe des Schallschutzes ist Verminderung des Schalls am Ort der Erzeugung (Schallschluck- oder Schalldämpfungsmaßnahmen) oder Unterbrechung der Schalleitung in Wänden und Decken, sowie Verhinderung von Schallbrücken durch geeignete Dämmschichten zwischen den Bauteilen, zum Beispiel beim Trittschallschutz. Vorbeugender Schallschutz ist überall, wo nur möglich, empfehlenswert. Nachträglicher Schallschutz, zum Beispiel bei Innenwänden erfordert den Fachmann. Biegeweiche Vorsatzschalen zum Beispiel, schalldämmtechnisch richtig montiert, können Verbesserungen bringen.

Schornstein
→ Heizung

Standsicherheit
→ Dachausbau

Trittschallschutz
Wichtige Schallschutzmaßnahme. Verhindert, daß der Körperschall in der obersten, begangenen Schale des Fußbodenaufbaus (Parkett, Fliesen, Estriche aller Art) in die darunterliegende Konstruktion und in die Umgebungswände ein-

dringt und weitergeleitet wird. Dies wird erreicht durch Trennung der begangenen oberen Schicht (Estrich) von der Unterkonstruktion und den Umgebungswänden durch Dämmstoffschichten und Dämmstoffstreifen. Weitere Verbesserung durch schalldämpfende weiche Bodenbeläge.

Überwachung von Baustoffen
Bauprodukte werden entsprechend dem Baurecht überwacht. Die Überwachung gibt dem Käufer Gewähr, ein Produkt erworben zu haben, das bei sachgemäßem Einsatz seine Aufgabe erfüllt. Für Maßnahmen im konstruktiven Bereich, für Maßnahmen des Wärmeschutzes, des Schallschutzes, des Brandschutzes, der Haustechnik (zum Beispiel Feuerungstechnik, Lüftungsanlagen, Wasserinstallation usw.) dürfen nur bauaufsichtlich zugelassene Baustoffe und Produkte verwendet werden. Sie müssen das Ü-Zeichen des Deutschen Instituts für Bautechnik in Berlin tragen. Produkte, die mit RAL-Gütezeichen gekennzeichnet sind, werden freiwillig von privatrechtlichen Gütegemeinschaften überwacht. Auch der Blaue Engel kann, richtig verstanden, Entscheidungshilfe geben. Nicht dagegen ein Phantasiezeichen, das von keiner staatlichen Institution anerkannt und abgesichert ist.

Verarbeitung
Fachgerechte Arbeitsgänge und angemessener Einsatz der Materialien entscheiden wesentlich darüber, ob eine Wohnung, ein Haus ohne Beeinträchtigung zu bewohnen sind. Verarbeitungsfehler sind Ursache vieler Bauschäden, die, zum Beispiel als Feuchtigkeitsschäden, auch die Gesundheit beeinträchtigen können. Das Verhalten während der Arbeiten ist entscheidend. Starke Staubentwicklung ist durch geeignete Werkzeuge und angepaßtem Umgang zu vermeiden. Baustoffe, die ausgasen, erfordern ausreichendes Lüften und Fernhalten von Kindern. Auch geeignete Arbeitskleidung ist wichtig. Die Gebrauchsanleitungen der meisten Produkte enthalten heute genaue Arbeitshinweise.

Vorwandinstallationen
Arbeitserleichternde Systeme des Trockenbaus: Elemente aus Metallprofilen, die mit Gipsbauplatten beplankt werden, Rohrleitungen aufnehmen und Sanitärgegenstände tragen können. Erspart bei der Modernisierung die Rohrverlegung unter Putz, hält Rohrleitungen leichter zugänglich, dient dem Schallschutz und ist leichter demontierbar. → Installationswand.

Wärmebrücken, Kältebrücken
Bereiche in Bauteilen, zum Beispiel Außenwänden, bei denen der Wärmedämmwert niedriger ist als im umgebenden Bereich. Da diese Bauteile stark auskühlen, schlägt sich dort Kondenswasser nieder. Schimmelbildung ist häufig die Folge. Gefährdet sind besonders Betondecken, deren Außenseiten nicht gedämmt sind, Rolladenkästen, Raumecken. Ausreichende Wärmedämmung verhindert solche Schwachstellen, bewußtes Wohnverhalten kann schädigende Folgen vermeiden helfen.

Wärmeschutzverordnung
Im Zuge der notwendigen Energieeinsparung und CO_2-Verminderung sind in der Wärmeschutzverordnung jeweils die Anforderungen an die Wärmedämmung bei Neubau und auch im Bestand enthalten. Im Bestand bei erstmaligem Einbau, Ersatz oder Erneuerung von Außenbauteilen. Die Anforderungen betreffen Außenwände, Fenster, Fenstertüren, Dachfenster, Dach- und Deckenflächen sowie Keller. Zu beachten: Nachträglicher Dachausbau ist einem Anbau im Sinne der Wärmeschutzverordnung gleichgestellt: Es gelten also dort die Anforderungen, wie sie an Neubauten gestellt sind. Ein bestimmter maximaler Jahres-Heizwärmebedarf ist damit vorgegeben. Der Dachausbau wird dadurch nicht behindert. Es sind dadurch sogar einige Vergünstigungen möglich.

Warmwasserversorgung
Welches System im Einzelfall günstig ist, ob zentrale oder dezentrale Warmwasserversorgung, das hängt vor allem von der Anzahl und der Entfernungen der Entnahmestellen in einem Haus ab. Unnötiger Installationsaufwand sollte vermieden, die laufenden Unterhaltungskosten so niedrig als möglich gehalten werden. Bei dem zentralen System versorgt ein Gerät beliebig viele beliebig weit auseinanderliegende Entnahmestellen. Zur nachträglichen Installation eignet sich besser die dezentrale Warmwasserversorgung. Man unterscheidet dabei Einzelversorgung, bei der an jeder Entnahmestelle ein Gerät installiert ist, von der Gruppenversorgung, wo mehrere Entnahmestellen durch ein gemeinsames Gerät versorgt werden, zum Beispiel die Entnahmestellen im Bad oder in Bad und Küche, wenn die Räume nahe beieinanderliegen oder gar eine gemeinsame Installationswand haben. Vorteile der dezentralen Warmwasserversorgung sind gute Anpassung an wechselnden Bedarf und an flexible Temperaturwünsche sowie leichte Verbrauchsabrechnung. Besonders komfortabel einzusetzen mit vollelektronisch gesteuerten Durchlauferhitzern.

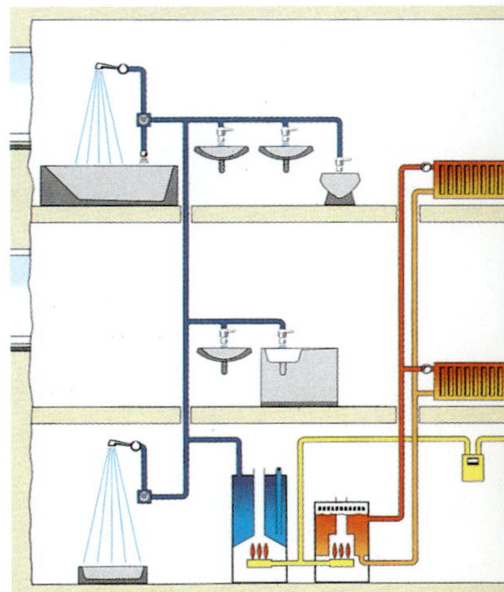

Der separate, zentrale Vorratswasserheizer liefert stets Warmwasser.

WO STEHT WAS?

BAU-
RATGEBER-
PROGRAMM

EB

EBERHARD BLOTTNER
VERLAG
D-65219 TAUNUSSTEIN

PLANEN
BAUEN
Reparieren

Das Buch vom Innenausbau

Wohnräume zum Wohlfühlen: Ideen, Details, Beispiele

Von Horst Fischer-Uhlig und Kurt Jeni. 128 Seiten im Großformat mit ca. 300 farbigen Bildern. Fester Einband.

DM 39,80 (öS 295,– / sFr 39,80) ISBN 3-89367-063-7

Ein praxisorientierter Überblick, Wissen für die Auftragsverhandlungen, Detailinformationen für den Selbstbau. Leicht verständlich, fachlich genau gezeigt.

Das Buch der Hausgärten

Ideen für das Anlegen und Instandhalten von Wohngärten

Herausgegeben von Hermann Rittweger. 132 Seiten im Großformat mit über 300 farbigen Bildern. Fester Einband.

DM 39,80 (öS 295,– / sFr 39,80) ISBN 3-89367-062-9

Gestaltungsideen, ausgeführte Beispiele für Neuanlage, Erneuerung und Erhaltung von Außenanlagen. Wertvolle Tips für Auftragsvergabe oder Selbermachen!

Das Buch vom Dachausbau

Dachräume zum Wohlfühlen: Ideen, Details, Beispiele

Von Horst Fischer-Uhlig. 5. Auflage. 128 Seiten im Großformat mit 300 farbigen Bildern. Fester Einband.

DM 34,80 (öS 272,– / sFr 35,80) ISBN 3-89367-021-1

Eines der erfolgreichsten Dachausbau-Bücher!

Ein ganzes Haus zum halben Preis

Vom Keller bis zum Dach: Tips & Tricks für den Selbstbau

Von Ronald Meyer. 124 Seiten im Großformat mit 368 farbigen Bildern und vielen Übersichten. Fester Einband.

DM 37,– (öS 290,– / sFr 38,–) ISBN 3-89367-052-1

Diesen Selbstbau-Bericht zu kennen, zahlt sich aus!

Die 77 Schritte zum selbstgebauten Haus

Von Ronald Meyer. 228 Seiten im Großformat mit 686 farbigen Bildern sowie 24 Tafeln und Übersichten. Fester Einband.

DM 39,80 (öS 310,– / sFr 41,–) ISBN 3-89367-051-3

Planung, Ausführung, Materialien, Kosten.

Hausmodernisierung von A bis Z

Der sichere Weg:
Bescheid wissen und erfolgreich planen

Von Horst Fischer-Uhlig. 2. Auflage. 384 Seiten mit 613 Beschreibungen von Modernisierungsaufgaben, 416 Abbildungen und 21 Tafeln. Fester Einband.

DM 48,– (öS 375,– / sFr 49,–) ISBN 3-89367-031-9

Das Buch der Hausreparaturen

Reparieren leicht gemacht durch Profitips: Abdichtungen, Dach, Decke, Fassade, Fenster, Fußböden, Garten, Haustechnik, Möbel, Treppe, Türen, Wand, Werkzeug

Herausgegeben von Günter Bayer. 128 Seiten im Großformat mit 752 farbigen Bildern. Fester Einband.

DM 38,80 (öS 303,– / sFr 39,80) ISBN 3-89367-049-1

120 Reparatur-Anleitungen, auch für "Ungeübte"...

Diese Ratgeber machen Planungen sicher und Eigenleistungen erfolgreich!